高职高专大数据技术专业系列教材

大数据平台构建

主　编　　方明清

副主编　　谭泽汉　李　兵　贡玉军

西安电子科技大学出版社

内 容 简 介

　　本书共 4 个项目 15 个任务，项目由易到难、从单一到综合，各个项目间既有机联系又相互独立，授课教师可以根据所教学生的学情分析结果选择某一个项目单独教学并进行任务实施。4 个项目分别是：安装环境准备、Hadoop 集群完全分布式部署、Hadoop 生态系统常用组件部署、Hadoop HA 集群部署。每个项目的任务都包含了任务目标、知识准备、任务实施三个部分。

　　本书对于在实际学习过程中学生需要重点掌握的知识点和技能点都用较多篇幅进行了讲解，以加强学生对基础知识的理解，知其然并知其所以然，从而使学生在任务实施过程中能够得心应手。本书所有项目的任务实施都来自实际操作步骤，一步一图，并且任务实施中每一条命令都有详细注释，只需认真阅读、细心操作就能成功。

　　本书适合作为各类院校大数据技术课程的教材，也适合作为大数据技术爱好者的参考用书。

图书在版编目(CIP)数据

大数据平台构建 / 方明清主编. 一西安：西安电子科技大学出版社，2023.8(2023.9重印)
ISBN 978-7-5606-6941-0

Ⅰ.①大… Ⅱ.①方… Ⅲ.①数据处理 Ⅳ.①TP274

中国国家版本馆 CIP 数据核字 (2023) 第 146865 号

策　　划　黄薇谚
责任编辑　张　玮
出版发行　西安电子科技大学出版社(西安市太白南路 2 号)
电　　话　(029)88202421 88201467　　　　邮　　编　710071
网　　址　www.xduph.com　　　　电子邮箱　xdupfxb001@163.com
经　　销　新华书店
印刷单位　陕西天意印务有限责任公司
版　　次　2023 年 8 月第 1 版　　2023 年 9 月第 2 次印刷
开　　本　787 毫米 × 1092 毫米　　1/16　　印　张　19
字　　数　449千字
印　　数　301～2300 册
定　　价　56.00 元

ISBN 978-7-5606-6941-0 / TP

XDUP　7243001-2

如有印装问题可调换

前　言

放眼全球，以操作系统为中心，由数据库、编程语言等一系列软件系统共同构成的基础软件产品和生态，正作为大型战略性软件的重要"原材料"与核心"元器件"，在整个数字基础设施产业中发挥着至关重要的作用。能否为设备、系统、产业和行业提供高质量的、高可靠的、可持续演进的基础软件，关系到国内当前和未来 IT 科研、产品与生态的核心竞争力，甚至是"生命线"。

如果说芯片是信息产业的心脏，那么基础软件就是灵魂。首先，每个系统、每个设备里，基础软件都是不可或缺的，数字经济、数字城市的发展都依托于数字基础设施，基础软件一旦受到限制，会影响到整个数字化的进程。其次，由于基础软件本身的独特性，每套系统的基础软件有且只有一套，一旦受到禁令影响，替换和升级改造带来的成本是十分巨大的。

本书选择华为公司研发的国产开源 openEuler Linux 操作系统来替代常用的 CentOS Linux 操作系统，openEuler Linux 与 CentOS Linux 的命令大多数兼容，有 CentOS Linux 经验的使用者可以很快适应 openEuler Linux。本书采用目前官方 2022 年 8 月发布的最新版本 Hadoop 3.3.4 进行安装部署，市面上大多数教材都还是基于 Hadoop 2.x 的安装部署。

本书根据两条主线来同步编写，一条主线是基于实际的教学组织过程来编写，另一条主线是基于大数据平台构建的工作过程来编写。

大数据平台构建是学习和运用其他大数据技术的前期基础工作，掌握好 Hadoop 大数据平台构建技术，才能更好地自主学习和掌握 Hadoop 生态系统其他组件，如 HBase、Hive、Spark、Sqoop、Flume、Kafka 等。本书在讲解 HBase、Hive、Spark 等 Hadoop 生态系统组件的知识准备内容时，首先介绍独立安装的单机版操作系统软件及其运行的内容，让读者快速体验组件的 Shell 环境命令，然后在任务实施环节进行组件的完全分布式或者生产环境常用的安装与配置。

本书侧重于大数据平台构建，即平台的部署、验证及基本使用，不深入涉及其他大数据分析与应用技术。

本书内容体现为"岗课赛证"的融合，既包括大数据运维工程师核心岗位技能要求，又包括历年来全国职业院校技能大赛"大数据技术与应用"赛项必考项目和基础得分项，也包括华为 HCIA BigData 国际认证的主要考证内容，同时还包括教育部"1+X"大数据应用部署与调优职业技能等级证书的主要考核内容。

本书的参考学时数为 80 学时，可分为 64+16 学时两部分进行教学：前 64 学时为正常教学周教学，教学内容为项目 1～3，属于基础项目和任务；后 16 学时安排在实训周进行教学，教学内容为项目 4，属于进阶项目和任务。当学生掌握了基础项目 1～3 的知识和技能后，可以在很短的时间内掌握并完成进阶项目 4 的学习任务。

本书为智慧职教 MOOC 课程"大数据平台构建"的配套教材。学生在智慧职教 MOOC 学院网页（网址为 https://mooc.icve.com.cn/）中搜索并且关注"大数据平台构建"MOOC 课程，可反复观看 MOOC 课程里的教学视频，直至完全掌握。

本书由珠海城市职业技术学院方明清、长沙南方职业学院李兵和黔南民族职业技术学院贡玉军等多位教师，以及珠海格力电器股份有限公司谭泽汉工程师共同编写。其中，方明清担任主编，谭泽汉、李兵和贡玉军担任副主编。全书由方明清统稿、定稿。

由于编者水平有限，书中难免存在不妥之处，恳请广大读者批评指正。

方明清

2022 年 11 月

目 录

CONTENTS

项目一

安装环境准备

任务1 了解大数据的基本概念

任务目标

知识目标

(1) 了解什么是大数据。

(2) 了解全球数字经济的发展现状与趋势。

(3) 了解我国数字经济的国际地位与优势。

能力目标

(1) 能够在网上进行大数据相关资料的查找。

(2) 能够理解大数据库的工作原理并进行讲解。

知识准备

一、大数据的定义

2017年12月8日，中共中央政治局就实施国家大数据战略进行第二次集体学习。中共中央总书记习近平在主持学习时强调，大数据发展日新月异，我们应该审时度势、精心谋划、超前布局、力争主动，深入了解大数据发展现状和趋势及其对经济社会发展的影响，分析我国大数据发展取得的成绩和存在的问题，推动实施国家大数据战略，加快完善数字基础设施，推进数据资源整合和开放共享，保障数据安全，加快建设数字中国，更好服务我国经济社会发展和人民生活改善。

习近平强调，要推动大数据技术产业创新发展，要运用大数据提升国家治理现代化水平，要切实保障国家数据安全。习近平指出，要构建以数据为关键要素的数字经济，要运用大数据促进保障和改善民生，善于获取数据、分析数据、运用数据，是领导干部做好工作的基本功。

大数据这么重要，那什么是大数据呢？大数据或称巨量资料，是在一定范围内无法用常规软件工具进行捕捉、管理和处理的数据集合。

大数据是每个人的大数据。人们打电话、上微博、聊QQ、刷微信、阅读、购物、看病、旅行等，时时刻刻都在产生新数据，"堆砌"着数据大厦。

如今大数据广泛应用于人们的生活：在便利店，刷一下脸就能支付；在家里，用一部手机、一台电脑就可以工作；出门办事，数据代替人工"跑路"，节省了大量的时间成本。

疫情实时大数据报告、追踪疾病接触人员动态、智能调度医疗防护资源等，在疫情防控中帮助人们积累了丰富的大数据经验。

新冠疫情发生以来，以互联网为代表的数字经济异军突起，直播带货、线上教育、云上旅游等新模式加速普及。疫情让数字产业抓住了机遇，传统产业也被推动着向数字化转型、向智能化升级。

大数据时代，数据正在成为一种生产资料。任何一个行业和领域都会产生有价值的数据，而对这些数据的统计、分析、挖掘则会创造意想不到的价值和财富。

大数据是每个人的大数据，是每个企业的大数据，更是整个国家的大数据。大数据时代，大数据正有力推动着国家治理体系和治理能力的现代化，日益成为社会管理的驱动力、政府治理的"幕僚高参"。同时，大数据也正在改变各国的综合国力，重塑未来国际战略格局。

鉴于大数据潜在的巨大影响，很多国家和国际组织都将大数据视作战略资源，在前沿技术研发、数据开放共享、隐私安全保护、人才培养等方面进行前瞻性布局。

二、全球数字经济的发展现状与趋势

20 世纪 90 年代初，随着 TCP/IP 协议、万维网 (World Wide Web) 协议先后完成，互联网开启了快速商业化步伐，各种新型商业模式和互联网服务被开发出来并推向市场，涌现出一大批互联网企业。针对这一现象，有学者提出了"数字经济"概念。2008 年国际金融危机爆发后，随着 3G 移动通信网络的普及和移动智能终端的出现，数字经济发展进入移动化阶段，共享经济、平台经济等新业态新模式迅猛成长。近年来，随着大数据、云计算、物联网、人工智能等技术的发展并进入商业化应用，数字技术的赋能作用进一步增强，并加快向国民经济各行业渗透，推动经济向数字化、网络化、智能化方向转型。数字经济的规模和范围得到极大扩展，涵盖了以数字技术为支撑、以数据为重要生产要素的丰富的产品、服务、商业模式、业态和产业。在自身内在发展规律和各国政策的推动下，数字经济发展呈现出以下特征和趋势：

(1) 颠覆性创新频发。传统产业的技术创新以渐进性的增量创新为主，主导技术出现后会保持较长时间。当前，以数字技术为代表的新一轮科技革命和产业变革突飞猛进，数字经济领域不断产生新的技术并进入工程化、商业化阶段，还有一些更前沿的技术正在孕育萌芽、蓄势待发。新技术的成熟和应用催生出新产品、新模式、新业态，对原有产品、模式和业态形成冲击和替代，也带动一批新兴企业在新领域高速成长，对既有产业形成冲击并使产业竞争格局发生重构。

(2) 产业赋能作用增强。数字技术是典型的通用目的的技术，可以在国民经济各行业广泛应用。随着数字基础设施的不断完善，物联网、人工智能等新一代数字技术不断成熟，数字技术加速与国民经济各行业深度融合，产业赋能作用进一步增强，深刻改变企业的要素组合、组织结构、生产方式、业务流程、商业模式、客户关系、产品形态等，加快各行业质量变革、效率变革、动力变革进程。

(3) 全球科技产业竞争加剧。近年来，世界主要国家都不遗余力地加强在数字科技创新、技术标准和国际规则制定等方面的布局，谋求在全球数字经济竞争中抢占先机。一方面，数字经济增长速度快、发展潜力大，日益成为各国经济发展的重要动能和国民经济的重要支柱；另一方面，新一代信息技术将推动形成一个万物互联、数据资源成为重要价值来源的社会，对关键数字技术、设备、平台和数据的掌控直接关系到个人隐私与信息安全、产业安全、政治安全、国防安全等国家安全的各个方面。因此，数字经济已成为全球竞争的焦点领域。

(4) 数字经济治理不断加强。数字技术在推动经济增长、丰富和便利人民生活的同时，也产生了个人隐私受到侵害、平台垄断和不正当竞争、资本无序扩张、劳动者权益保障不够等方面的问题。近年来，世界主要数字经济大国都开始加强数字经济治理，推动数据安全立法，加大反垄断力度，加强科技伦理建设，鼓励科技向善，提升数字经济的包容性，努力让社会更好、更充分地分享数字经济发展成果。

三、我国数字经济的国际地位与优势

近年来，我国依托国内超大规模市场，加快基础设施建设、强化科技创新、促进创新创业，推动我国数字经济保持快速发展势头，在消费互联网等领域形成明显优势，成为推动世界数字经济发展的主要力量。我国数字经济的国际地位与优势表现如下：

(1) 数字基础设施完善。我国建有全球规模最大、覆盖最广的4G网络，4G基站数量占到全球4G基站总量的一半以上，贫困村通光纤和4G比例均超过98%，上网费用持续降低，广大人民群众不但能用得上，而且能用得起互联网。我国大数据、云计算中心建设保持快速增长势头，工业互联网等新型基础设施发展迅速，对中小企业数字化发展的支撑功能不断增强。

(2) 数字经济规模大。根据中国信息通信研究院的测算，2020年我国数字经济规模近5.4万亿美元，仅次于美国，居世界第二位。在数字经济核心产业方面，我国是计算机通信和其他电子设备制造业增加值规模、信息和通信技术产品出口规模最大的国家。

(3) 数字平台企业强。由于网络效应，在各细分市场处于主导地位的平台企业成为数字经济的主要企业形态。我国也涌现出一批互联网科技企业，在用户规模、资本市场价值等方面均居于世界前列。

(4) 新企业纷纷诞生。我国数字经济领域的创新创业非常活跃，不断有基于新科技、新产品、新模式、新业态的新企业诞生。在商业模式上，移动支付等一些领域出现了我国原创和领先的商业模式。在被市场所接受的细分领域，一些初创企业发展迅速，用户数量快速增长，吸引了大量投资，资本市场价值不断提高。

(5) 数字技术进步快。我国数字经济的创新能力快速增强，5G核心专利数量居世界第一，5G移动通信技术的商业化、规模化应用世界领先。依托消费互联网的快速发展和海量数据，我国互联网企业衍生发展出大数据、云计算、人工智能等先进数字技术，人工智能领域论文和专利数量居于世界前列，"神威·太湖之光"超级计算机首次实现千万核并行第一性原理计算模拟，图像识别、语音识别等人工智能技术走在全球前列。量子通信、量子计算等前沿技术取得突破，"墨子号"实现无中继千公里级量子密钥分发，76个光子的量子计算原型机"九章"、62比特可编程超导量子计算原型机"祖冲之号"成功问世。

同时也要看到，我国数字经济发展仍然存在区域间、产业和企业间发展不平衡等问题，创新能力、国际化水平、平台企业引领性、产业链价值链掌控力等有待进一步提升；关键数字技术基础较薄弱，精密传感器、集成电路、操作系统、工业软件、数据库、开源平台等核心技术对国外依赖严重。新形势下，必须坚持创新在我国现代化建设全局中的核心地位，把科技自立自强作为国家发展的战略支撑，着力提升我国科技自主创新能力，集中力量攻克关键核心技术"卡脖子"问题，补齐数字经济发展的短板弱项。

四、大数据时代的挑战与机遇

（一）大数据时代面临的挑战

1. 信息安全威胁

手机和计算机的使用已经渗透到人们生活的各个方面，大数据使得消息的传递和获取更便捷，但同时也使国家及个人的信息安全受到威胁。人们每时每刻都能产生数据，而这些数据不再具有神秘性和私有性，与之相关的数据也会在毫不知情的情况下被一些大数据公司搜集，且网络中还存在着很多风险，如木马病毒、黑客攻击等，它们像无形的杀手，会悄无声息地"绑架"系统，且需要付费才能"解放"系统，否则会对系统数据进行恶意篡改或删除，且会造成网络瘫痪甚至系统崩溃，而很多账号密码、个人隐私、文件将会被泄露，一旦被不法分子利用，将可能会造成个人财产损失，甚至会威胁到个人的人身安全。例如杭州某民企财务给假"老板"汇款数十万的案件，此案件中不法分子利用大数据技术获取个人信息，并根据相关数据分析模仿其行为习惯，进行造假并行骗。更严重的是，一些国家可能会利用黑客等攻击来盗取别国机密，这很可能会危及国家安全或者给国家带来不必要的损失。2013年斯诺登事件、2022年西北工业大学网络安全事件为我们敲响了警钟，我们更要加强维护国家的信息安全。

2. 信息存储问题

在网络还未兴起的时代，信息大部分都以纸质存储为主，浪费资源较多，占地空间大，整理较为麻烦。随着大数据的兴起，人们将纸质存储改为计算机存储，节约了大量空间和资源，整理也容易了许多。但随着大数据时代数据信息的增长速度日益加快，大数据除了数据量巨大之外，还意味着拥有庞大的文件数量，如系统日志、访问控制列表等，必须要多台机器同时提供服务，又由于是文件式读写，对元数据（描述数据属性的信息）的访问可能会比较困难。同时，对于非结构化数据，存储、检索都会存在一定问题，占用空间也较大；对于半结构化数据，存储、分析都需要转化为结构化数据，难度较大，不利于实时处理。另外，传统的技术和数据库容量有限，不能处理TB级别的数据，且时效性低，对大数据的查询效率极低，这样会降低大数据的存储效率及访问效率。如果想使信息技术继续发展下去，就需要更大的存储空间，尽管存储技术在不断进步，但是在数据存储过程中面临的问题也更多。

3. 数据处理问题

大数据是一种数量庞大、种类繁多的信息资产，数据的海量性和多样性使得传统工具无法在一定时间范围内捕捉和管理有效数据，这就是想要深入探索"数据财富"十分困难的原因。通常企业所收集的数据来自于物联网、社交网络等渠道的非结构化数据，但目前企业现有数据处理方式仅适用于结构化数据，而企业中85%的数据属于非结构化数据，且每一秒数据都呈指数式增长，使得数据处理效率降低，数据价值难以彰显，整合、分析速度成为数据应用的瓶颈，更是企业发展的"拦路虎"，不利于企业未来的发展。

4. 大数据的人才缺乏

近年来，大数据行业越来越热门，而人才短缺问题日益突出，特别是数据分析人员紧缺（数据分析作为大数据产业的核心，是大数据转为商业利益以及发展其特殊社会意义的关键），行业发展也因此到了瓶颈期。由于国内人才严重稀缺，因此大多数企业选择从海外发掘人才，但仍存在岗位空缺现象。为应对大数据落地人才紧缺的瓶颈，企业和高校需要共同培养打造一批掌握大数据技术且有相关经验的专业人才。

（二）大数据时代的机遇

1. 数据分析方式增多

通过对大量数据信息的整理和分析，相关技术人员能及时发现安全威胁以及网络异常行为，再针对其风险问题制订计划并及时处理，将其扼杀在摇篮里。当处理的信息出现问题时，传统的查询方法非常耗时伤神，即使找到问题根源也需要消耗大量的资源进行补救。而大数据技术能及时发现问题所在，并自发性地制订针对性的计划进行补救，进而能将安全风险降到最低。另外，大数据技术可以把各种数据有机结合起来，在对这些数据分析时可以进行风险预测，对网络进行实时不间断的监控，能有效识别钓鱼网站，预防黑客入侵。若网络被非法攻击则一定会留下数据信息，相关人员利用大数据技术对这些蛛丝马迹进行整合和分析，便可找到最佳解决方案和防范措施，还可找到非法攻击的源头。

2. 资源配置灵活

大数据与物联网、云计算等新技术联合应用，将全球资源配置进一步进行整合和创新，并有效运用资源，使其不再受文化差异、地理位置等因素的限制，实现全球资源共享，从而为各行各业的发展提供了诸多保障，提高了人们的生活水平。在此背景下，大数据技术的不断创新与完善，不仅能为信息安全创造一个良好的发展环境，还能推动全球经济的发展和社会的重大变革。

3. 营销方式创新

一是在保护用户隐私的前提下，利用大数据分析，运营商可为政府、银行等提供信用查询服务、目标客户群消费分析等信息，挖掘出更多有价值的信息，实现互惠互利。二是针对性地投放广告，通过对客户位置信息、消费情况的分析，运营商可以帮助广告商分析目标客户群聚集区域、消费习惯、关注事物等，并根据其分析的数据更有效地投放相关广告，从而提升相关业绩。

4.将成为一种科学的科研方法

在教育、医疗等各个领域，已经证明大数据技术是科学的，如果有足够的数据来支持其相关性，就不需要分析原因。例如，当有大量数据证明某种药物对医治某种疾病有效时，这种药物就是对该疾病的科学治疗。毋庸置疑，在公众关注的大环境下，大数据思维的应用在我们的日常生活中随处可见，程序员将烦冗乏味的数据转化为一份份真实可靠的分析报告，从而构建一个为公众提供优质服务的应用平台。

任 务 实 施

本任务采用分组的形式在课堂上限时完成 PPT 的制作，并且在制作完成后分组上讲台演讲汇报。

需要制作的 PPT 作业内容为"Hadoop 理论探究"。在课堂上由老师对大数据的基本知识进行介绍后，再由同学上网查找 Hadoop 相关理论知识资料，并进行初步消化理解，制作成汇报 PPT。

每一个小组四位同学，其中一位为小组组长。"Hadoop 理论探究" PPT 共分为四个专题部分，每个同学负责一个专题资料的查找及相应 PPT 的制作，最后汇总后按统一模板制作为一个完整的汇报 PPT。

"Hadoop 理论探究" PPT 的大纲如图 1-1 所示。

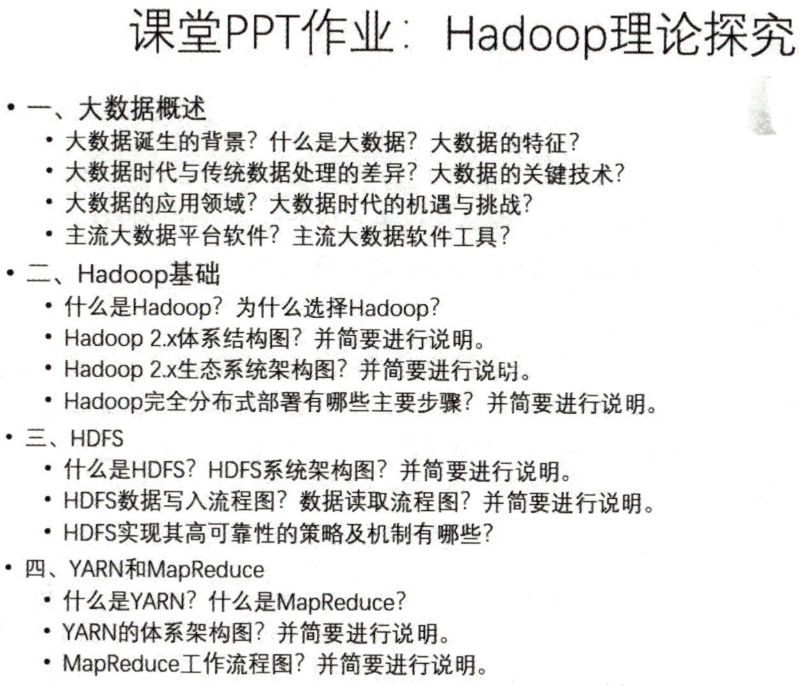

课堂PPT作业：Hadoop理论探究

- **一、大数据概述**
  - 大数据诞生的背景？什么是大数据？大数据的特征？
  - 大数据时代与传统数据处理的差异？大数据的关键技术？
  - 大数据的应用领域？大数据时代的机遇与挑战？
  - 主流大数据平台软件？主流大数据软件工具？
- **二、Hadoop基础**
  - 什么是Hadoop？为什么选择Hadoop？
  - Hadoop 2.x体系结构图？并简要进行说明。
  - Hadoop 2.x生态系统架构图？并简要进行说明。
  - Hadoop完全分布式部署有哪些主要步骤？并简要进行说明。
- **三、HDFS**
  - 什么是HDFS？HDFS系统架构图？并简要进行说明。
  - HDFS数据写入流程图？数据读取流程图？并简要进行说明。
  - HDFS实现其高可靠性的策略及机制有哪些？
- **四、YARN和MapReduce**
  - 什么是YARN？什么是MapReduce？
  - YARN的体系架构图？并简要进行说明。
  - MapReduce工作流程图？并简要进行说明。

图 1-1 "Hadoop 理论探究" PPT 大纲

任务 2　下载所需软件安装包

任 务 目 标

知识目标

(1) 熟悉大数据的特征与数据结构。
(2) 熟悉开源大数据生态技术。

能力目标

(1) 能够熟练进行大数据计量单位之间的换算。
(2) 能够简述大数据的特征。
(3) 能够简述大数据生态系统开源技术和框架。
(4) 能够简述 Hadoop 生态。

知 识 准 备

一、大数据的特征

可以用四个以 V 开头的英语单词概括出大数据的特征，即数据体量巨大 (Volume)、类型繁多 (Variety)、价值密度低 (Value) 和处理速度快 (Velocity)。

1. 数据体量巨大

大数据显而易见的特征就是其庞大的数据规模。随着信息技术的发展、互联网规模的不断扩大，每个人的生活都被记录在了大数据之中，由此数据本身也呈爆发性增长。其中大数据的计量单位逐渐发展，如今对大数据的计量已达到 EB 级别。表 1-1 列出了大数据计量单位的换算关系。

表 1-1　大数据计量单位的换算关系

计量单位	换算关系	计量单位	换算关系
Byte	1 Byte = 8 bit	TB	1 TB = 1024 GB
KB	1 KB = 1024 Byte	PB	1 PB = 1024 TB
MB	1 MB = 1024 KB	EB	1 EB = 1024 PB
GB	1 GB = 1024 MB	ZB	1 ZB = 1024 EB

2. 类型繁多

在数量庞大的互联网用户等因素影响下，大数据来源十分广泛，因此大数据的类型也具有多样性。大数据由因果关系的强弱可以分为三种，即结构化数据、非结构化数据、半结构化数据，它们统称为大数据。资料表明，结构化数据在整个大数据中的占比较大，高达 75%，但能够产生高价值的大数据却是非结构化数据。

3. 价值密度低

大数据所有的价值在大数据的特征中占核心地位，大数据的数据总量与其价值密度的高低是成反比关系的。同时，任何有价值的信息都是在处理海量的基础数据后提取得到的。在大数据蓬勃发展的今天，人们一直致力于解决如何提高计算机算法处理海量大数据并提取有价值信息的速度这一难题。

4. 处理速度快

大数据的高速特征主要体现在数据数量的迅速增长和处理上。与传统媒体相比，在如今大数据时代，信息的生产和传播方式都发生了巨大改变，在互联网和云计算等方式的作用下，大数据得以迅速生产和传播，此外由于信息的时效性，还要求在处理大数据的过程中要快速响应，无延迟输入、提取数据。

二、大数据生态系统开源技术和框架

目前大数据生态系统相关的开源技术蓬勃发展，主要涉及数据采集、数据处理、数据存储、数据分析、数据可视化和数据使用等技术，如图 1-2 所示。本书重点介绍 Hadoop 开源大数据平台及其生态系统。

图 1-2　大数据生态系统开源技术

（一）大数据平台

目前 Apache 基金会的 Hadoop 是主流开源大数据平台，其发行版本非常多，有华为发行版、Intel 发行版、Cloudera 发行版 (CDH)、Hortonworks 发行版 (HDP)、CDP 等，所有这些发行版均是基于 Hadoop 衍生出来的。之所以有这么多的版本，完全是由 Apache Hadoop 的开源协议决定的：任何人可以对其进行修改，并作为开源或商业产品发布 / 销售。Hadoop 与第三方发行版本的比较见表 1-2。

表 1-2   Hadoop 与第三方发行版本的比较

大数据平台	Hadoop	CDH	HDP
管理工具	手工	Cloudera Manager	Ambari
收费情况	开源、免费	社区版免费，企业版收费	免费

1. Hadoop

Hadoop 是 Apache 软件基金会一个开源的分布式计算和存储框架，以 HDFS、MapReduce、YARN 为三大核心组件。

HDFS(Hadoop Distributed File System，Hadoop 分布式文件系统) 是基于 Hadoop 的分布式文件系统。HDFS 有着高容错性的特点，用来部署在低廉的硬件上，且提供高吞吐量来访问应用程序的数据，适用于有着超大数据集的应用程序。

MapReduce 是 Hadoop 项目中的分布式运算程序的编程框架，是用户开发基于 Hadoop 数据分析应用的核心框架。MapReduce 程序本质上是并行运行的。分布式程序运行在大规模计算机集群上，可以并行执行大规模数据处理任务，从而获得巨大的计算能力。Google 公司最先提出了分布式并行编程模型 MapReduce，Hadoop MapReduce 是它的开源实现。

YARN(Yet Another Resource Negotiator，另一种资源协调者) 是一种新的 Hadoop 资源管理器，它是一个通用资源管理系统，可为上层应用提供统一的资源管理和调度，它的引入为集群在利用率、资源统一管理和数据共享等方面带来了巨大好处。

在 Hadoop 1.x 时代，Hadoop 中的 MapReduce 同时处理业务逻辑运算和资源的调度，耦合性较大。在 Hadoop 2.x 时代，增加了 YARN。YARN 只负责资源的调度，MapReduce 只负责运算。Hadoop 3.x 在组成上没有变化。Hadoop 目前的最新版本是 3.x。

2. CDH

Cloudera 版本 (Cloudera's Distribution Including Apache Hadoop，CDH) 是 Hadoop 众多分支中的一种，由 Cloudera 维护，基于稳定版本的 Apache Hadoop 构建。CDH 是 Apache 许可的开源，是唯一提供统一批处理、交互式 SQL 和交互式搜索以及基于角色的访问控制的 Hadoop 解决方案。

CDH 提供了 Hadoop 的核心可扩展存储 (HDFS) 和分布式计算 (MapReduce)，还提供了 Web 页面进行管理、监控。

Cloudera Manager 是用于管理 CDH 集群的端到端应用程序。Cloudera Manager 通过对 CDH 集群每个部分提供精细的可见性和控制，为企业部署设定了标准，使运营商能够提高性能、增强服务质量、提高合规性并降低管理成本。借助 Cloudera Manager，可以轻松部署和集中操作完整的 CDH 堆栈及其他托管服务。

从 Cloudera Manager 6.3.3 和 CDH6.3.3 开始，只有收费版，没有社区版，下载这些产品的新版本将需要有效的 Cloudera Enterprise 许可证文件。

目前 Cloudera Manager 和 CDH 的最新版本是 6.3.x。CDH 6 基于 Apache Hadoop 3，CDH 5 基于 Apache Hadoop 2.3.0 或更高版本。

3. HDP

Hortonworks 版本 (Hortonworks Data Platform，HDP) 的数据平台是一款基于 Apache

Hadoop 的开源数据平台，提供大数据云存储、大数据处理和分析等服务。该平台专门用来应对多来源和多格式数据，并使其处理起来能更简单、更有成本效益。HDP 还提供了一个开放、稳定和高度可扩展的平台，更容易集成 Apache Hadoop 的数据流业务与现有的数据架构。该平台包括各种 Apache Hadoop 项目以及 Hadoop 分布式文件系统 (HDFS)、MapReduce、Pig、Hive、HBase、ZooKeeper 和其他各种组件，使 Hadoop 平台更易于管理、更加具有开放性及可扩展性。

Ambari 是 Hortonworks 开源的 Hadoop 平台的管理软件，具备 Hadoop 组件的安装、管理、运维等基本功能，提供 Web UI 进行可视化的集群管理，简化了大数据平台的安装、使用难度。

目前 HDP 的最新版本是 3.1.x，Ambari 的最新版本是 2.7.x。有关 Ambari 与 HDP 的版本适配，可以访问官网网址 https://supportmatrix.cloudera.com/ 进行查询。

Ambari 与 HDP 的版本适配如图 1-3 所示。

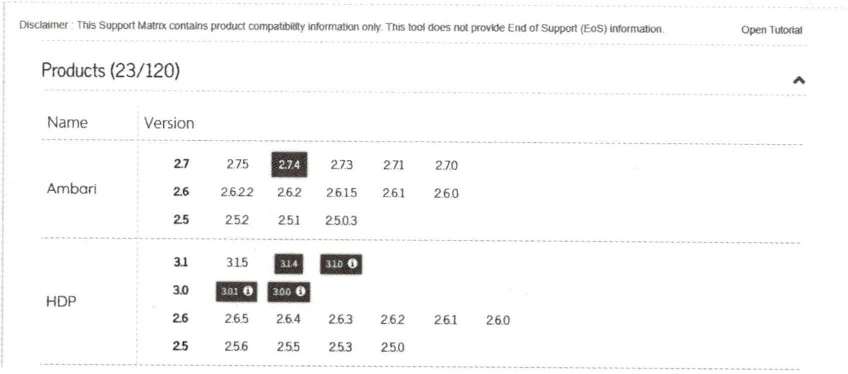

图 1-3　Ambari 与 HDP 的版本适配

4. CDP

2018 年 10 月，Cloudera 和 Hortonworks 宣布平等合并，合并之后的产品就是 CDP，CDP 不提供社区版。与此同时，公司宣布会陆续停止对 CDH、HDP 社区版本的更新。

CDP (Cloudera Data Platform) 是一个面向 IT 业务大数据平台，可支持公有云平台，也可构建私有云平台，付诸元数据管理、安全、加密等治理手段，从而实现混合云数据应用。这也是为什么 Cloudera 自称混合云服务提供商的原因。

5. 华为 Hadoop 发行版

华为 FusionInsight 大数据平台是集 Hadoop 生态发行版、大规模并行处理数据库、大数据云服务于一体的融合数据处理与服务平台，拥有端到端全生命周期解决方案能力。除提供包括批处理、内存计算、流计算和 MPPDB 在内的全方位数据处理能力外，华为 Hadoop 发行版还提供数据分析挖掘平台、数据服务平台，帮助用户实现从数据到知识、从知识到智慧的转换，进而帮助用户从海量数据中挖掘数据价值。

(二) 数据采集技术

数据采集传输工具和技术主要分为两大类：离线批处理及实时数据采集和传输。离线批处理主要是批量一次性采集和导出数据。离线批处理目前比较有名的是 Sqoop，其下游的用户主要是离线数据处理平台 (如 Hive 等)。实时数据采集和传输最为常用的则是 Flume 和 Kafka，其下游用户一般是实时流处理平台，如 Storm、Spark、Flink 等。

1. Sqoop

Sqoop 作为一款开源的离线数据传输工具，主要用于 Hadoop(Hive) 与传统数据库 (MySQL、PostgreSQL 等) 间的数据传递。它可以将一个关系型数据库中的数据导入 Hadoop 的 HDFS 中，也可以将 HDFS 的数据导入关系型数据库中。

2. Flume

随着目前业务对实时数据需求的日益增长，实时数据的采集越来越受到重视，而 Flume 是这方面主流的开源框架。国内很多互联网公司均基于 Flume 搭建了自己的实时日志采集平台。

Flume 是 Cloudera 提供的一个高可用、高可靠、分布式的海量日志采集、聚合和传输的系统，可以收集诸如日志、时间等的数据，并将这些数据资源集中存储起来供下游使用。

3. Kafka

通常 Flume 采集数据的速度和下游处理的速度不同步，因此实时平台架构都会用一个消息中间件来作为缓冲，而这方面应用最为广泛的是 Kafka。

Kafka 是由 LinkedIn 开发的一个分布式消息系统，因其可以水平扩展和具有高吞吐率而被广泛使用。Kafka 是一个基于分布式的消息发布 - 订阅系统，特点是快速、可扩展且持久。Kafka 可在主题当中保存消息的信息。生产者向主题写入数据，消费者从主题读取数据。作为一个分布式的、分区的、低延迟的、冗余的日志提交服务平台，Kafka 得益于其独特的设计而得到广泛应用。

(三) 数据处理技术

数据处理是数据开源技术最为百花齐放的领域，离线和准实时的工具主要包括 MapReduce、Hive 和 Spark，流处理的工具主要包含 Storm 以及最近较为火爆的 Flink、Beam 等。

1. MapReduce

MapReduce 是一种编程模型，用于大规模数据集，它将运行于大规模集群上的复杂并行计算过程高度抽象为两个函数：map 和 reduce。MapReduce 最伟大之处在于它将处理大数据的能力赋予了普通开发人员，以至于开发人员即使不会任何分布式编程知识，也能将自己的程序运行在分布式系统上来处理海量数据。

2. Spark

尽管 MapReduce 和 Hive 能完成海量数据的大多数批处理工作，并且在大数据时代成为企业大数据处理的首选技术，但是其数据查询的延迟一直被诟病，而且也非常不合适迭代计算和 DAG(有向无环图) 计算。由于 Spark 具有可伸缩、基于内存计算等特点，可以直接读写 Hadoop 上任何格式的数据，较好地满足了数据即时查询和迭代分析的需求，因此变得越来越流行。

Spark 拥有 Hadoop MapReduce 的优点，但不同于 MapReduce 的是，Job 中间输出结果可以保存在内存中，从而不再需要读写 HDFS，因此能更好地适用于数据挖掘与机器学习等需要迭代的 MapReduce 算法。

Spark 还提供了类 Hive 的 SQL 接口 (Spark SQL)，方便数据人员处理和分析数据。

此外，Spark 还有用于处理实时数据的流计算框架 Spark Streaming，其基本原理是将实时流数据分成小的时间片段 (秒或者几百毫秒)，以类似 Spark 离线批处理的方式来处理这小部分数据。

3. Apache Flink

在数据处理领域，批处理任务与实时流计算任务一般被认为是两种不同的任务，而一个数据项目一般会被设计为只能处理其中一种任务，例如 Storm 只支持流处理任务，而 MapReduce、Hive 只支持批处理任务。那么两者能够统一用一种技术框架来完成吗？批处理是流处理的特例吗？

Apache Flink 是一个同时面向分布式实时流处理和批量数据处理的开源计算平台，能够基于同一个 Flink 运行时，提供分别支持流处理和批处理两种类型应用的功能。Flink 在实现流处理和批处理时，与传统的一些方案完全不同，它从另一个视角看待流处理和批处理，将二者统一起来。Flink 完全支持流处理，批处理作为一种特殊的流处理，它的输入数据只被定义为有界的而已。基于同一个 Flink 运行时，Flink 分别提供了流处理和批处理 API，而这两种 API 也是实现上层面向流处理、批处理类型应用框架的基础。

（四）数据存储技术

1. HDFS

Hadoop Distributed File System(HDFS) 是一个分布式文件系统，是在谷歌的 Google File System(GFS) 提出之后，由 Doug Cutting 受 Google 启发而开发的一种类 GFS 文件系统。HDFS 有一定高度的容错性，而且提供了高吞吐量的数据访问，非常适合大规模数据集上的应用。HDFS 提供了一个高容错性和高吞吐量的海量数据存储解决方案。

在 Hadoop 的整个架构中，HDFS 在 MapReduce 任务处理过程中提供了对文件操作和存储等的支持，MapReduce 在 HDFS 基础上实现了任务的分发、跟踪和执行等工作，并收集结果，两者相互作用，共同完成了 Hadoop 分布式集群的主要任务。

2. HBase

HBase 是一种构建在 HDFS 之上的分布式、面向列族的存储系统。在需要实时读写并随机访问超大规模数据集等场景下，HBase 目前是市场上主流的技术选择。

HBase 技术来源于 Google 论文《Bigtable：一个结构化数据的分布式存储系统》。如同 Bigtable 利用了 Google File System 提供的分布式数据存储方式一样，HBase 在 HDFS 之上提供了类似于 Bigtable 的功能。HBase 解决了传统数据库的单点性能极限。实际上，传统的数据库解决方案尤其是关系型数据库也可以通过复制和分区的方法来提高单点性能极限，但安装和维护都非常复杂；而 HBase 从另一个角度处理伸缩性问题，即通过线性方式从下到上增加节点来进行扩展。

3. Hive

Hive 是 Facebook 开源并捐献给 Apache 组织的，是 Apache 组织的顶级项目。Hive 是基于 Hadoop 的数据仓库 (Data WareHouse) 技术，可以将结构化的数据文件映射为一张数据库表，并提供一种 HQL 语言进行查询，具有扩展性好、延展性好、高容错等特点，多应用于离线数据仓库建设。Hive 提供了对 Hadoop 文件中的数据集进行数据处理、查询和分析的工具，它支持类似于传统 RDBMS 的 SQL 语言的查询语言，以帮助那些熟悉 SQL 的用户处理和查询 Hadoop 中的数据。该查询语言称为 Hive SQL。Hive SQL 实际上先被 SQL 解析器解析，然后被 Hive 框架解析成一个 MapReduce 可执行计划，并按照该计划生成 MapReduce 任务后交给 Hadoop 集群处理。Hive 构建在 HDFS 上，可以存储海量数据。Hive 允许程序员使用 SQL 命令来完成数据的分布式计算，简化了程序员的开发难度，降低了开发人员的学习成本。

4. Apache Doris

Apache Doris(incubating) 是一款由百度大数据团队自主研发的 MPP 数据库，其功能和性能已达到或超过国内外同类产品。自 2017 年在 GitHub 上开源以来，Doris 先后被小米、美团、链家、品友互动、瓜子、搜狐等十多家互联网公司使用。同时，Doris 在公司内部署超过 1000 台机器，服务超过 200 项业务，单业务最大容量达到 2PB；在百度云上，Doris 作为大数据分析工具中的数据仓库有着广泛的用户。

（五）数据分析与可视化技术

1. Apache Impala

Impala 是由 Cloudera 公司主导开发的新型查询系统，它提供了 SQL 语义，能查询存储在 Hadoop 的 HDFS 和 HBase 中拍字节 (PB) 级的大数据。已有的 Hive 系统虽然也提供了 SQL 语义，但由于 Hive 底层执行使用的是 MapReduce 引擎，仍然是一个批处理过程，因此难以满足查询的交互性。相比之下，Impala 的最大特点就是它的快速。

Impala 是用于处理存储在 Hadoop 集群中大量数据的 MPP(大规模并行处理)SQL 查询引擎。它是一个用 C++ 和 Java 编写的开源软件。与其他 Hadoop 的 SQL 引擎相比，Impala 提供了高性能和低延迟。换句话说，Impala 是性能最高的 SQL 引擎 (提供类似 RDBMS 的体验)，它提供了访问存储在 Hadoop 分布式文件系统中的数据的最快方法。

2. Tableau

Tableau 是全球知名度很高的数据可视化工具，用户群体庞大，操作界面灵活，图表设计简洁明了，个性化程度高，易用性和交互体验优秀。学习 Tableau 可傻瓜式入门 (适合新手)，随着用户的经验增多，也有更多专业功能让用户可以循序渐进地学习使用，进行更加高阶的可视化分析，因而 Tableau 是很多可视化爱好者的选择。

Tableau 的缺点是免费版功能有限，收费版对于个人用户来说有些昂贵。

3. DataEase

DataEase 是开源的数据可视化分析工具，可帮助用户快速分析数据并洞察业务趋势，从而实现业务的改进与优化。DataEase 支持丰富的数据源连接，能通过拖拉拽方式快速制作图表，并能方便地与他人分享。

DataEase 后端使用了 Java 语言的 Spring Boot 框架，并使用 Maven 作为项目管理工具。开发者需要先在开发环境中安装 JDK 1.8 及 Maven。

DataEase 前端使用了 Vue.js 作为前端框架，ElementUI 作为 UI 框架，并使用 npm 作为包管理工具。开发者须先下载 Node.js 作为运行环境，IDEA 用户建议安装 Vue.js 插件，便于开发。

4. Datart

Datart 是新一代数据可视化开放平台，支持各类企业数据可视化场景需求，如创建和使用报表、仪表板和大屏，还可进行可视化数据分析，构建可视化数据应用等。Datart 由原 Davinci 主创团队出品，具有更加开放、可塑和智能的特点，并在数据与艺术之间寻求最佳平衡。

Datart 试图建立起一套标准化的数据可视化开放平台体系，标准化和开放性体现在以下方面：

流程标准化：基于 Source > View > Chart > Visualization 建立受管控的数据可视化应用 (Managed VizApp) 开发、发布和使用的标准化流程。

交互标准化：Visualization 支持权限可控的标准化交互能力，如筛选、钻取、联动、跳转、弹窗、分享、下载、发送等。

插件标准化：在 Source、Chart、Visualization 层提供标准化可插拔扩展接口或 SDK 规范，支持开放扩展或按需定制。

5. FineReport

FineReport 是帆软自主研发的企业级 Web 报表工具，秉持零编码的理念，易学易用，功能强大。FineReport 以"专业、简洁、灵活"著称，仅通过简单的拖拽操作便可制作中国式复杂报表，轻松实现报表的多样化展示、交互分析、数据录入、权限管理、定时调度、打印输出、门户管理和移动应用等需求。

FineReport 是一款用于报表制作、分析和展示的工具，用户通过使用 FineReport 可以轻松构建出灵活的数据分析和报表系统，大大缩短项目周期，降低实施成本，最终解决企业信息孤岛的问题，使数据真正产生其应用价值。

三、Hadoop 生态系统

Hadoop 作为大数据的分布式计算框架，发展到今天已经建立起了很完善的生态。在这个框架下，可以使用一种简单的编程模式，通过多台计算机构成的集群，分布式处理大数据集。Hadoop 是可扩展的，它可以方便地从单一服务器扩展到数千台服务器，每台服务器进行本地计算和存储。Hadoop 核心生态系统组件如图 1-4 所示。

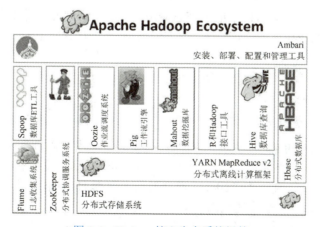

图 1-4　Hadoop 核心生态系统组件

Hadoop 包括以下 4 个基本模块。

(1) Hadoop 基础功能库：支持其他 Hadoop 模块的通用程序包。

(2) HDFS：一个分布式文件系统，能够以高吞吐量访问应用中的数据。

(3) YARN：一个作业调度和资源管理框架。

(4) MapReduce：一个基于 YARN 的大数据并行处理程序框架。

除基本模块外，Hadoop 生态系统还包括以下组件：

(1) Ambari：一个基于 Web 工具，用于配置、管理和监控 Apache Hadoop 的集群，其中包括对 Hadoop HDFS、Hadoop MapReduce、Hive、HCatalog、HBase、ZooKeeper、Oozie、Pig 和 Sqoop 的支持。Ambari 还提供了一个用于查看集群运行状况 (如热图) 的仪表板，以及可视化查看 MapReduce、Pig 和 Hive 应用程序以及功能的功能，以用户友好的方式诊断其性能特征。

(2) Avro：一种数据序列化系统。

(3) Cassandra：一个可扩展的多主数据库，没有单点故障。

(4) Chukwa：一种用于管理大型分布式系统的数据收集系统。

(5) HBase：一个可扩展的分布式数据库，支持大型表的结构化数据存储。

(6) Hive：一种提供数据汇总和即席查询的数据仓库基础结构。

(7) Mahout：一个可扩展的机器学习和数据挖掘库。

(8) Ozone：一种用于 Hadoop 的可扩展、冗余和分布式对象存储。

(9) Pig：一种用于并行计算的高级数据流语言和执行框架。

(10) Spark：一种用于 Hadoop 数据的快速通用计算引擎。Spark 提供了一个简单且富有表现力的编程模型，支持广泛的应用程序，包括 ETL、机器学习、流处理和图形计算。

(11) Submarine：一个统一的 AI 平台，允许工程师和数据科学家在分布式集群中运行机器学习和深度学习工作负载。

(12) Tez：一个基于 Hadoop YARN 构建的通用数据流编程框架，它提供了一个强大而灵活的引擎来执行任意 DAG 任务，以处理批处理和交互式用例的数据。Tez 正在被 Hive™、Pig™ 和 Hadoop 生态系统中的其他框架以及其他商业软件 (例如 ETL 工具) 采用，以取代 Hadoop™ MapReduce 作为底层执行引擎。

(13) ZooKeeper：一种用于分布式应用程序的高性能协调服务。

除以上这些官方认可的 Hadoop 生态系统组件之外，还有很多十分优秀的组件这里没有介绍，这些组件的应用也非常广泛，例如基于 Hive 查询优化的 Presto、Impala、Kylin 等。

四、Hadoop 发展简史与版本演变

Hadoop 是一个开源的分布式计算框架，最初由 Apache 基金会开发和管理。下面是 Hadoop 的发展简史和版本演变。

2005 年，Doug Cutting 和 Mike Cafarella 创建了一个用于处理大规模数据集的框架，将其取名为 Hadoop，该框架基于 Google 的 MapReduce 和分布式文件系统 (GFS) 的思想。

2006 年，第一个公开版本 Hadoop 0.1.0 发布，包括 Hadoop 分布式文件系统 (HDFS) 和 MapReduce 框架，这个版本还相当基本和简单。

2007 年，Hadoop 0.14.0 发布，引入了 Hadoop Streaming，使得开发者可以使用自己

喜欢的编程语言编写 MapReduce 任务。

2009 年，Hadoop 0.20.0 发布，引入了 Hadoop 的核心组件之一——YARN(Yet Another Resource Negotiator)，实现了作业调度与资源管理的分离，从而使得 Hadoop 可以运行不限于 MapReduce 的应用。

2011 年，Hadoop 0.22.0 发布，引入了 Hadoop 的第二个核心组件——Hadoop 分布式数据库 HBase，使得 Hadoop 可以处理近实时的数据。

2013 年，Hadoop 2.0.0 发布，正式引入了 YARN 作为 Hadoop 的资源管理和作业调度的框架。这个版本极大地提升了 Hadoop 的灵活性和可扩展性。

2017 年，Hadoop 3.0.0 发布，引入了一些重要的改进和特性，如 Erasure Coding、Containerization 等，提升了存储效率和资源管理能力。

除了 Apache 的官方版本之外，还有一些发行版和社区项目，如 Cloudera、Hortonworks、MapR 等，在基于 Apache Hadoop 的核心上进行了扩展和改进。

总体而言，Hadoop 作为一个开源分布式计算框架，经历了多个重要版本的迭代和改进，在不断发展中逐渐成熟起来，以适应不断增长的大规模数据处理需求。

任 务 实 施

一、软件下载清单及官方网址

各个项目所需要的软件下载清单及官方网址如表 1-3 所示。

表 1-3　各个项目所需要的软件下载清单及官方网址

项　　目	所需软件下载清单	官　方　网　址
项目一 安装环境 准备	VMware Workstation 16 Pro 试用版	https://www.vmware.com/cn.html https://docs.vmware.com/cn/VMware-Workstation-Pro/index.html
	openEuler 22.03 LTS (DVD ISO版本)	https://www.openeuler.org/zh/ https://docs.openeuler.org/zh/
	SecureCRT 8.7.3	https://www.vandyke.com/products/securecrt/
项目二 Hadoop集群 完全分布式 部署	openEuler 22.03 LTS (everything完整版)	https://www.openeuler.org/zh/ https://docs.openeuler.org/zh/
	openEuler 22.03 LTS (DVD ISO版本)	https://www.openeuler.org/zh/ https://docs.openeuler.org/zh/
	JDK 8	https://www.oracle.com/java/technologies/downloads https://jdk.java.net/
	Hadoop 3.3.4	https://hadoop.apache.org/ https://hadoop.apache.org/docs/r3.3.4/
项目三 Hadoop生态 系统常用组 件部署	HBase 2.4.14	https://hbase.apache.org/ https://hbase.apache.org/book.html#configuration
	ZooKeeper 3.7.1	https://zookeeper.apache.org/ https://zookeeper.apache.org/releases.html
	MySQL 8.0.28	https://downloads.mysql.com/archives/community/

续表

项　目	所需软件下载清单	官　方　网　址
项目三 Hadoop生态 系统常用组 件部署	Hive 3.1.3	https://hive.apache.org/ https://dlcdn.apache.org/hive/
	Spark	https://spark.apache.org/
	Sqoop	https://sqoop.apache.org/
	Flume	https://flume.apache.org/
	Kafka	https://kafka.apache.org/
项目四 Hadoop HA 集群部署	ZooKeeper 3.7.1	https://zookeeper.apache.org/ https://zookeeper.apache.org/releases.html
	JDK 8	https://www.oracle.com/java/technologies/downloads https://jdk.java.net/
	ZooKeeper 3.7.1	https://zookeeper.apache.org/ https://zookeeper.apache.org/releases.html
	Hadoop 3.3.4	https://hadoop.apache.org/ https://hadoop.apache.org/docs/r3.3.4/

二、VMware Workstation Pro 试用版软件下载

首先在浏览器中打开 VMware 官方网址：https://www.vmware.com/cn.html，然后点击右上角链接"资源"，在打开的资源页面中找到"产品试用版"的链接图标，点击该图标就可进入试用版下载界面，展开"个人桌面"就可以找到 VMware Workstation Pro 的免费下载试用版链接，如图 1-5 所示。

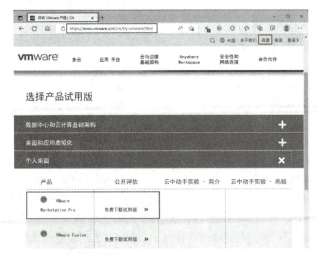

图 1-5　免费下载试用版 VMware Workstation Pro

三、openEuler 软件下载

首先在浏览器中打开 openEuler 官方网址：https://www.openeuler.org/zh/，然后点击主菜单"下载"，在弹出的下拉菜单中选择"ISO"，就可进入下载界面，如图 1-6 所示。

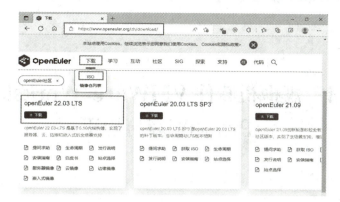

图 1-6　免费下载 openEuler

四、JDK 8 软件下载

首先在浏览器中打开 JDK 8 官方网址：https://www.oracle.com/java/technologies/downloads，然后滚动下拉页面，在页面中找到 JDK 8 的下载链接，需要选择 x64 版本，如图 1-7 所示。

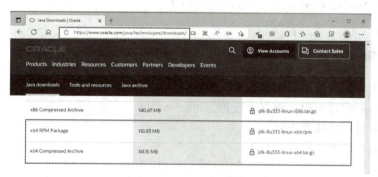

图 1-7　免费下载 JDK 8

五、Hadoop 软件下载

首先在浏览器中打开 Hadoop 官方网址：https://hadoop.apache.org/，然后点击主菜单"Download"，就可进入下载界面，注意选择下载二进制文件"Binary download"，如图 1-8 所示。

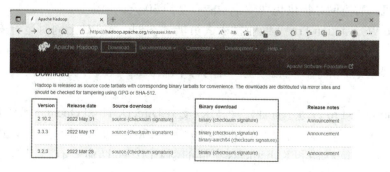

图 1-8　免费下载 Hadoop

任务 3　虚拟机软件 VMWare Workstation Pro 的安装与使用

任 务 目 标

知识目标

(1) 理解 VMware Workstation Pro 的网络连接模式。

(2) 理解 VMware Workstation Pro 的选项设置。

能力目标

(1) 能够正确配置虚拟机的网络连接模式。

(2) 能够正确配置虚拟机的选项设置。

(3) 能够熟练创建虚拟机。

(4) 能够熟练使用虚拟机。

知 识 准 备

一、VMware Workstation Pro 简介

VMware Workstation Pro 是业界标准的桌面 Hypervisor，用于在 Linux 或 Windows PC 上运行虚拟机。官方网站提供免费体验功能齐全的 30 天试用版。

VMware Workstation Pro 使专业技术人员能够在同一台 PC 上同时运行多个基于 x86 的 Windows、Linux 和其他操作系统，从而开发、测试、演示和部署软件。可以在虚拟机中复制服务器、桌面和平板电脑环境，并为每个虚拟机分配多个处理器内核、千兆字节的主内存和显存。

Workstation 16 Pro 改进了行业定义技术，支持 DirectX 11 和 OpenGL 4.1 3D 加速图形，采用新的暗模式用户界面，支持 Windows 10 版本 2004 及更高版本的主机上的 Windows Hyper-V 模式，支持容器和 Kubernetes 集群的新 CLI: 'vctl'(命令行工具)，支持最新的 Windows 和 Linux 操作系统，等等。

二、VMware Workstation Pro 网络连接模式

要用好 WMware Workstation Pro 虚拟机软件，首先要完全理解其网络连接模式。只有将虚拟机软件中的网络连接模式理解透彻，才能将虚拟机运用自如。

我们可以将虚拟机配置为桥接模式、NAT 模式和仅主机模式网络连接这三种网络连接模式中的一种，也可以使用虚拟网络连接组件创建复杂的自定义虚拟网络。

（一）桥接模式网络连接

桥接模式网络连接通过使用主机系统上的网络适配器将虚拟机连接到网络上。如果主机系统位于网络中，桥接模式网络连接通常是虚拟机访问该网络的最简单途径。

通过桥接模式网络连接，虚拟机中的虚拟网络适配器可连接到主机系统中的物理网络适配器上。虚拟机可通过主机网络适配器连接到主机系统所用的 LAN 上。

简而言之，在桥接模式网络连接方式下，虚拟机与宿主物理机处于同一个 LAN 中，分配同一网络地址（网段），虚拟机能够访问宿主物理机所在网络中的其他计算机，也可以被宿主物理机所在网络中的其他计算机访问，虚拟机就好像是宿主物理机所在网络中的一台物理机一样。

将 Workstation Pro 安装到 Windows 或 Linux 主机系统时，系统会设置一个桥接模式网络（VMnet0）。桥接模式网络连接示意图如图 1-9 所示。

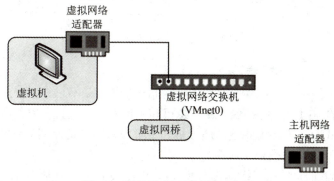

图 1-9　桥接模式网络连接示意图

（二）NAT 模式网络连接

使用 NAT 模式网络时，虚拟机在外部网络中不必具有自己的 IP 地址，主机系统上会建立单独的专用网络。在默认配置中，虚拟机会在此专用网络中通过 DHCP 服务器获取地址。

在 NAT 模式网络连接配置情况下，虚拟机和主机系统共享一个网络标识，此标识在外部网络中不可见。NAT 工作时会将虚拟机在专用网络中的 IP 地址转换为主机系统的 IP 地址。当虚拟机发送对网络资源的访问请求时，它会充当网络资源，就像请求来自主机系统一样。

主机系统在 NAT 网络上具有虚拟网络适配器。借助该适配器，主机系统可以与虚拟机相互通信。NAT 设备可在一个或多个虚拟机与外部网络之间传送网络数据，识别用于每个虚拟机的传入数据包，并将它们发送到正确的目的地。

简而言之，NAT 模式网络连接与我们家庭宽带上网的网络连接方式是相似的，虚拟

机需要借助一台虚拟的宽带路由器才能上网,这台虚拟的宽带路由器包含有虚拟网络交换机、DHCP 服务器、NAT 设备,虚拟机的 IP 地址是由 DHCP 服务器自动分配的一个内部网络地址,虚拟机借助 NAT 设备进行地址转换访问外部网络,但是除了宿主物理机之外的其他网络上的计算机是无法访问内网的虚拟机的。就好像家庭上网时家里的计算机可以上网访问外部网络,但是互联网上的计算机却无法直接访问家里的计算机,因为中间有宽带路由器进行隔离。

将 Workstation Pro 安装到 Windows 或 Linux 主机系统时,系统会设置一个 NAT 模式网络 (VMnet8)。在使用新建虚拟机向导创建新的虚拟机并选择典型配置类型时,该向导会将 NAT 模式网络连接作为虚拟机默认网络。

NAT 模式网络连接示意图如图 1-10 所示。

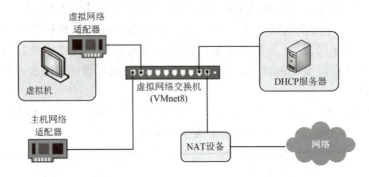

图 1-10　NAT 模式网络连接示意图

(三) 仅主机模式网络连接

仅主机模式网络连接可创建完全包含在主机中的网络。仅主机模式网络连接使用对主机操作系统可见的虚拟网络适配器,在虚拟机和主机系统之间提供网络连接。

在仅主机模式网络连接模式下,虚拟机和主机虚拟网络适配器均连接到专用以太网络上,网络完全包含在主机系统内。

简而言之,仅主机模式网络连接是“缺少 NAT 设备的简化版 NAT 模式”,可以理解为家庭宽带上网的 NAT 模式,只是电信的光纤没有了,不能上外网,但是还能够访问宽带路由器,即宽带路由器与家庭计算机组成的一个局域网。

将 Workstation Pro 安装到 Windows 或 Linux 主机系统时,系统会设置一个仅主机模式网络 (VMnet1)。仅主机模式网络连接示意图如图 1-11 所示。

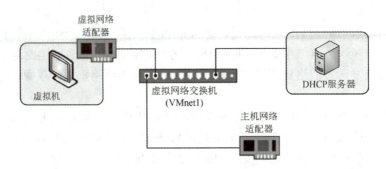

图 1-11　仅主机模式网络连接示意图

（四）自定义虚拟网络连接配置

利用 Workstation Pro 虚拟网络连接组件，可以创建复杂的虚拟网络。虚拟网络可以连接到一个或多个外部网络，也可以在主机系统中完整独立地运行。可以使用虚拟网络编辑器来配置主机系统中的多个网卡，并创建多个虚拟网络。

在自定义虚拟网络中组合设备的方法有很多。如图 1-12 所示显示了通过多个防火墙实现的服务器连接。在该示例中，Web 服务器通过防火墙连接到外部网络，管理员计算机则通过另一个防火墙连接 Web 服务器。

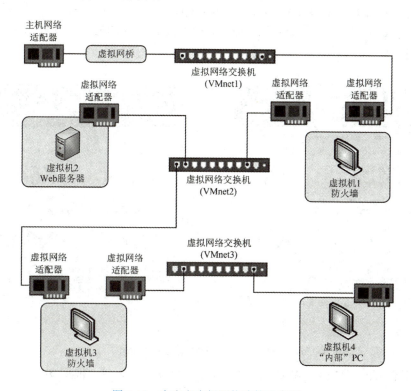

图 1-12　自定义虚拟网络连接示意图

任 务 实 施

一、VMware Workstation Pro 的安装

（一）检测电脑硬件是否已经启用虚拟化

安装 VMware Workstation Pro 虚拟化软件之前，要求电脑硬件支持虚拟化并且已经启用虚拟化，可以下载并运行检测软件"LeoMoon CPU-V"来进行检测。如图 1-13 所示，检测结果是硬件支持虚拟化，但是未启用虚拟化。

如果检测到 VT-x 启用状态为未启用，就需要重启计算机并到 BIOS 中开启支持虚拟化的设置，保存后重启计算机，再重新检测。如果在 BIOS 中已经设置了支持虚拟化，检测仍是未启用状态，就要关闭操作系统自带的 Hyper-V 虚拟化软件，因为 Hyper-V 与 VT-x 启用互相冲突。

关闭操作系统自带的 Hyper-V 虚拟化软件有以下两种方法：

(1) 直接在控制面板中删除该功能，步骤是：打开控制面板→程序和功能→启用或关闭 Windows 功能→将 Hyper 前的钩取消掉→确定。

(2) 使用命令关闭 Hyper-V。以管理员身份输入命令：bcdedit /set hypervisorlaunchtype off，关闭 Hyper-V，并重启计算机。若要使用 Hyper-V，则可使用以下步骤恢复：关闭虚拟机软件，输入命令：bcdedit /set hypervisorlaunchtype auto，再次开启 Hyper-V，并重启计算机。

关闭 Hyper-V 并重启计算机后，重新运行"LeoMoon CPU-V"软件检测，显示计算机已经启用虚拟化，如图 1-14 所示。

图 1-13　检测到计算机未启用虚拟化

图 1-14　检测到计算机已启用虚拟化

(二) 安装 VMware Workstation Pro 虚拟化软件

运行下载好的 VMware Workstation Pro 虚拟化软件安装包，根据安装向导提示默认进行安装即可，如图 1-15 所示。

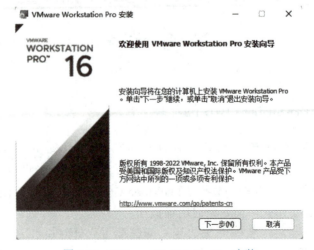
图 1-15　VMware Workstation Pro 安装

安装完成后，打开控制面板→网络和 Internet →网络连接，可以发现多出两块虚拟网卡：VMware Network Adapter VMnet1 和 VMware Network Adapter VMnet8，如图 1-16 所示。

图 1-16　VMnet1 与 VMnet8 虚拟网卡

双击 VMnet1 和 VMnet8 虚拟网卡图标，可以查询两块虚拟网卡的详细信息，如图 1-17 和图 1-18 所示。

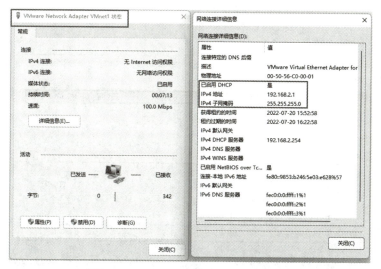

图 1-17　VMnet1 虚拟网卡的详细信息

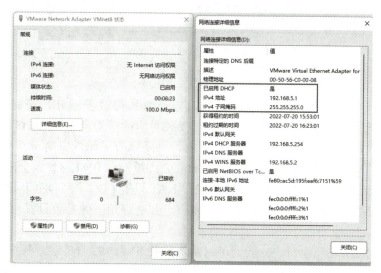

图 1-18　VMnet8 虚拟网卡的详细信息

其中 VMnet1 的 IPv4 地址为 192.168.2.1，VMnet8 的 IPv4 地址为 192.168.5.1，并且均已启用 DHCP。

通过前面的"知识准备"学习，我们可以知道 VMnet1 对应仅主机模式网络连接，VMnet8 对应 NAT 模式网络连接。

但是 VMnet1、VMnet8 为什么显示这样的 IPv4 地址？是否可以修改？如何修改？我们将在下面的"VMware Workstation Pro 的使用"中进行介绍和学习。

二、VMware Workstation Pro 的使用

（一）配置虚拟网络编辑器

要使用 VMware Workstation Pro 虚拟机软件，首先应配置"虚拟网络编辑器"。运行 VMware Workstation Pro 软件后，点击主菜单"编辑"→"虚拟网络编辑器 (N)"，将弹出如图 1-19 所示的窗口。

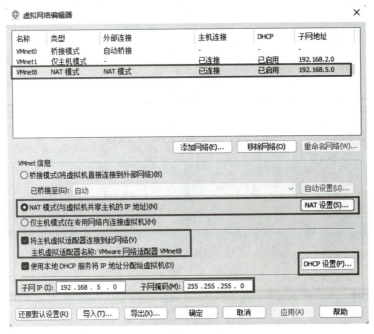

图 1-19　"虚拟网络编辑器"窗口

在"虚拟网络编辑器"窗口中，我们可以查看和修改子网 IP、子网掩码、NAT 设置、DHCP 设置。我们在上一节中提到 NAT 模式对应的虚拟网卡 VMnet8 的 IPv4 网址为 192.168.5.1，就是在此窗口界面中进行设置的，只要修改了此窗口的子网 IP、子网掩码，并点击"确定"保存，Windows 系统中的 VMnet8 虚拟网卡 IPv4 网址就会随之改变。

在"虚拟网络编辑器"窗口中，分别点击"NAT 设置 (S)"和"DHCP 设置 (P)"按钮，可以分别打开 NAT 设置窗口和 DHCP 设置窗口，并进行相应的参数设置，如图 1-20 和图 1-21 所示。

在弹出的 NAT 设置窗口中，我们可以发现网关 IP 为 192.168.5.2。顾名思义，网关就是一个网络连接到另一个网络的"关口"，也就是网络关卡。新建的虚拟机要想访问外部

网络，首先需要能够连接到这个网关 IP 地址上，待我们创建了新的虚拟机之后，第一件要做的事情就是 ping 通这个网关。

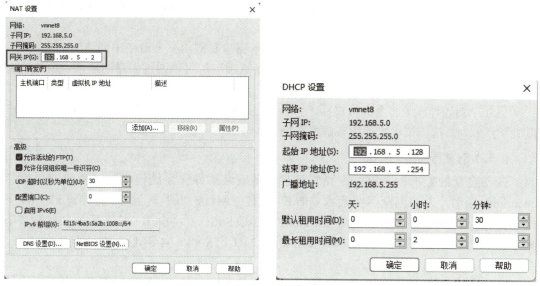

图 1-20　虚拟网络编辑器 -NAT 设置　　　　　图 1-21　虚拟网络编辑器 -DHCP 设置

（二）VMware Workstation Pro 软件主界面

VMware Workstation Pro 软件的主界面由菜单栏、虚拟机库、主页、状态栏四部分组成，如图 1-22 所示。

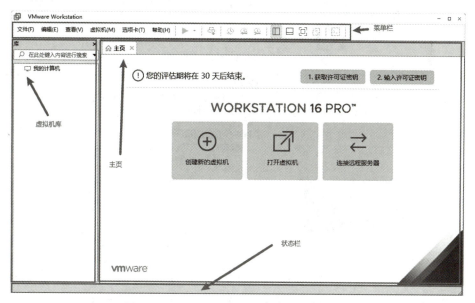

图 1-22　VMware Workstation Pro 软件主界面

虚拟机库显示在 Workstation Pro 窗口左侧，可用来查看和选择 Workstation Pro 中的虚拟机、目录和远程主机。

主页显示在 Workstation Pro 窗口右侧。点击主页选项卡中的图标，可以创建新的虚拟机、打开现有的虚拟机、连接远程服务器，以及查看 Workstation Pro 帮助系统。

状态栏显示在 Workstation Pro 窗口底部。当虚拟机处于开启状态时，可点击状态栏中的图标来查看 Workstation Pro 消息，以及对硬盘、CD/DVD 驱动器、软盘驱动器和网络适配器等虚拟设备进行操作。

选择库中的虚拟机后，会在 Workstation Pro 窗口右侧的主页窗格中创建一个选项卡；选择多个虚拟机后，在主页窗格中就会创建多个选项卡。可以通过创建的选项卡窗口与虚拟机进行交互。

另外，当选择库中一个虚拟机后，可以通过 Workstation Pro 窗口顶部菜单栏中的"虚拟机"菜单为所选虚拟机执行所有虚拟机操作。

(三)创建新的虚拟机

在创建新的虚拟机之前，需要先下载准备安装的操作系统镜像。这里我们以安装 openEuler 为例，先在浏览器中输入 openEuler 官方网址，再跳转到 iso 安装包 x86_64 下载页面 (https://repo.openeuler.org/openEuler-22.03-LTS/ISO/x86_64/)，在该页面中有很多个 openEuler 的 iso 安装包，我们选择 openEuler-22.03-LTS-x86_64-dvd.iso 安装包进行下载，约 3.4 GB 大小。

创建新的虚拟机时，可以点击主页选项卡中的图标来创建，也可以点击主菜单"文件 (F)"→"新建虚拟机 (N)"来创建。此时将弹出"新建虚拟机向导"界面，如图 1-23 所示。

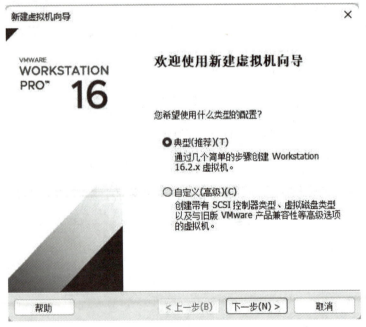

图 1-23 "新建虚拟机向导"界面

初次使用 VMware Workstation Pro 创建新的虚拟机时，建议选择"典型 (推荐)(T)"进行安装，通过以下简单的步骤就可以创建虚拟机。

点击"下一步"按钮，弹出"安装来源"界面。在此界面中，选择"安装程序光盘映像文件 (iso)(M)："，点击"浏览"按钮，找到已经下载的 openEuler iso 安装包文件，打开它，会提示"无法检测此光盘映像中的操作系统。您需要指定要安装的操作系统。",如图 1-24 所示。

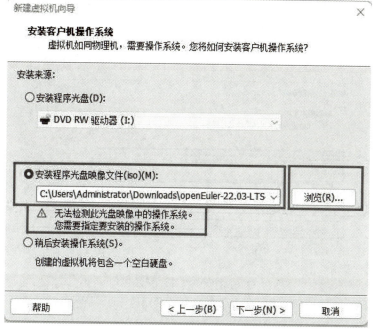

图 1-24　"安装来源"界面

点击"下一步"按钮,弹出"选择客户机操作系统"界面。在此界面中,客户机操作系统选择"Linux(L)",版本选择"CentOS 8 64 位",如图 1-25 所示。

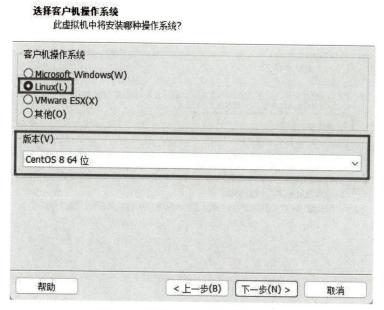

图 1-25　"选择客户机操作系统"界面

点击"下一步"按钮，弹出"命名虚拟机"界面。在此界面中，需要设置虚拟机的名称和位置。建议设置有意义的虚拟机名称，比如 openEuler、master1、master2 等；同时建议创建统一的目录保存虚拟机文件。默认的位置是在系统 C 盘，但是新建的虚拟机文件一般都比较大，少则几 GB，多则几十 GB，所以尽量在空闲较多的磁盘创建统一的目录来保存虚拟机文件，如 H:\VM-Files，然后将位置设置为 H:\VM-Files\openEuler，如图 1-26 所示。

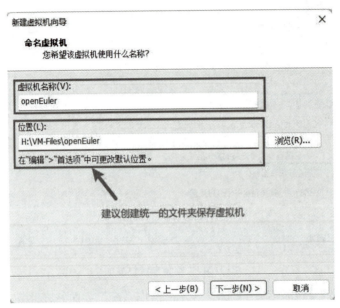

图 1-26　"命名虚拟机"界面

点击"下一步"按钮，弹出"指定磁盘容量"界面。在此界面中，需要设置最大磁盘大小 (GB)，默认为 20.0 GB，虚拟机磁盘存储方式选择"将虚拟磁盘拆分为多个文件 (M)"。

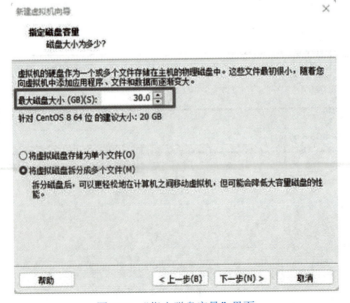

图 1-27　"指定磁盘容量"界面

注意： 图 1-27 中的"最大磁盘大小"设置为 30.0 GB，这是因为考虑将此虚拟机作为 FTP 服务器，用于 openEuler Linux 操作系统完整版 (约 16 GB) 的访问仓库资源。

点击"下一步"按钮，弹出"已准备好创建虚拟机"界面。在此界面中，会显示创建虚拟机的设置，内存默认为 1024 MB，内存偏小，最小设置为 2048 MB(即 2 GB)，可点击"自定义硬件"进行设置，如图 1-28 所示。

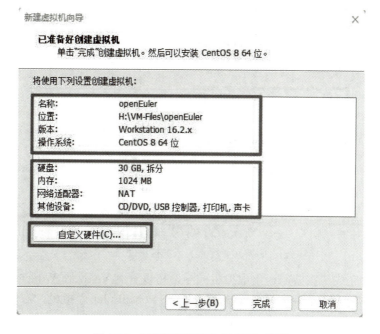

图 1-28　"已准备好创建虚拟机"界面

点击"自定义硬件"按钮，弹出硬件设置界面。在此界面中，建议设置内存为 2 GB，处理器数量为 2，虚拟化引擎勾选"虚拟化 Intel VT-x/EPT 或 AMD-V/RVI(V)"，网络适配器为 NAT(默认网络连接模式)，如图 1-29 所示。

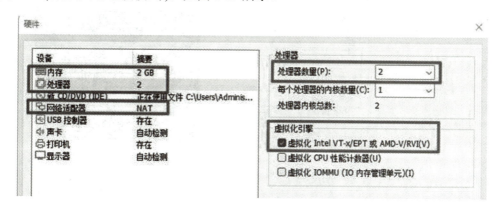

图 1-29　自定义硬件设置界面

在自定义硬件设置界面中，设置完成相应的硬件配置参数后，点击"关闭"按钮返回"已准备好创建虚拟机"界面，如图 1-30 所示。在此界面中，重新检查创建虚拟机的配置，可以看到：硬盘为"30 GB，拆分"，内存为 2048 MB(2 GB)，网络适配器为 NAT，其他设备为 2 个 CPU 内核、CD/DVD 等，已达到我们设置的参数要求。

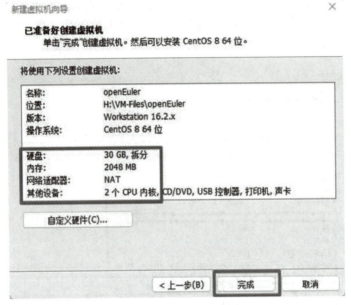

图 1-30　配置完成虚拟机硬件

此时点击"完成"按钮，退出虚拟机向导，可以看到 VMware Workstation Pro 软件的界面发生了一些变化，左侧虚拟机库新增加了一台 openEuler 虚拟机，右侧主页新增加了一个选项卡 openEuler，如图 1-31 所示。

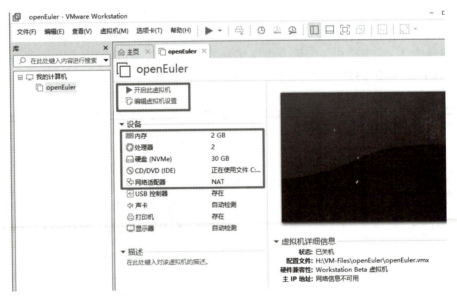

图 1-31　完成新建虚拟机

（四）使用虚拟机

完成新建虚拟机后，就可使用 VMware Workstation Pro 与虚拟机进行交互，主要有三种方式：① 点击主菜单上的"虚拟机"，弹出下拉菜单；② 在窗口左侧选中 openEuler 虚拟机，点击右键弹出菜单；③ 在窗口右侧选项卡中选中 openEuler 虚拟机，再点击右键弹出菜单执行操作，如图 1-32 所示。

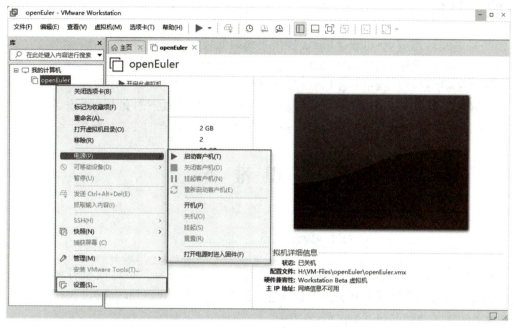

图 1-32　使用虚拟机

可以对虚拟机进行的交互操作主要有启动虚拟机、关闭虚拟机、开机、关机、挂起、重启、拍摄快照、恢复快照、发送 Ctrl+Alt+Del、克隆虚拟机等，也可以编辑虚拟机设置。

启动虚拟机时，客户机操作系统也会启动，刚刚新建的虚拟机尚未完成操作系统的安装，需将虚拟机的开机启动引导挂载到光盘的 iso 安装文件进行操作系统的安装，具体步骤将在下一个任务中进行讲解。

任务4　openEuler Linux 操作系统的安装与基础使用

任 务 目 标

知识目标

(1) 理解 openEuler Linux 操作系统安装时设置参数的含义。
(2) 熟悉 openEuler Linux 操作系统基础管理命令。

(3) 熟悉 openEuler Linux 操作系统网络配置过程。

(4) 熟悉 openEuler Linux 操作系统命令行模式下文本编辑器的使用。

能力目标

(1) 能够正确完成 openEuler Linux 操作系统的安装。

(2) 能够熟练使用 openEuler Linux 操作系统的基础管理命令。

(3) 能够熟练完成 openEuler Linux 操作系统的静态网络地址参数配置。

(4) 能够熟练使用 openEuler Linux 操作系统的命令行模式下的文本编辑器。

(5) 能够熟练完成 openEuler Linux 操作系统的 FTP 服务器的安装与配置。

知 识 准 备

一、openEuler Linux 操作系统简介

在 2021 年 11 月 9 日召开的操作系统产业峰会上,华为宣布将欧拉开源操作系统 (openEuler) 正式捐赠给开放原子开源基金会,捐赠内容包括代码和软件包、创新项目、商标、域名、社区基础设施等相关资产。

欧拉开源操作系统 (简称"欧拉") 和鸿蒙不一样,鸿蒙面向的是各种终端,偏应用,而欧拉一开始是服务器操作系统,2021 年 9 月份正式升级为面向数字基础设施的操作系统,支持服务器、云计算、边缘计算、嵌入式等应用场景,支持多样性计算,致力于提供安全、稳定、易用的操作系统。通过为应用提供确定性保障能力,支持 OT 领域应用及 OT 与 ICT 的融合。

开放原子开源基金会是国家牵头、大厂参与的开源组织,目前华为、腾讯、阿里等大厂都在其中,这是实现我国科技独立自主的奠基石,也是面对美国高科技制裁的自保手段—— 前端鸿蒙、后端欧拉,华为的基础软件体系有望重塑国产数字化底座。

openEuler 已支持 x86、Arm、RISC-V 多处理器架构,未来还会扩展 PowerPC、SW64 等更多芯片架构支持,持续完善多样化算力生态体验。

当前,国产主流的 Linux 操作系统均基于 openEuler 发布商业发行版,如麒麟软件、统信软件、SUSE、麒麟信安、普华、中科红旗、中科创达、中国科学院软件等推出的商业发行版。截至目前,欧拉系统在我国的政府、电信运营商、银行金融机构、能源企业和管理、交通领域和互联网行业已经被广泛采用,目前搭载的终端超过 130 万套。

openEuler 作为一个操作系统发行版平台,每两年推出一个 LTS 版本。该版本为企业级用户提供一个安全稳定可靠的操作系统。

本书采用的 openEuler 22.03 LTS 是面向服务器、云原生、边缘和嵌入式场景的全场景操作系统版本,统一基于 Linux Kernel 5.10 构建,对外接口遵循 POSIX 标准,具备天然协同基础。同时 openEuler 22.03 LTS 版本集成了分布式软总线、KubeEdge+ 边云协同框架等功能,进一步提升了数字基础设施的协同能力,构建了万物互联的基础。

二、查看系统信息

openEuler Linux 操作系统安装完成后，默认安装是最小安装，重启机器后将进入命令行登录界面，然后输入 root 用户名和正确的密码，即可进入命令行界面。

与首次进入 Windows 操作系统类似，我们首先需要了解机器的系统基本信息，如操作系统版本、CPU、内存、硬盘、系统资源实时信息等；然后需要了解机器的网络基本配置信息，如网卡、IP 地址、网关、路由、域名服务器等；最后需要 ping 通一下宿主物理机及外网网址。

查看系统信息的命令如表 1-4 所示，查看网络配置信息的命令如表 1-5 所示。

表 1-4　查看系统信息的命令

功　　能	命　　令
查看操作系统	more /etc/os-release
查看CPU信息	lscpu
查看内存信息	free
查看磁盘信息	fdisk-l或df-h
查看系统资源实时信息	top

表 1-5　查看网络配置信息的命令

功　　能	命　　令
查看各网卡IP地址	ip addr
查看路由信息	ip route
查看DNS信息	more /etc/resolv.conf
测试网络连通性	ping 具体ip地址

三、配置网络

(一) 配置 IP 地址

1. 使用 nmcli 命令

1) nmcli 介绍

nmcli 是基于命令行的网络管理配置命令 (Command-Line Tool for Controlling Network Manager)，可完成所有的网络配置工作，并直接写入配置文件中，永久生效 (无须重启网络连接服务)。nmcli 命令的基本格式为

nmcli [选项] 对象 { 命令 | help }

其中，对象可以是 general、networking、radio、connection 或 device 等。在日常使用中，最常使用的选项是 -t、--terse、-p、--pretty、-h、--help。

可以使用 "nmcli help" 获取更多参数及使用信息。如果要查看某一个对象的参数，则可以使用 "nmcli OBJECT help"，如使用 "nmcli connection help" 可以获取 connection

对象的命令参数。

nmcli 常用命令使用示例如表 1-6 所示。

表 1-6 nmcli 常用命令使用示例

功　能	命　令
显示Network Manager状态	# nmcli general status
显示connection对象的命令参数	# nmcli connection help
显示所有连接	# nmcli connection show
只显示当前活动连接，添加-a、--active	# nmcli connection show --active
显示由NetworkManager识别到的设备及其状态	# nmcli device status
显示所有网络设备的信息	# nmcli device show
启用网卡	# nmcli device connect ens160
禁用网卡	# nmcli device disconnect ens160
使用nmcli工具启动和停止的网络接口(root权限)	# nmcli connection up id ens160 # nmcli device disconnect ens160

2) 配置动态 IP 连接 (DHCP)

配置动态 IP 连接 (DHCP) 的步骤如下：

(1) 获取当前活动的连接，输入命令：# nmcli connection show --active。

以下命令中出现的 ens160 为本书创建的虚拟机网卡名,读者应根据实际输出进行修改。

(2) 判断网卡是否为 DHCP 动态 IP 连接，输入命令：# nmcli connection show ens160 | grep ipv4，如果 ipv4.method 为 auto 则网卡为 DHCP 动态 IP 地址，如果 ipv4.method 为 manual 则网卡为静态 IP 地址。

(3) 配置网卡为 DHCP 动态 IP 连接，输入命令：# nmcli connection modify ens160 ipv4.method auto。

(4) 重启网卡使配置生效，分别输入命令：# nmcli connection down ens160 和 nmcli connection up ens160。

(5) 再次输入命令：# nmcli connection show ens160 | grep ipv4，检查网卡最新配置是否正确。

(6) 试 ping 以下网关及外网：ping 192.168.5.2，ping 192.168.5.1，ping www.baidu.com。

3) 配置静态 IP 连接 (静态 IP 地址)

配置静态 IP 连接 (静态 IP 地址) 的步骤如下：

(1) 获取当前活动的连接，输入命令：# nmcli connection show --active。

(2) 查询当前网卡网络配置信息，输入命令：# nmcli device show ens160。

(3) 判断网卡是否为静态 IP 连接，输入命令：# nmcli connection show ens160 | grep ipv4，如果 ipv4.method 为 auto 则网卡为 DHCP 动态 IP 地址，如果 ipv4.method 为 manual 则网卡为静态 IP 地址。

(4) 将 IPv4 地址 (192.168.5.128) 分配给 ens160 网卡，输入命令：# nmcli connection modify ens160 ipv4.address 192.168.5.128/24。

(5) 配置 ens160 网卡的网关 IP 地址 (192.168.5.2)，输入命令：# nmcli connection modify ens160 ipv4.gateway 192.168.5.2。

(6) 配置 ens160 网卡的 DNS IP 地址 (192.168.5.2)，输入命令：# nmcli connection modify ens160 ipv4.dns 192.168.5.2。

(7) 配置网卡为静态 IP 连接，输入命令：# nmcli connection modify ens160 ipv4.method manual，注意要先设置 IP 地址、网关、DNS，再设置静态 IP 连接，否则会出错。

(8) 重启网卡使配置生效，分别输入命令：# nmcli connection down ens160 和 nmcli connection up ens160。

(9) 再次输入命令：# nmcli connection show ens160 | grep ipv4，检查网卡最新配置是否正确。

(10) 试 ping 以下网关及外网：ping 192.168.5.2，ping 192.168.5.1，ping www.baidu.com。

以上使用 nmcli 命令配置的网卡参数将立即生效并保存在网卡配置文件中，可以输入以下命令进行查看：

more /etc/sysconfig/network-scripts/ifcfg-ens160

2. 使用 ip 命令

ip 命令与 ifconfig 命令类似，但比 ifconfig 命令更加强大，主要功能是显示或设置网络设备、路由和隧道的参数等。ip 命令是 Linux 加强版的网络配置工具，用于代替 ifconfig 命令。

ip 命令的基本格式为

ip [选项] 对象 { 参数 | help }

其中，常用的选项有 address、route、link、neighbour、monitor 等。在日常使用中，最常使用的选项是 -s 和 help。

可以使用 "ip help" 获取更多参数及使用信息。如果要查看某一个对象的参数，则可以使用 "ip OBJECT help"，如使用 "ip address help" 可以获取 address 对象的命令参数。

使用 ip 命令配置的网络参数可以立即生效，但系统重启后配置会丢失。

ip 常用命令使用示例如表 1-7 所示。

表 1-7　ip 常用命令使用示例

功　　能	命　　令
显示网络接口信息，如IP地址、子网掩码等	# ip address show
显示ens160网卡信息	# ip address show ens160
启用网卡	# ip link set ens160 up
关闭网卡	# ip link set ens160 down
显示路由和默认网关信息	# ip route show
显示arp条目(ip邻居)	# ip neighbour show
显示网络统计	# ip -s link

配置静态 IP 连接 (静态 IP 地址) 的步骤如下：

(1) 获取网卡当前的网络接口信息，输入命令：# ip address show。

(2) 在 root 权限下，设置静态 IP 地址，输入命令：# ip address add 192.168.5.128/24 dev ens160。

(3) 设置路由网关的 IP 地址，输入命令：# ip route add default via 192.168.5.2。

(4) 设置 DNS，需要修改文件 /etc/resolv.conf，即添加一行：nameserver 192.168.5.2。

(5) 试 ping 以下网关及外网：ping 192.168.5.2，ping 192.168.5.1，ping www.baidu.com。

注意：使用 ip 命令完成的网络配置可以立即生效，但系统重启后配置会丢失。要想保存网络配置，则需修改网络配置文件：/etc/sysconfig/network-scripts/ifcfg-ens160。

3. 通过 ifcfg 文件配置网络

1) 配置静态网络

配置静态网络的步骤如下：

(1) 获取网卡当前的网络接口信息，输入命令：# ip address show 或 # ip address。

(2) 使用文本编辑器 vi 修改网卡的网络配置文件：/etc/sysconfig/network-scripts/ifcfg-ens160，修改参数配置文件内容，示例如下：

```
TYPE=Ethernet
PROXY_METHOD=none
BROWSER_ONLY=no
BOOTPROTO=none
DEFROUTE=yes
IPV4_FAILURE_FATAL=no
IPV6INIT=yes
IPV6_AUTOCONF=yes
IPV6_DEFROUTE=yes
IPV6_FAILURE_FATAL=no
IPV6_ADDR_GEN_MODE=stable-privacy
NAME=ens160
UUID=1523fa0b-6cbc-469a-98be-cbcfcb64a9db
DEVICE=ens160
ONBOOT=yes
IPADDR=192.168.5.128
PREFIX=24
GATEWAY=192.168.5.2
DNS1=192.168.5.2
```

(3) 通过 ifcfg 文件完成的网络配置不会立即生效，需要在 root 权限下执行命令：# systemctl reload NetworkManager，重启网络服务或者重启系统后才生效。

2) 配置动态网络

配置动态网络的步骤如下：

(1) 获取网卡当前的网络接口信息，输入命令：# ip address show 或 # ip address。

(2) 使用文本编辑器 vi 修改网卡的网络配置文件：/etc/sysconfig/network-scripts/ifcfg-

ens160，修改参数配置文件内容，示例如下：

```
TYPE=Ethernet
PROXY_METHOD=none
BROWSER_ONLY=no
BOOTPROTO=dhcp
DEFROUTE=yes
IPV4_FAILURE_FATAL=no
IPV6INIT=yes
IPV6_AUTOCONF=yes
IPV6_DEFROUTE=yes
IPV6_FAILURE_FATAL=no
IPV6_ADDR_GEN_MODE=stable-privacy
NAME=ens160
UUID=1523fa0b-6cbc-469a-98be-cbcfcb64a9db
DEVICE=ens160
ONBOOT=yes
```

(3) 通过 ifcfg 文件完成的网络配置不会立即生效，需要在 root 权限下执行命令：# systemctl reload NetworkManager，重启网络服务或者重启系统后才生效。

（二）配置主机名

1. 主机名的类型

主机名 hostname 有三种类型：static、transient 和 pretty。

(1) static：静态主机名，可由用户自行设置，并保存在 /etc/hostname 文件中。

(2) transient：动态主机名，由内核维护，初始是 static 主机名，默认值为"localhost"。动态主机名可由 DHCP 或 mDNS 在运行时更改。

(3) pretty：灵活主机名，允许使用自由形式（包括特殊 / 空白字符）进行设置。静态 / 动态主机名遵从域名的通用限制。

2. 配置主机名的方法

1) 使用 hostnamectl 配置主机名

查询当前主机名，使用命令：# hostnamectl status 或 # hostnamectl。

在 root 权限下设置主机名，使用命令：# hostnamectl set-hostname 主机名。

设置主机名的命令示例为 # hostnamectl set-hostname myHost，设置主机名为 myHost。

查询 hostnamectl 帮助信息，使用命令：# hostnamectl help 或 hostnamectl --help。

通过不同参数来设置特定主机名，使用命令：

hostnamectl set-hostname 主机名 [option…]

其中，option 可以是 --pretty、--static、--transient 中的一个或多个选项。如果 --static 或 --transient 与 --pretty 选项一同使用，则会将 static 和 transient 主机名简化为 pretty 主机名格式，使用"-"替换空格，并删除特殊字符。

当设置 pretty 主机名时，如果主机名中包含空格或单引号，则需要使用双引号。命令示例如下：

hostnamectl set-hostname "Stephen's notebook" --pretty

2）使用 nmcli 配置主机名

查询 static 主机名，使用命令：# nmcli general hostname。

将 static 主机名设置为 host-server，使用命令：# nmcli general hostname host-server。

要让系统 hostnamectl 感知到 static 主机名的更改，则需要在 root 权限下重启 hostnamed 服务，使用命令 # systemctl restart systemd-hostnamed。

四、管理系统服务

systemd 是一个 Linux 系统基础组件的集合，使用 systemctl 命令来运行、关闭、重启、显示、启用 / 禁用系统服务。

（一）sysvinit 命令和 systemd 命令

systemd 命令系统提供的 systemctl 命令与 sysvinit 命令系统提供的 service 和 chkconfig 命令功能类似。当前版本中依然兼容 service 和 chkconfig 命令，相关说明如表 1-8 所示，但建议用 systemctl 进行系统服务管理。

表 1-8　sysvinit 命令和 systemd 命令的对照表

sysvinit 命令	systemd 命令	备　注
service network start	systemctl start network.service	用来启动一个服务（并不会重启现有的）
service network stop	systemctl stop network.service	用来停止一个服务（并不会重启现有的）
service network restart	systemctl restart network.service	用来停止并启动一个服务
service network reload	systemctl reload network.service	当支持时，重新装载配置文件而不中断等待操作
service network condrestart	systemctl condrestart network.service	如果服务正在运行那么重启它
service network status	systemctl status network.service	检查服务的运行状态
chkconfig network on	systemctl enable network.service	在下次启动时或满足其他触发条件时设置服务为启用
chkconfig network off	systemctl disable network.service	在下次启动时或满足其他触发条件时设置服务为禁用
chkconfig network	systemctl is-enabled network.service	用来检查一个服务在当前环境下被配置为启用还是禁用
chkconfig \--list	systemctl list-unit-files \--type=service	输出在各个运行级别下服务的启用和禁用情况
chkconfig network \--list	ls /etc/systemd/system/*.wants/network.service	用来列出该服务在哪些运行级别下启用和禁用
chkconfig network \--add	systemctl daemon-reload	在创建新服务文件或者变更设置时使用

（二）常用 systemctl 命令

常用的 systemctl 命令如表 1-9 所示。

表 1-9　常用 systemctl 命令

功　　能	命　　令
显示当前正在运行的服务	# systemctl list-units --type service
显示所有的服务(包括未运行的服务)	# systemctl list-units --type service --all
显示某个服务的状态	# systemctl status name.service
显示某个服务是否运行	# systemctl is-active name.service
显示某个服务是否被启用	# systemctl is-enabled name.service
运行某个服务	# systemctl start name.service
关闭某个服务	# systemctl stop name.service
重启某个服务	# systemctl restart name.service
启用某个服务	# systemctl enable name.service
禁用某个服务	# systemctl disable name.service

五、使用 DNF 管理软件包

（一）DNF 简介

DNF(Dandified YUM) 是基于 RPM 的 Linux 软件包管理器，用于在 Fedora / RHEL / CentOS 操作系统中安装、更新和删除软件包，它是 Fedora 22、CentOS 8 和 RHEL 8 的默认软件包管理器。DNF 是 YUM 的下一代版本，并在基于 RPM 的系统中替代了 YUM。DNF 功能强大且具有健壮的特征，可使维护软件包组变得容易，并且能够自动解决依赖性问题。

DNF 可以查询软件包信息，从指定软件库获取软件包，自动处理依赖关系以安装或卸载软件包，以及更新系统为最新可用版本。

DNF 与 YUM 完全兼容，提供了与 YUM 兼容的命令行以及用于扩展和插件的 API。

使用 DNF 需要管理员权限，本章节所有命令需要在管理员权限下执行。

（二）配置 DNF

1. DNF 配置文件

DNF 的主要配置文件是 /etc/dnf/dnf.conf，该文件包含两部分：

(1) main 部分保存着 DNF 的全局设置。

(2) repository 部分保存着软件源的设置，可以有一个或多个"repository"。

另外，在 /etc/yum.repos.d 目录中保存着一个或多个 repo 源相关文件，它们也可以定义不同的 repository。

所以 openEuler 软件源的配置一般有两种方式，一种是直接配置 /etc/dnf/dnf.conf 文件中的 repository 部分，另一种是在 /etc/yum.repos.d 目录下增加 .repo 文件。

1) 配置 main 部分

/etc/dnf/dnf.conf 文件包含的 main 部分，配置示例如下：

```
[main]
gpgcheck=1
installonly_limit=3
clean_requirements_on_remove=True
best=True
```

main 参数说明如表 1-10 所示。

表 1-10　main 参数说明

参数	说　　明
best	升级软件包时，总是尝试安装其最高版本，如果最高版本无法安装，则提示无法安装的原因并停止安装。参数默认值为True
cachedir	缓存目录，该目录用于存储RPM软件包和数据库文件
clean_requirements_on_remove	删除在dnf remove期间不再使用的依赖项，如果软件包是通过DNF而不是通过显式用户请求安装的，则只能通过clean_requirements_on_remove删除软件包，即它是作为依赖项引入的。参数默认值为True
debuglevel	设置DNF生成的debug信息。取值范围：[0，10]，数值越大则输出的debug信息越详细。参数默认值为2，设置为0表示不输出debug信息
gpgcheck	可选值为1和0，用于设置是否进行gpg校验。参数默认值为1，表示需要进行校验
installonly_limit	设置可以同时安装"installonlypkgs"指令软件包的数量。参数默认值为3，不建议降低此值
keepcache	可选值为1和0，表示是否要缓存已安装成功的那些RPM软件包及头文件，参数默认值为0，即不缓存。
obsoletes	可选值为1和0，设置是否允许更新陈旧的RPM软件包。参数默认值为1，表示允许更新
plugins	可选值为1和0，表示启用或禁用DNF插件。参数默认值为1，表示启用DNF插件

2) 配置 repository 部分

repository 部分用于定义定制化的 openEuler 软件仓库，各个仓库的名称不能相同，否则会引起冲突。配置 repository 部分有两种方式，一种是直接配置 /etc/dnf/dnf.conf 文件中的 repository 部分，另外一种是配置 /etc/yum.repos.d 目录下的 .repo 文件。

(1) 直接配置 /etc/dnf/dnf.conf 文件中的 repository 部分。

下面是 repository 部分的一个最小配置示例：

```
[repository]
name=repository_name
baseurl=repository_url
```

说明：

openEuler 提供在线的镜像源，地址为 https://repo.openeuler.org/。以 openEuler 20.03

的 aarch64 版本为例，baseurl 可配置为

```
https://repo.openeuler.org/openEuler-20.03-LTS/OS/aarch64/
```

repository 参数说明如表 1-11 所示。

表 1-11　repository 参数说明

参　　数	说　　明
name=repository_name	软件仓库(repository)描述的字符串
baseurl=repository_url	软件仓库(repository)的地址。 • 使用http协议的网络位置：　例如 http://path/to/repo； • 使用ftp协议的网络位置：　例如 ftp://path/to/repo； • 本地位置：　例如 file:///path/to/local/repo

(2) 配置 /etc/yum.repos.d 目录下的 .repo 文件。

openEuler 提供了多种 repo 源供用户在线使用，各 repo 源的含义可参考表 1-11 的 repository 参数说明。使用 root 权限添加 openEuler repo 源，示例如下：

```
# vi /etc/yum.repos.d/openEuler.repo
[OS]
name=openEuler-$releasever - OS
baseurl=https://repo.openeuler.org/openEuler-20.03-LTS/OS/$basearch/
enabled=1
gpgcheck=1
gpgkey=https://repo.openeuler.org/openEuler-20.03-LTS/OS/$basearch/RPM-GPG-KEY-openEuler

[update]
name=openEuler-$releasever - Update
baseurl=http://repo.openeuler.org/openEuler-20.03-LTS/update/$basearch/
enabled=1
gpgcheck=1
gpgkey=http://repo.openeuler.org/openEuler-20.03-LTS/update/$basearch/RPM-GPG-KEY-openEuler

[extras]
name=openEuler-$releasever - Extras
baseurl=http://repo.openeuler.org/openEuler-20.03-LTS/extras/$basearch/
enabled=0
gpgcheck=1
gpgkey=http://repo.openeuler.org/openEuler-20.03-LTS/extras/$basearch/RPM-GPG-KEY-openEuler
```

说明：

enabled 为是否启用该软件仓库，可选值为 1 和 0。其默认值为 1，表示启用该软件仓库。

gpgkey 为验证签名用的公钥。

3) 显示当前配置

显示当前的配置信息，输入命令：

```
# dnf config-manager --dump
```

显示相应软件源的配置，首先查询 repo id：

```
# dnf repolist
```

然后执行如下命令，显示对应 id 的软件源配置：

```
# dnf config-manager --dump repository-id
```

其中 repository-id 为查询得到的 repo id。

示例：

```
# dnf config-manager –dump everything
```

也可以使用一个全局正则表达式来显示所有匹配部分的配置：

```
# dnf config-manager --dump glob_expression
```

示例：

```
# dnf config-manager –dump every*
```

2. 创建本地软件源仓库

createrepo 命令用于创建 YUM 源（软件仓库），即为存放于本地特定位置的众多 RPM 软件包建立索引，描述各软件包所依赖的信息，并形成元数据。

要建立一个本地软件源仓库，可按照下列步骤操作。

(1) 安装 createrepo 软件包。在 root 权限下执行如下命令：

```
# dnf install createrepo
```

(2) 将需要的软件包复制到一个目录下，如：/mnt/local_repo/。

(3) 创建软件源，执行以下命令：

```
# createrepo --database /mnt/local_repo
```

该命令执行成功后会在该目录下创建一个 repodata 目录。

(4) 创建 .repo 配置文件指向本地仓库的路径，注意文件名一定要以 .repo 结尾。示例如下：

```
# vi /etc/yum.repos.d/test.repo
[test]
name=test                          #yum 仓库的名字
baseurl=file:///mnt/local_repo     # 仓库路径，由于是放在本地的，因此只能用 file 协议而不是 http
enabled=1                          # 开启该仓库
gpgcheck=0                         # 不做 gpg 检查
```

(5) 通过 # dnf repolist 命令查看仓库及包的数量，可以看到创建的 test 仓库已经加载。

3. 添加、启用和禁用软件源

下面将介绍如何通过"dnf config-manager"命令添加、启用和禁用软件源。

1) 添加软件源

要定义一个新的软件源仓库，可以在 /etc/dnf/dnf.conf 文件中添加 repository 部分，或者在 /etc/yum.repos.d/ 目录下添加 .repo 文件进行说明。建议采用添加 .repo 的方式，因为每个软件源都有自己对应的 .repo 文件。以下介绍该方式的操作方法。

要在系统中添加一个这样的源，需在 root 权限下执行如下命令：

```
# dnf config-manager --add-repo repository_url
```

该命令执行完成之后会在 /etc/yum.repos.d/ 目录下生成对应的 repo 文件。其中 repository_url 为 repo 源地址，详情参见表 1-12。

示例命令：

```
# dnf config-manager --add-repo file:///mnt/local_repo
```

执行完成上述示例命令后，将在 /etc/yum.repo.d/ 目录下生成相应的 mnt_local_repo.repo 文件。使用 dnf config-manager 命令可以自动生成 repo 文件，免去了手工编辑 repo 的工作，从而提高了效率和准确性。

2) 启用软件源

要启用软件源，需在 root 权限下执行如下命令：

dnf config-manager --set-enable repository-id

其中 repository-id 为新增 .repo 文件中的 repo id(可通过 dnf repolist 查询)。

示例：

dnf config-manager –set-enable mnt_local_repo

也可以使用一个全局正则表达式来启用所有匹配的软件源，命令如下：

dnf config-manager --set-enable glob_expression

其中 glob_expression 为对应的正则表达式，用于同时匹配多个 repo id。

3) 禁用软件源

要禁用软件源，需在 root 权限下执行如下命令：

dnf config-manager --set-disable repository

同样地，也可以使用一个全局正则表达式来禁用所有匹配的软件源：

dnf config-manager --set-disable glob_expression

（三）管理软件包

使用 DNF 能够方便地进行查询、安装、删除软件包等操作。DNF 管理软件包命令与 YUM 命令兼容。

常用的管理软件包命令如表 1-12 所示。

表 1-12　管理软件包命令

功　　能	命　　令
搜索软件包	# dnf search 软件包名称 说明：软件包名称可以使用RPM名称或名称缩写形成。示例如下： # dnf search httpd
列出软件包清单	# dnf list all 说明：列出系统中所有的RPM软件包信息 # dnf list httpd 说明：列出系统中特定的RPM软件包信息
显示RPM包信息	# dnf info软件包名称 示例：# dnf info httpd
安装RPM包	# dnf install 软件包名称1　软件包名称2 ···软件包名称n 示例：# dnf install -y httpd
下载软件包	# dnf download 软件包名称 说明：如果需要同时下载未安装的依赖，则加上 --resolve选项 # dnf download --resolve 软件包名称 示例：# dnf download –resolve httpd
删除软件包	# dnf remove 软件包名称 示例：# dnf remove httpd

（四）管理软件包组

软件包组是服务于一个共同目的的一组软件包，如系统工具集等。使用 DNF 可以对软件包组进行安装、删除等操作，使相关操作更高效。

常用的管理软件包组命令如表 1-13 所示。

表 1-13 管理软件包组命令

功 能	命 令
列出可用软件包组数量	# dnf groups summary 说明：列出系统中所有已安装的可用软件包组数量
列出所有软件包组	# dnf group list 或 # dnf grouplist
显示软件包组信息	# dnf group info 软件包组名称 示例：# dnf group info "Development Tools"
安装软件包组	# dnf group install 软件包组名称 说明：每一个软件包组都有自己的名称及相应的ID(groupID)，可使用软件包组名称或它的ID进行安装 # dnf group install 软件包组ID 示例：# dnf group install "Development Tools"
删除软件包组	# dnf group remove 软件包组名称 示例：# dnf group remove "Development Tools"

（五）检查并更新

DNF 可用来检查系统中是否有软件包需要更新。通过 DNF 列出需要更新的软件包，可以选择一次性全部更新，也可以只对指定包进行更新。

1. 检查更新

如果需要显示当前系统可用的更新，则使用如下命令：

dnf check-update

2. 升级

如果需要升级单个软件包，则在 root 权限下执行如下命令：

dnf update 软件包名称

示例：

dnf update anaconda-gui.aarch64

类似地，如果需要升级软件包组，则在 root 权限下执行如下命令：

dnf group update 软件包组名称

3. 更新所有的包和它们的依赖关系

如果需要更新所有的包和它们的依赖关系，则在 root 权限下执行如下命令：

dnf update

六、文本编辑器 vi 的使用

(一) 文本编辑器 vi 简介

vi 是 visual interface 的简称，是一种功能强大的全屏幕文本编辑工具，一直以来都作为类 Unix 操作系统字符操作界面中的默认文本编辑器。vi 可以执行输出、删除、查找、替换、块操作等众多文本操作，而且用户可以根据自己的需要对其定制。

在 Linux 字符操作界面中，必须熟练掌握 vi 文本编辑器的使用方法，才能更好地管理和维护系统中的各种配置文件。

(二) 进入 vi 文本编辑器

可以通过以下几种命令进入 vi 文本编辑器：

(1) vi：进入 vi 文本编辑器的默认模式。

(2) vi filename：打开新建的文件 filename，并将光标置于第一行；或打开存在的文件 filename。

(3) vi –r filename：打开上次编辑时发生系统崩溃的文件 filename，并恢复它。

(4) vi +n filename：打开文件 filename，并将光标置于第 n 行。

(三) vi 的三种工作模式

对于一直只是在 Windows 图形界面下操作使用电脑，从未接触过 Linux 字符操作界面的用户来说，首次学习使用 vi 是非常困难的，这是因为 vi 文本编辑器是工作在字符终端环境下的全屏幕编辑器，没有为用户提供鼠标操作和菜单系统，而只能通过按键命令实现相应的编辑和操作功能。

1. 三种工作模式介绍

要熟练掌握 vi 文本编辑器的使用，首先必须掌握 vi 的三种工作模式，即命令模式、输入模式和末行模式。使用 vi 的过程就是在这三种工作模式之间进行切换的过程，在不同的模式中能够对文件进行的操作也不相同。

(1) 命令模式。启动 vi 文本编辑器后默认进入命令模式。该模式主要用于完成如光标移动、字符串查找以及删除、复制、粘贴文件内容等相关操作。

(2) 输入模式。该模式主要用于录入文件内容，可以对文本文件的正文进行修改或添加新的内容。在输入模式下，vi 文本编辑器的最后一行会出现"-- INSERT –"的状态提示信息。

(3) 末行模式。该模式主要用于设置 vi 文本编辑环境、保存文件、退出编辑器，以及对文件内容进行查找、替换等操作。在末行模式下，vi 文本编辑器的最后一行会出现冒号"："提示符。

简而言之，只有输入模式才能够录入文本内容，其他两种模式 (命令模式和末行模式) 都只能接收命令，不能录入文本内容。

2. 三种工作模式间的切换

要熟练掌握 vi 文本编辑器的使用，就要做到能在 vi 文本编辑器的三种工作模式之间进行熟练的自由切换。

命令模式、输入模式和末行模式是 vi 文本编辑环境的三种状态，可以通过不同的按键操作在不同的模式间进行切换。例如，在命令模式下按"："（冒号）键可以进入末行模式，按"a""i""o"等键可以进入输入模式；在输入模式、末行模式下按 Esc 键均可返回命令模式。

vi 文本编辑器的三种工作模式以及在三种工作模式之间进行切换的方法如图 1-33 所示。

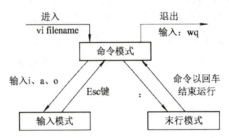

图 1-33　vi 文本编辑器的三种工作模式以及三种工作模式之间的切换

3. vi 的命令模式和末行模式下的基本操作命令

熟练掌握 vi 文本编辑器的使用，还包括能在命令模式和末行模式下进行命令操作，因为 vi 是在 Linux 字符界面中进行操作的，没有为用户提供鼠标和菜单系统，只能通过键盘输入按键命令进行命令的发送和操作，所以只有熟记这两种模式下的操作按键命令，操作才能得心应手。

Vi 文本编辑器的命令模式、末行模式下的操作按键命令分别如图 1-34、图 1-35 所示。

➢ 从命令（普通）模式进入输入（编辑）模式
  ➢ i: 从光标所在位置前开始输入文本。
  ➢ I: 将光标移到当前行的行首，然后在其前面输入文本。
  ➢ a: 从光标所在位置字符之后开始输入文本。
  ➢ A: 将光标移到当前行的行尾，然后输入文本。
  ➢ o: 在光标所在行的下面新增一行，并将光标置于该新行的行首，等待输入文本。
  ➢ O: 在光标所在行的上面新增一行，并将光标置于该新行的行首，等待输入文本。
➢ 命令（普通）模式下的光标定位
  ➢ G: 将光标移动到文件的最后一行行首。
  ➢ nG: 将光标移动到第n行行首，比如：1G、20G等。
  ➢ 0: 将光标移动到所在行的行首。
  ➢ $: 将光标移动到所在的行尾。
  ➢ :n: 直接将光标移动到冒号后面指定的行。
➢ 命令（普通）模式下的替换和删除
  ➢ x: 删除光标处的一个字符。

➢ dw: 删除一个单词。
➢ dd: 删除光标所在的整行。
➢ dG: 删除光标位置到最后一行的所有内容。
➢ d$: 删除光标位置到当前行末尾的内容。
➢ d0: 删除光标位置到当前行行首的内容。
➢ 命令（普通）模式下的复制和粘贴
  ➢ yy: 将当前行的内容复制到缓冲区。
  ➢ nyy: 将当前开始的 n 行内容复制到缓冲区。
  ➢ yG: 将当前光标位置到最后一行的所有内容复制。
  ➢ y1G: 将当前光标位置到第一行的所有内容复制。
  ➢ y$: 将当前光标位置到当前行行尾的内容复制。
  ➢ y0: 将当前光标位置到当前行行首的内容复制。
  ➢ p: 将缓冲区的内容粘贴到光标所在位置。
➢ 命令（普通）模式下的撤销和重复
  ➢ u: 撤销上一次的误操作。
  ➢ .: 再执行一次前面刚完成的某个操作。

图 1-34　vi 文本编辑器命令模式下的操作按键命令

➢ 末行（底线）模式下搜索和替换字符串
  ➢ :/pattern: 从光标开始向文件尾搜索pattern。
  ➢ :?pattern: 从光标开始向文件头搜索pattern。
  ➢ n: 在同一方向重复上一次搜索命令。
  ➢ N: 在反方向重复上一次搜索命令。
  ➢ :s/p1/p2/g: 将当前行中所有p1均用p2替代。
  ➢ :g/p1/s//p2/g: 将文件中所有p1用p2替代。
➢ 末行（底线）模式下其他命令
  ➢ :set number / :set nonumber: 编辑文件时显示行号/不显示行号。

➢ 末行（底线）模式下文件相关命令
  ➢ :w: 将当前编辑的内容存盘。
  ➢ :q: 退出vi。
  ➢ :wq、:x: 将当前编辑的内容存盘，并退出vi。
  ➢ :q!: 放弃当前编辑修改过的内容，并强制退出vi。
  ➢ :w filename: 将当前编辑的与到filename文件。
  ➢ :r filename: 读取filename文件的内容并添加到光标处。
  ➢ :e filename: 新建文件filename并进行编辑。
  ➢ :!command: 执行shell命令command。

图 1-35　vi 文本编辑器末行模式下的操作按键命令

任 务 实 施

一、openEuler Linux 操作系统安装

在 VMware Workstaion Pro 的主页选项卡中选中 openEuler 虚拟机，再次检查虚拟机设置的参数是否正确，如内存、处理器、硬盘、CD/DVD、网络适配器等，并确认 CD/DVD 中正在使用的文件为 openEuler 操作系统的 iso 安装包文件，如图 1-36 所示。

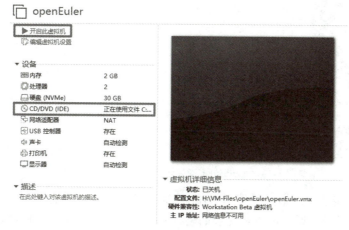

图 1-36　准备开启虚拟机

点击"▶开启此虚拟机"按钮，开始通过光盘引导安装 openEuler Linux 操作系统。虚拟机开启后首先进入安装引导界面。以鼠标点击安装引导界面后，鼠标图标消失，点击键盘的上下键，将安装选项移动到"Install openEuler 22.03-LTS"。如果需要重新显示鼠标图标，则按"Ctrl+Alt"组合键，如图 1-37 所示。

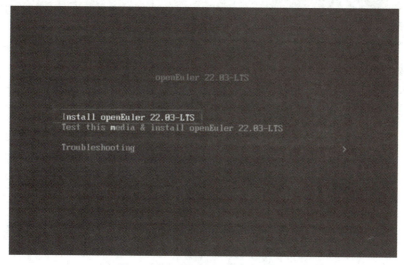

图 1-37　openEuler 安装引导界面

在安装引导界面中选择"Install openEuler 22.03-LTS"进入图形化模式安装。启动安装后，在进入安装程序主界面之前，系统会提示用户设置安装过程中使用的语言。当前默认为语言英语，用户可根据实际情况进行调整，比如选择"中文"，如图1-38所示。

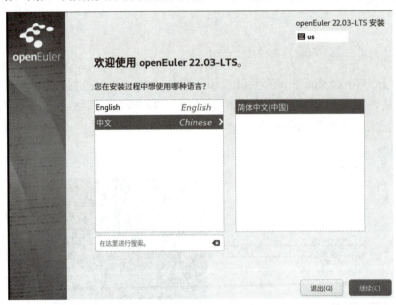

图1-38　openEuler安装过程中使用的语言设置

完成选择安装使用的语言设置后，单击"继续"，进入"安装信息摘要"界面。此界面为安装设置主界面，用户可以在此界面进行时间、语言、安装源、网络、安装位置等相关设置，如图1-39所示。部分配置项会有告警符号，用户完成该选项的配置后，告警符号消失。只有当界面上不存在告警符号时，用户才能单击"开始安装"进行系统安装。如果想退出安装，则单击"退出"并在弹出的"您确定要退出安装程序吗？"对话框中单击"是"即可重新进入"安装引导界面"。

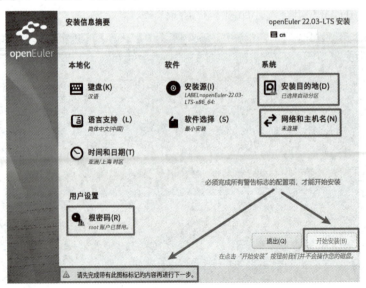

图1-39　"安装信息摘要"界面

在"安装信息摘要"界面中，需要重点设置"安装目的地 (D)""网络和主机名 (N)"和"根密码 (R)"三个设置选项，其他选项可以采用默认设置。

在"安装信息摘要"界面中，单击"安装目的地 (D)"，进入"安装目标位置"界面，如图 1-40 所示。

图 1-40 "安装目标位置"界面

在"安装目标位置"界面中，还需要进行存储配置以便对系统分区，可以手动配置分区，也可以选择让安装程序自动分区。如果是在未使用过的存储设备中执行全新安装配置，或者不需要保留该存储设备中的任何数据，建议选择"自动"进行自动分区，即选择默认设置，直接单击界面左上角的"完成"返回"安装信息摘要"界面。

在"安装信息摘要"界面中，单击"网络和主机名 (N)"，进入"网络和主机名"界面，如图 1-41 所示。

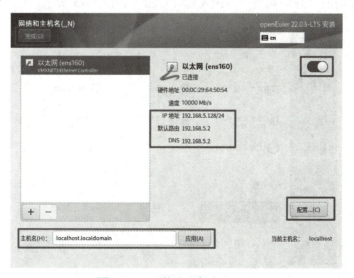

图 1-41 "网络和主机名"界面

在"网络和主机名"界面中，安装程序会自动探测可本地访问的接口，将探测到的接口列在左侧方框中，在其右侧显示相应的接口详情，如图1-41所示。用户可以通过界面右上角的开关来开启或者关闭网络接口。用户还可以单击"配置"来配置选中的接口。初次安装openEuler Linux操作系统时，建议开启网络接口，由DHCP自动分配IP地址给虚拟机。

用户可在"网络和主机名"界面下方的"主机名"字段输入主机名。主机名可以是完全限定域名(FQDN)，其格式为hostname.domainname；也可以是简要主机名，其格式为hostname。设置完成后，单击左上角的"完成"返回"安装信息摘要"界面。

在"安装信息摘要"界面中，单击"根密码(R)"，进入"ROOT密码"界面，如图1-42所示。输入密码并再次输入密码进行确认，并且去掉"锁定root账户"勾选，以解禁root账户。完成设置后，单击左上角的"完成"返回"安装信息摘要"界面。

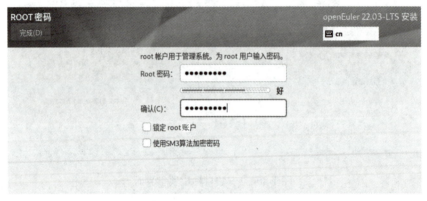

图1-42 "ROOT密码"界面

root密码需要在安装软件包时进行配置，如果不配置该密码则无法完成安装。root账户用来执行关键系统管理任务，不建议在日常工作及系统访问时使用root账户。可以根据个人需求创建用户个人账户。

在完成"安装目的地(D)""网络和主机名(N)"和"根密码(R)"三个设置选项后，"安装信息摘要"界面的"开始安装"按钮才允许点击，如图1-43所示。

图1-43 设置完成准备安装

此时，可以单击"开始安装"进行系统安装。开始安装后会出现进度页面，显示安装进度及所选软件包写入系统的进度，直至 openEuler 安装完成，如图 1-44 所示。

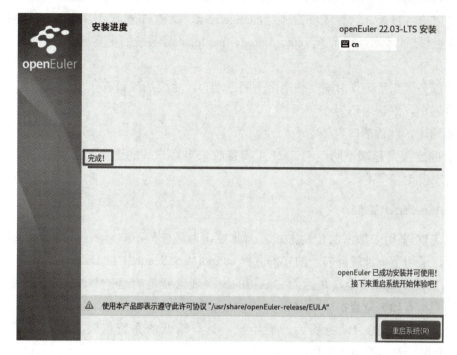

图 1-44　安装完成

单击"重启系统"后，系统将重新启动。如果当前使用虚拟光驱安装操作系统，则需要修改服务器的启动项为"硬盘"，然后重启服务器，则可以直接进入 openEuler 命令行登录界面。

二、FTP 服务器的安装与配置

(一) FTP 简介

FTP(File Transfer Protocol，文件传输协议) 是互联网最早的传输协议之一，其最主要的功能是完成服务器和客户端之间的文件传输。FTP 使用户可以通过一套标准的命令访问远程系统上的文件，而不需要直接登录远程系统。另外，FTP 服务器还提供了如下主要功能。

1. 用户分类

默认情况下，FTP 服务器依据登录情况，将用户分为实体用户 (real user)、访客 (guest)、匿名用户 (anonymous) 三类。三类用户对系统的访问权限差异较大：实体用户具有较完整的访问权限，匿名用户仅有下载资源的权限。

2. 命令记录和日志文件记录

FTP 可以利用系统的 syslogd 记录数据，这些数据包括用户历史使用命令和用户传输数据 (传输时间、文件大小等)。用户可以在 /var/log/ 中获得各项日志信息。

3. 用户的访问范围限制

FTP 可以将用户的工作范围限定在用户主目录。用户通过 FTP 登录后系统显示的根目录就是用户主目录，这种环境被称为 change root，简称 chroot。这种方式可以限制用户只能访问主目录，而不允许访问 /etc、/home、/usr/local 等系统的重要目录，从而保护系统，使系统更安全。

FTP 服务器正常工作时需要使用多个网络端口，主要的端口有：

命令通道，默认端口为 21。

数据通道，默认端口为 20。

两者的连接发起端不同，端口 21 主要接收来自客户端的连接，端口 20 则是 FTP 服务器主动连接至客户端。

（二）vsftpd 简介

由于 FTP 采用未加密的传输方式，因此被认为是一种不安全的协议。为了更安全地使用 FTP，采用了一种较为安全的守护进程 vsftpd(Very Secure FTP Daemon)。

之所以说 vsftpd 安全，是因为它最初的发展理念就是构建一个以安全为中心的 FTP 服务器。它具有如下特点：

(1) vsftpd 服务的启动身份为一般用户，具有较低的系统权限。此外，vsftpd 使用 chroot 改变根目录，不会误用系统工具。

(2) 任何需要较高执行权限的 vsftpd 命令均由一个特殊的上层程序控制，该上层程序的权限较低，以不影响系统本身为准。

(3) vsftpd 整合了大部分 FTP 会使用的额外命令 (例如 dir、ls、cd 等)，一般不需要系统提供额外命令，对系统来说比较安全。

（三）SecureCRT 简介

SecureCRT 是一款支持 SSH(SSH1 和 SSH2) 的终端仿真程序，简单地说就是 Windows 下登录 Unix 或 Linux 服务器主机的软件。

建议在安装与配置 vsftpd 软件包前，使用 SecureCRT 终端仿真软件连接 openEuler 虚拟机。连接前需要先将 openEuler 虚拟机的防火墙服务关闭，使用的命令如下：

```
# systemctl stop firewalld          停止防火墙服务
# systemctl disable firewalld       禁止防火墙服务，下次启动系统将不会启动防火墙
```

SecureCRT 的使用步骤如下：

(1) 到 SecureCRT 官网 (https://www.vandyke.com/download/index.html) 下载试用版。

(2) 首次运行 SecureCRT 时将弹出"快速连接"窗口，在"主机名"文本框输入虚拟机的 IP 地址，如"192.168.5.128"，在"用户名"文本框中输入用户名，如"root"，如图 1-45 所示。

(3) 单击"连接"，SecureCRT 远程成功登录虚拟机，如图 1-46 所示。

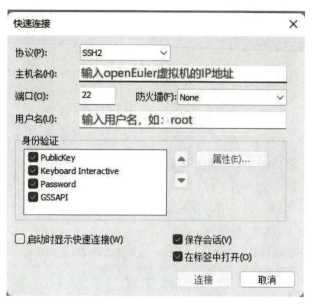

图 1-45　首次运行 SecureCRT

图 1-46　SecureCRT 远程成功登录虚拟机

（四）安装与配置 vsftpd

1. 查看是否已经安装 vsftpd

如果要查看是否已经安装 vsftpd，则输入命令：# rpm -ql vsftpd 或 # rpm -qa | grep vsftpd 。

示例：

```
[root@host-server ~]# rpm -ql vsftpd           # 查看是否安装了 vsftpd 软件包
[root@host-server ~]# rpm -qa | grep vsftpd    # 查看是否安装了 vsftpd 软件包
[root@host-server ~]#
```

如果要查找软件包的安装位置，则输入命令：# whereis vsftpd 。

示例：

```
[root@host-server ~]# whereis vsftpd           # 查看 vsftpd 软件包的安装位置
vsftpd:
[root@host-server ~]# whereis httpd            # 查看 httpd 软件包的安装位置
httpd: /usr/sbin/httpd /usr/lib64/httpd /etc/httpd /usr/share/httpd /usr/share/man/man8/httpd.8.gz
[root@host-server ~]#
```

2. 安装 vsftpd

如果要搜索 vsftpd 软件包，则输入命令：# dnf search vsftpd 或 # yum search vsftpd。

示例：

```
[root@host-server ~]# dnf search vsftpd           # 搜索 vsftpd 软件安装包
Last metadata expiration check: 1:14:37 ago on 2022 年 07 月 23 日 星期六 21 时 17 分 25 秒
==================== Name Exactly Matched: vsftpd ====================
vsftpd.x86_64 : It is a secure FTP server for Unix-like systems
vsftpd.src : It is a secure FTP server for Unix-like systems
==================== Name & Summary Matched: vsftpd ====================
vsftpd-debuginfo.x86_64 : Debug information for package vsftpd
vsftpd-debugsource.x86_64 : Debug sources for package vsftpd
vsftpd-help.x86_64 : Help package for package vsftpd
[root@host-server ~]#
```

如果要安装 vsftpd 软件包，则输入命令：# dnf install -y vsftpd 或 # yum install -y vsftpd。

示例：

```
[root@host-server ~]# dnf install -y vsftpd           # 安装 vsftpd 软件包
[root@host-server ~]#
```

3. 配置 vsftpd

用户可以通过修改 vsftpd 的配置文件，控制用户权限等。vsftpd 的主要配置文件和含义如表 1-14 所示，用户可以根据需求修改配置文件的内容。

表 1-14　vsftpd 配置文件

配 置 文 件	含　　义
/etc/vsftpd/vsftpd.conf	vsftpd 进程的主配置文件，配置内容格式为"参数 = 参数值"，且参数和参数值不能为空
/etc/pam.d/vsftpd	PAM(Pluggable Authentication Module) 认证文件，主要用于身份认证和限制一些用户的操作
/etc/vsftpd/ftpusers	禁止使用 vsftpd 的用户列表文件。默认情况下，系统账号也在该文件中，因此系统账号默认无法使用 vsftpd
/etc/vsftpd/user_list	禁止或允许登录 vsftpd 服务器的用户列表文件。该文件是否生效，取决于主配置文件 vsftpd.conf 中的如下参数： userlist_enable：是否启用 userlist 机制，YES 为启用，此时 userlist_deny 配置有效，NO 为禁用。 userlist_deny：是否禁止 user_list 中的用户登录，YES 为禁止名单中的用户登录，NO 为允许命令中的用户登录。 例如 userlist_enable=YES，userlist_deny=YES，则 user_list 中的用户都无法登录
/etc/vsftpd/chroot_list	是否限制主目录下的用户列表。该文件默认不存在，需要手动建立。它是主配置文件 vsftpd.conf 中参数 chroot_list_file 的值。 其作用是限制还是允许，取决于主配置文件 vsftpd.conf 中的如下参数： chroot_local_user：是否将所有用户限制在主目录，YES 为启用，NO 为禁用。 chroot_list_enable：是否启用限制用户的名单，YES 为启用，NO 为禁用。 例如 chroot_local_user=YES，chroot_list_enable=YES，且指定 chroot_list_file=/etc/vsftpd/chroot_list 时，表示所有用户被限制在其主目录下，而 chroot_list 中的用户不受限制
/usr/sbin/vsftpd	vsftpd 的唯一执行文件
/var/ftp/	匿名用户登录的默认根目录，与 FTP 账户的用户主目录有关

openEuler 系统中，vsftpd 默认不开放匿名用户。

注意：为了便于访问 vsftpd 服务，需要允许匿名登录，用 vi 编辑 vsftpd 的主配置文件：/etc/vsftpd/vsftpd.conf，将默认参数 anonymous_enable=NO 修改为 anonymous_enable=YES。

使用 cat 命令查看主配置文件，其内容变化如下：

```
[root@host-server ~]# cat /etc/vsftpd/vsftpd.conf          # 查看 vsftpd 的主配置文件
anonymous_enable=YES
local_enable=YES
write_enable=YES
local_umask=022
dirmessage_enable=YES
xferlog_enable=YES
```

```
connect_from_port_20=YES
xferlog_std_format=YES
listen=NO
listen_ipv6=YES
pam_service_name=vsftpd
userlist_enable=YES
```

注意：anonymous_enable=YES。

主配置文件中各参数的含义如表 1-15 所示。

表 1-15　主配置文件中各参数的含义说明

参　数	含　义
anonymous_enable	是否允许匿名用户登录，YES 为允许匿名登录，NO 为不允许登录
local_enable	是否允许本地用户登录，YES 为允许本地用户登录，NO 为不允许登录
write_enable	是否允许登录用户有写权限，YES 为启用上传写入功能，NO 为禁用该功能
local_umask	本地用户新增档案时的 umask 值
dirmessage_enable	当用户进入某个目录时，是否显示该目录需要注意的内容，YES 为显示注意内容，NO 为不显示内容
xferlog_enable	是否记录使用者上传与下载文件的操作，YES 为记录操作，NO 为不记录
connect_from_port_20	Port 模式进行数据传输是否使用端口 20，YES 为使用端口 20，NO 为不使用端口 20
xferlog_std_format	传输日志文件是否以标准 xferlog 格式书写，YES 为使用该格式书写，NO 为不使用该格式
listen	设置 vsftpd 是否以 stand alone 的方式启动，YES 为使用 stand alone 方式启动，NO 为不使用该方式
pam_service_name	支持 PAM 模块的管理，配置值为服务名称，例如 vsftpd
userlist_enable	是否支持 /etc/vsftpd/user_list 文件内的账号登录控制，YES 为支持，NO 为不支持
tcp_wrappers	是否支持 TCP Wrappers 的防火墙机制，YES 为支持，NO 为不支持
listen_ipv6	是否侦听 IPv6 的 FTP 请求，YES 为侦听，NO 为不侦听。listen 和 listen_ipv6 不能同时开启
anon_root	匿名用户主目录，默认主目录：/var/ftp/pub
local_root	本地用户主目录

注意：如果要配置为指定的匿名用户主目录，则设置 anon_root= 目录名称，并设置目录权限为 755。

4. 管理 vsftpd 服务

在启动 vsftpd 服务前，要关闭防火墙服务，以免 vsftpd 服务启动后，外面无法访问 FTP 服务。

如果要停止和禁止防火墙服务，则在 root 权限下执行以下命令：

(1) 停止防火墙服务：# systemctl stop firewalld ；

(2) 禁用防火墙服务：# systemctl disable firewalld ；

(3) 查看防火墙服务状态：# systemctl status firewalld，确保防火墙已经停止服务。

示例：

```
[root@host-server ~]# systemctl stop firewalld          # 停止防火墙
[root@host-server ~]# systemctl disable firewalld        # 禁用防火墙
Removed /etc/systemd/system/dbus-org.fedoraproject.FirewallD1.service.
Removed /etc/systemd/system/multi-user.target.wants/firewalld.service.
[root@host-server ~]# systemctl status firewalld         # 查看防火墙服务状态
○ firewalld.service - firewalld - dynamic firewall daemon
   Loaded: loaded (/usr/lib/systemd/system/firewalld.service; disabled; vendor preset: enabled)
   Active: inactive (dead)
     Docs: man:firewalld(1)


7 月 22 11:47:03 localhost.localdomain systemd[1]: Starting firewalld - dynamic firewall daemon...
7 月 22 11:47:04 localhost.localdomain systemd[1]: Started firewalld - dynamic firewall daemon.
7 月 23 16:44:55 host-server systemd[1]: Stopping firewalld - dynamic firewall daemon...
7 月 23 16:44:55 host-server systemd[1]: firewalld.service: Deactivated successfully.
7 月 23 16:44:55 host-server systemd[1]: Stopped firewalld - dynamic firewall daemon.
```

如果要启用、停止和重启 vsftpd 服务，则在 root 权限下执行以下命令：

(1) 启用 vsftpd 服务：# systemctl start vsftpd。

(2) 查看 FTP 服务的通信端口 21 是否开启：# netstat -Input | grep 21。

说明：如果没有 netstat 命令，可以执行命令：# dnf install -y net-tools，安装后再使用。

(3) 停止 vsftpd 服务：# systemctl stop vsftpd。

(4) 重启 vsftpd 服务：# systemctl restart vsftpd。

(5) 设置系统重启自动运行 vsftpd 服务：# systemctl enable vsftpd。

(6) 查看 vsftpd 服务状态：# systemctl status vsftpd，确保 vsftpd 服务运行状态。

示例：

```
root@host-server ~]# systemctl start vsftpd
[root@host-server ~]# netstat -Input | grep 21
tcp6   0    0 :::21            :::*            LISTEN      5098/vsftpd
[root@host-server ~]# systemctl stop vsftpd          # 停止 vsftpd 服务
[root@host-server ~]# systemctl restart vsftpd        # 重启 vsftpd 服务
[root@host-server ~]# systemctl enable vsftpd         # 启用 vsftpd 服务
Created symlink /etc/systemd/system/multi-user.target.wants/vsftpd.service → /usr/lib/systemd/system/
vsftpd.service.
[root@host-server ~]# systemctl status vsftpd          # 查看 vsftpd 服务状态
```

● vsftpd.service - Vsftpd ftp daemon

Loaded: loaded (/usr/lib/systemd/system/vsftpd.service; disabled; vendor preset: disabled)

Active: active (running) since Sat 2022-07-23 23:46:33 CST; 8s ago

Process: 5106 ExecStart=/usr/sbin/vsftpd /etc/vsftpd/vsftpd.conf (code=exited, status=0/SUCC>

Main PID: 5107 (vsftpd)

　Tasks: 1 (limit: 8950)

　Memory: 400.0K

　CGroup: /system.slice/vsftpd.service

　　　└─5107 /usr/sbin/vsftpd /etc/vsftpd/vsftpd.conf

7 月 23 23:46:33 host-server systemd[1]: Starting Vsftpd ftp daemon...

7 月 23 23:46:33 host-server systemd[1]: Started Vsftpd ftp daemon.

5. 访问 vsftpd 服务

首先可以使用 openEuler 提供的 FTP 客户端进行登录验证。输入 ftp 命令后，根据提示输入用户名和密码，用户名输入 anonymous，密码可以为空。因为已经配置允许匿名用户登录，所以如果显示 Login successful，即说明 FTP 服务器搭建成功。输入的 ftp 命令和系统回显信息如下：

[root@host-server ~]# **ftp localhost**	# 使用 ftp 命令登录本机 FTP 服务器
Trying ::1...	
Connected to localhost (::1).	
220 (vsFTPd 3.0.3)	
Name (localhost:root): **anonymous**	# 输入匿名用户账号
331 Please specify the password.	
Password:	
230 Login successful.	
Remote system type is UNIX.	
Using binary mode to transfer files.	
ftp> dir	# 查看匿名用户 FTP 默认目录文件列表
229 Entering Extended Passive Mode (|||7229|)	
150 Here comes the directory listing.	
drwxr-xr-x　2 0　　0　　4096　Jan 26 2021　pub	
226 Directory send OK.	
ftp> quit	# 退出 FTP 服务器
221 Goodbye.	
[root@host-server ~]#	

然后在其他计算机的 Windows 操作系统中运行 Edge 浏览器并使用 Internet Explorer 模式打开 FTP 网址，如果浏览器显示"目录 **pub**"，就表示能够正常访问 FTP 服务器。

注意：必须使用 IE 浏览器或 Firefox 浏览器才能正常访问 FTP 服务器，如图 1-47 所示。

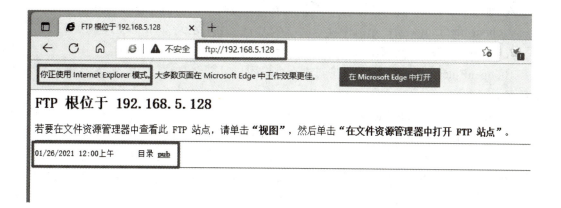

图 1-47　Windows 浏览器访问虚拟机 FTP 服务器

模拟测试试卷

一、选择题

1. VMware Workstation Pro 16 使用时，可按 (　　) 键将鼠标从 VM 中释放出来。

A. Ctrl+Alt　　　　B. Ctrl+Alt+Del　　　　C. Ctrl+Alt+Enter　　　D. Ctrl+Enter

答案：A

2. VMware Workstation Pro 16 新建虚拟机时，默认的磁盘大小是 (　　)。

A. 10 GB　　　　B. 20 GB　　　　C. 30 GB　　　　D. 40 GB　　　答案：B

3. VMware Workstation Pro 16 新建虚拟机时，默认的网络适配器网络连接模式是 (　　)。

A. 桥接模式　　　B. NAT 模式　　C. 仅主机模式　　　D. 自定义模式　　答案：B

4. VMware Workstation Pro 16 网络连接 NAT 模式默认情况下连接的主机虚拟适配器名称是 (　　)。

A. VMnet0　　　　B. VMnet1　　　C. VMnet8　　　　D. VMnet9　　　答案：C

5. VMware Workstation Pro 16 网络连接仅主机模式默认情况下连接的主机虚拟适配器名称是 (　　)。

A. VMnet0　　　　B. VMnet1　　　C. VMnet8　　　　D. VMnet9　　　答案：B

6. 假如 VMware Workstation Pro 16 网络连接 NAT 模式的子网 IP 为 192.168.5.0，其默认网关的 IP 地址是 (　　)。

A. 192.168.5.1　　B. 192.168.5.2　C. 192.168.5.254　　D. 192.168.5.255　答案：B

7. 假如 VMware Workstation Pro 16 网络连接 NAT 模式的子网 IP 为 192.168.5.0，其默认情况下连接的主机虚拟适配器的 IP 地址是 (　　)。

A. 192.168.5.1　　B. 192.168.5.2　C. 192.168.5.254　　D. 192.168.5.255　答案：A

8. openEuler Linux 操作系统默认的 (　　) 用户对整个系统拥有完全的控制权。

A. root　　　　　　B. guest　　　　　C. administrator　　　　D. supervisitor　　　答案：A

9. openEuler Linux 操作系统中，下面哪个命令是用来定义 shell 的全局变量？（　　　）

A. exportfs　　　　B. alias　　　　　C. exports　　　　　　D. export　　　　答案：D

10. openEuler Linux 操作系统在创建一个新用户时，会在（　　　）目录下创建一个用户主目录。

A. /usr　　　　　　B. /home　　　　C. /root　　　　　　　D. /etc　　　　　答案：B

11. openEuler Linux 操作系统的 vi 文本编辑器中，命令"dd"用来删除当前的（　　　）。

A. 行　　　　　　　B. 字　　　　　　C. 字符　　　　　　　D. 变量　　　　　答案：A

12. openEuler Linux 操作系统的 vi 文本编辑器中，哪条命令是不保存强制退出？

A. :wq　　　　　　B. :wq!　　　　　C. :q!　　　　　　　　D. :quit　　　　　答案：C

13. openEuler Linux 操作系统使用（　　　）命令更改文件的权限。

A. attrib　　　　　B. change　　　　C. chmod　　　　　　　D. file　　　　　答案：C

14. openEuler Linux 操作系统按下（　　　）键能终止当前运行的命令。

A. Ctrl+C　　　　　B. Ctrl+F　　　　C. Ctrl+B　　　　　　　D. Ctrl+D　　　　答案：A

15. openEuler Linux 操作系统中，下面哪条 Linux 命令可以一次显示一页内容。（　　　）

A. pause　　　　　B. cat　　　　　　C. more　　　　　　　D. grep　　　答案：C

16. openEuler Linux 操作系统中，一个文件的权限是：rw-r-----，这个文件的所有者的权限是（　　　）。

A. read-only　　　　B. read-write　　C. write-only　　　　　D. 无权限　　　答案：B

17. openEuler Linux 操作系统中，对所有用户的环境变量设置，应当放在哪个文件中？（　　　）

A. /etc/bashrc　　　B. /etc/profile　　C. ~/.bash_profile　　D. /etc/bashrc　　答案：B

18. openEuler Linux 操作系统中，主机通过局域网接入互联网需要配置（　　　）。

A. IP 地址与子网掩码　　B. 网关　　　　C. DNS 服务器　　　　D. 以上都需要

答案：D

19. openEuler Linux 操作系统中，输入命令或文件时用于自动补全可按（　　　）键。

A. Enter　　　　　B. Ctrl　　　　　C. Alt　　　　　　　　D. Tab　　　　答案：D

20. openEuler Linux 操作系统中，哪个文件包含了主机名到 IP 地址的映射关系？（　　　）

A. /etc/hostname　　B. /etc/hosts　　C. /etc/resolv.conf　　D. /etc/networks　答案：B

二、简答题

1. 简述大数据的四大特征。

2. 简述 VMware Workstation Pro 虚拟机软件的各种网络连接模式。

3. 简述 openEuler Linux 操作系统中 vi 文本编辑器的几种工作模式。

4. 简述 openEuler Linux 操作系统中静态 IP 地址的配置过程。

5. 简述 openEuler Linux 操作系统中 FTP 服务器的安装与配置过程。

项目二

Hadoop 集群完全分布式部署

任务 1　规划大数据平台集群

任 务 目 标

知识目标

(1) 了解 Hadoop 的四种部署模式。

(2) 熟悉 Hadoop 集群的硬件架构。

能力目标

(1) 能够正确完成 Hadoop 完全分布式部署的节点服务器角色规划表。

(2) 能够正确下载 Hadoop 完全分布式部署离线安装所需的软件。

(3) 能够正确部署 FTP 服务器作为 openEuler 完整版的安装资源库。

知 识 准 备

一、Hadoop 的部署模式

Hadoop 的部署分为四种模式：独立模式、伪分布式模式、完全分布式模式、高可用完全分布式模式。

独立模式 (Local (Standalone)Mode) 又称单机模式。在该模式下，无须运行任何守护进程，所有的程序都在一台机器的单个 JVM 上执行。本地模式下调试 Hadoop 集群的 MapReduce 程序非常方便，所以一般情况下，该模式适合在快速安装体验 Hadoop、开发阶段进行本地调试使用。单机运行时，因没有分布式文件系统，故可直接读写本地操作系统。

伪分布式模式 (Pseudo-Distributed Mode) 是指在一台机器的各个进程上运行 Hadoop 的各个模块，各模块分开运行，但 Hadoop 程序的守护进程只运行在一个节点上，并不是真正的分布式。伪分布式模式部署的 Hadoop 集群只有一个物理节点，因此 hdfs 的块复制将限制为单个副本，在单个节点上运行 NameNode、DataNode、JobTracker、TaskTracker、SecondaryNameNode 这 5 个进程。一般情况下，通常使用伪分布式模式来调试 Hadoop 分布式程序的代码以及程序执行是否正确。伪分布式模式是完全分布式模式的一个特例，即在单机上运行、使用分布式文件系统。

完全分布式模式 (Fully-Distributed Mode) 是指将 Hadoop 的守护进程分别运行在由多个主机节点搭建的服务器集群上，不同的节点担任不同的角色，即在不同的节点上运行 NameNode、DataNode、JobTracker、TaskTracker、SecondaryNameNode 这 5 个进程中的某几个。一般情况下，在实际工作应用开发中，通常使用该模式部署构建企业级 Hadoop 系统。另外，在一台服务器上使用虚拟机软件虚拟所有的节点，也属于完全分布式模式。

高可用完全分布式模式 (Highly Available Fully-Distributed Mode) 又称 HA 高可用。HA 高可用是 Hadoop 2.x 才开始引入的机制，用于解决 Hadoop 的单点故障问题，主要有两种部署方式，一种是 NFS(Network File System) 方式，另外一种是 QJM(Quorum Journal Manager) 方式。通常使用较多的是 QJM 方式，稳定性更好。实际操作中，生产环境的 Hadoop 集群搭建一般都会采用 HA 可高用部署。

二、Hadoop 集群硬件架构

Hadoop 集群遵循主从架构，由一个或多个主节点 (控制节点) 和大量从节点组成，可以通过增减节点实现线性水平扩展。集群中的每个节点都有自己的磁盘、内存、处理器和带宽。主节点负责存储元数据，管理整个集群中的资源，并将任务分配给从节点；从节点负责存储数据并执行计算任务。

Hadoop 包含三大组件：HDFS、YARN 和 MapReduce。HDFS 负责将文件切分为固定大小的数据块，以多副本分布式方式进行存储。YARN 是资源管理器，通过不同的进程执行资源管理和任务调度 / 监控任务。MapReduce 是计算层，它通过将数据处理逻辑抽象为 Map 任务和 Reduce 任务，将"计算"在贴近数据存储位置并行执行。

Hadoop 集群硬件架构如图 2-1 所示，具体的组件部署结构分析如下。

主节点：部署 HDFS 的 NameNode 组件，管理命名空间，管理客户端对文件的访问，负责跟踪数据块到 DataNode 的映射；部署 YARN 的 ResourceManager 组件，管理整个集群中的资源。

从节点：部署 HDFS 的 DataNode 组件，服务于客户端的读 / 写请求；部署 YARN 的 NodeManager 组件，监视本节点容器的资源使用情况，并将其报告发送给 ResourceManager；运行 MapReduce 的容器。

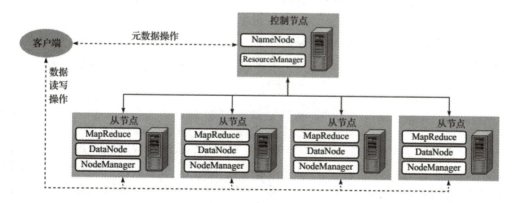

图 2-1　Hadoop 集群硬件架构

任 务 实 施

一、Hadoop 完全分布式部署的服务器角色规划

Hadoop 完全分布式部署时，最小规模的 Hadoop 集群需要三台服务器节点，即一台服务器主节点、两台服务器从节点。

本书拟进行部署的 Hadoop 大数据平台共三台服务器节点，主节点服务器名为 master，两台从节点服务器名分别为 slave1、slave2。服务器角色规划如表 2-1 所示。

表 2-1　Hadoop 完全分布式部署的服务器角色规划

master (IP：192.168.5.129) 配置：2 CPU、2 GB内存、20 GB 硬盘	slave1 (IP：192.168.5.130) 配置：2 CPU、2 GB内存、20 GB 硬盘	slave2 (IP：192.168.5.131) 配置：2 CPU、2 GB内存、20 GB 硬盘
NameNode		SecondaryNameNode
DataNode	DataNode	DataNode
	ResourceManager	
NodeManager	NodeManager	NodeManager
	JobHistoryServer	

HDFS 组件在安装部署时，NameNode 角色放在 master 节点上，SecondaryNameNode 角色放在 slave2 节点上，DataNode 角色在三台服务器节点上都进行了部署。

注意：HDFS 组件安装部署完成后，HDFS 服务的启动与停止均由 master 发出命令即可实现。

YARN 组件在安装部署时，ResourceManager 角色放在 slave1 节点上，NodeManager 角色在三台服务器节点都进行了部署。

注意：(1) YARN 组件安装部署完成后，YARN 服务的启动与停止均由 slave1 发出命令即可实现。

(2) NameNode 和 SecondaryNameNode 不能安装在同一台服务器上。

(3) ResourceManager 消耗内存较多，不能与 NameNode、SecondaryNameNode 配置在同一台机器上。

二、Hadoop 完全分布式部署的离线安装所需软件包下载

在实际的教学环境中，如果 Hadoop 安全分布式部署采用在线安装方式，则要求在一个教室中的几十台学生计算机都能同时连接至外部互联网，并且能同时并发大流量下载或安装部署时所需的软件包。然而，由于实际教学中受上网下载速度所限，或者学生计算机联网问题，导致学生安装部署 Hadoop 大数据平台时速度非常慢，教学效果不理想。

　　针对上述情况，我们选择对 Hadoop 完全分布式部署采用离线方式进行安装，即预先下载所需的软件包后再安装。离线安装 Hadoop 集群所需要的软件下载清单及官方下载网址如表 2-2 所示。

表 2-2　离线安装 Hadoop 集群所需要的软件下载清单及官方下载网址

项　　目	所需软件下载清单	官方下载网址
Hadoop 集群 完全分布式 部署	openEuler 22.03 LTS （everything 完整版）	https://www.openeuler.org/zh/ https://docs.openeuler.org/zh/
	openEuler 22.03 LTS （DVD ISO 版本）	https://www.openeuler.org/zh/ https://docs.openeuler.org/zh/
	SecureCRT 8.7.3	https://www.vandyke.com/products/securecrt/
	JDK 8	https://www.oracle.com/java/technologies/downloads https://jdk.java.net/
	Hadoop 3.3.4	https://hadoop.apache.org/ https://hadoop.apache.org/docs/r3.3.4/

三、使用 FTP 服务器构建 openEuler 完整版的软件源仓库

　　我们使用"项目一 安装环境准备"→"任务四 openEuler Linux 操作系统基础使用"中已经创建好的 FTP 服务器来构建 openEuler 完整版的软件源仓库。

1. 启动 vsftpd 服务

　　前面章节已经创建的 FTP 服务器 IP 地址为 192.168.5.128，运行终端仿真软件 SecureCRT 并连接 FTP 服务器虚拟机，输入以下命令来启动 vsftpd 服务和查看 vsftpd 服务状态：

```
[root@host-server ftp]# systemctl start vsftpd          # 启动 vsftpd 服务
[root@host-server ftp]# systemctl status vsftpd         # 查看 vsftpd 服务状态
vsftpd.service - Vsftpd ftp daemon
   Loaded: loaded (/usr/lib/systemd/system/vsftpd.service; enabled; vendor preset: disabled)
   Active: active (running) since Tue 2022-08-02 09:52:04 CST; 10min ago
  Process: 792 ExecStart=/usr/sbin/vsftpd /etc/vsftpd/vsftpd.conf (code=exited, status=0/SUCCESS)
 Main PID: 794 (vsftpd)
    Tasks: 1 (limit: 8950)
   Memory: 588.0K
   CGroup: /system.slice/vsftpd.service
           └─794 /usr/sbin/vsftpd /etc/vsftpd/vsftpd.conf

8 月 02 09:52:04 host-server systemd[1]: Starting Vsftpd ftp daemon...
8 月 02 09:52:04 host-server systemd[1]: Started Vsftpd ftp daemon.
```

　　在 Windows 操作系统宿主物理机上，打开 IE 浏览器，输入网址：ftp://192.168.5.128，若正确显示 ftp 目录"pub"则表示能够正常访问 FTP 服务器，如图 2-2 所示。

图 2-2　宿主物理机访问 FTP 服务器

2. 虚拟机光驱使用 ISO 映像文件

在 VMware Workstation Pro 虚拟机软件中，在左侧虚拟机库的窗口，选中"我的计算机"→ openEuler 虚拟机，在点击鼠标右键后弹出的菜单中选择"设置"，将弹出"虚拟机设置"窗口，在此窗口中将 CD/DVD(IDE) 选择"使用 ISO 映像文件"，点击"浏览"按钮，选择下载好的 openEuler everything 完整版 ISO 文件 openEuler-22.03-LTS-everything-debug-x86_64-dvd.iso。

注意：如果虚拟机光驱已经连接了其他 ISO 文件，就必须要先断开连接，点击"确定"之后，再更换连接文件，然后重新将设备状态改为"已连接"，最后点击"确定"，如图 2-3 所示。

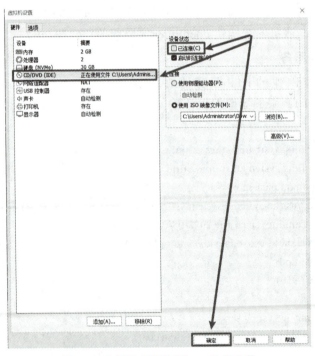

图 2-3　虚拟机光驱使用 ISO 映像文件

3. 在 Linux 中挂载虚拟机光驱

在 Linux 中使用 mount 命令挂载虚拟机光驱到 /mnt 目录，并查看挂载目录的文件容量。输入如下命令：

```
[root@host-server ftp]# mount /dev/cdrom /mnt                    # 挂载虚拟机光驱到 /mnt 目录
mount: /mnt: WARNING: source write-protected, mounted read-only.
[root@host-server ftp]# du -ch /mnt                              # 查看挂载目录的文件容量
27K     /mnt/docs
2.3M    /mnt/EFI/BOOT/fonts
6.4M    /mnt/EFI/BOOT
6.4M    /mnt/EFI
75M     /mnt/images/pxeboot
714M    /mnt/images
76M     /mnt/isolinux
3.0K    /mnt/ks
15G     /mnt/Packages
41M     /mnt/repodata
16G     /mnt
16G     总用量
```

复制光盘文件到 FTP 服务器匿名用户的默认目录 /var/ftp。输入如下命令：

```
[root@localhost ~]# cp -rf /mnt/* /var/ftp/          # 复制光盘文件到 FTP 服务器匿名用户的默认目录
[root@localhost ~]#
```

因为复制的文件目录为 16GB，容量比较大，需要等待较长时间才能复制完成。复制完成后可检查 /var/ftp 目录下文件的容量大小，如果为 16 GB 则表示复制成功。输入以下命令：

```
[root@localhost ~]# du -ch /var/ftp/                 # 查看 /var/ftp 目录下文件容量
32K     /var/ftp/docs
2.3M    /var/ftp/EFI/BOOT/fonts
6.4M    /var/ftp/EFI/BOOT
6.4M    /var/ftp/EFI
15G     /var/ftp/Packages
41M     /var/ftp/repodata
75M     /var/ftp/images/pxeboot
714M    /var/ftp/images
4.0K    /var/ftp/pub
76M     /var/ftp/isolinux
12K     /var/ftp/ks
16G     /var/ftp/
16G     总用量
```

4. 验证 FTP 服务器匿名用户访问的默认目录是否同步更新

方法一：在 openEuler Linux 虚拟机中使用 ftp 命令来验证。输入以下命令：

```
[root@localhost ~]# ftp 192.168.5.128               # 使用 ftp 命令登录 192.168.5.128 的 FTP 服务
Connected to 192.168.5.128 (192.168.5.128).
220 (vsFTPd 3.0.3)
Name (192.168.5.128:root): anonymous               # 输入匿名用户账户名
```

```
331 Please specify the password.
Password:
230 Login successful.
Remote system type is UNIX.
Using binary mode to transfer files.
ftp> dir                              # 查看匿名用户默认目录文件列表
227 Entering Passive Mode (192,168,5,128,137,80).
150 Here comes the directory listing.
dr-xr-xr-x   3 0     0          4096 Aug 04 13:55 EFI
dr-xr-xr-x   2 0     0       1327104 Aug 04 13:58 Packages
-r--r--r--   1 0     0          2127 Aug 04 13:58 RPM-GPG-KEY-openEuler
-r--r--r--   1 0     0          2198 Aug 04 13:58 TRANS.TBL
dr-xr-xr-x   2 0     0          4096 Aug 04 13:55 docs
dr-xr-xr-x   3 0     0          4096 Aug 04 13:55 images
dr-xr-xr-x   2 0     0          4096 Aug 04 13:55 isolinux
dr-xr-xr-x   2 0     0          4096 Aug 04 13:55 ks
drwxr-xr-x   2 0     0          4096 Jan 26  2021 pub
dr-xr-xr-x   2 0     0          4096 Aug 04 13:58 repodata
226 Directory send OK.
ftp> quit                            # 退出 FTP 服务
221 Goodbye.
[root@localhost ~]#
```

方法二：在宿主物理机 Windows 操作系统中打开 IE 浏览器或 Edge 浏览器并使用 IE 模式，在网址中输入 ftp://192.168.5.128 ，显示结果如图 2-4 所示。

图 2-4　Windows 中 IE 浏览器匿名用户访问 FTP 服务器

至此，已经完成了 openEuler 完整版 ISO 文件在虚拟机光驱中的连接及其在 Linux 操作系统中的挂载、完整版 ISO 文件复制到 FTP 服务器的全部任务。FTP 服务器也可以正常访问 openEuler 完整版 ISO 文件的 16 GB 全部内容。

接下来，只需要在能够访问到该 FTP 的物理机或虚拟机中配置软件源仓库即可。

5. 在 FTP 服务器本机中创建软件源仓库进行验证

下面将介绍如何通过"dnf config-manager"命令添加和启用软件源仓库。

1) 查询现有软件源仓库

在添加新的软件源仓库前，先查询现有软件源仓库列表，同时查看 repo 文件。输入如下命令：

```
[root@localhost ~]# hostnamectl set-hostname openEuler        # 更改主机名称
[root@localhost ~]# dnf repolist                              # 查看软件源仓库列表
repo id                      repo name
EPOL                         EPOL
OS                           OS
debuginfo                    debuginfo
everything                   everything
source                       source
update                       update
[root@localhost ~]# ll /etc/yum.repos.d/          # 查看软件源仓库配置文件列表
总用量 4.0K
-rw-r--r--. 1 root root 1.7K  1 月 29  2022 openEuler.repo
[root@localhost ~]#
```

2) 添加软件源仓库

如果要在系统中添加一个这样的源，则在 root 权限下执行如下命令：

```
[root@localhost ~]# dnf config-manager --add-repo ftp://192.168.5.128 # 添加软件源仓库
添加仓库自：ftp://192.168.5.128
[root@localhost ~]# ll /etc/yum.repos.d/          # 查看自动生成的软件源仓库配置文件
总用量 8.0K
-rw-r--r--. 1 root root 114  8 月  4 22:46 192.168.5.128.repo
-rw-r--r--. 1 root root 1.7K  1 月 29  2022 openEuler.repo
 [root@localhost ~]# cat /etc/yum.repos.d/192.168.5.128.repo        # 查看配置文件内容
[192.168.5.128]
name=created by dnf config-manager from ftp://192.168.5.128
baseurl=ftp://192.168.5.128
enabled=1
```

执行完成上述命令后，将在 /etc/yum.repo.d/ 目录下生成相应的 192.168.5.128.repo 文件。

3) 启用软件源

如果要启用软件源，则在 root 权限下执行如下命令：

```
[root@localhost ~]# dnf repolist                          # 查看软件源仓库列表
repo id                      repo name
192.168.5.128                created by dnf config-manager from ftp://192.168.5.128
EPOL                         EPOL
OS                           OS
debuginfo                    debuginfo
everything                   everything
```

```
source                          source
update                          update
[root@localhost ~]# dnf config-manager --set-enable 192.168.5.128    # 启用软件源仓库
[root@localhost ~]# dnf list                                          # 检索软件源列表
```

以上步骤完成了新增和启用 yum 软件源仓库。安装 openEuler 软件包中的软件时，可以直接通过 FTP 服务器进行搜索、下载和安装，实现不依赖于互联网的离线安装。在实际课堂教学中，可在教师机上建立这个 FTP 服务器，以局域网的方式提供给全班同学作为软件源仓库来访问。

如果需要模拟断网情况下访问此 FTP 软件源仓库，则可执行以下命令：

(1) 将系统自带的软件源仓库配置 openEuler.repo 文件备份到 /opt 目录中：

```
[root@localhost ~]# mv /etc/yum.repos.d/openEuler.repo /opt/       # 备份系统自带软件源配置
```

(2) 将 DNS 配置删除掉，即注释 #nameserver 192.168.5.2 这一行：

```
[root@localhost ~]# vi /etc/resolv.conf                            # 删除 DNS 配置，模拟断网
# Generated by NetworkManager
#nameserver 192.168.5.2
[root@localhost ~]#
```

(3) 删除已缓存的软件源仓库数据：

```
[root@localhost ~]# dnf clean all                                 # 删除已缓存的软件源仓库数据
```

(4) 重新获取软件源仓库数据并缓存：

```
[root@localhost ~]# dnf list                                      # 重新获取软件源仓库数据并缓存
```

任务 2　基础环境配置

任 务 目 标

知识目标

(1) 理解 SELinux 的基本概念。

(2) 理解 Chrony 时间同步服务的基本概念。

(3) 理解 SSH 免密登录的原理。

能力目标

(1) 能够熟练开启或关闭 SELinux。

(2) 能够熟练配置 Chrony 服务的服务端和客户端，并实现时间同步。

(3) 能够熟练配置 SSH 免密登录。

知 识 准 备

一、SELinux 简介

(一) SELinux 的定义

SELinux 是安全增强型 Linux(Security-Enhanced Linux)，简称 SELinux，它是 Linux 的一个安全子系统。SELinux 允许系统管理员更加灵活地定义安全策略。现在主流的 Linux 发行版本都集成了 SELinux 机制，CentOS/RHEL 都会默认开启 SELinux 机制，openEuler 也不例外。

SELinux 是一个内核级别的安全机制。Linux 从 Linux 2.6 内核之后就将 SELinux 集成在了内核中。因为 SELinux 是内核级别的，所以我们对其配置文件的修改都需要重新启动操作系统才能生效。

在 SELinux 出现之前，Linux 的安全模型为 DAC(Discretionary Access Control，自主访问控制)。DAC 的核心思想是：进程理论上所拥有的权限与执行它的用户权限相同。比如，如果以 root 用户启动 Browser，那么 Browser 具有 root 用户的权限，在 Linux 系统上能做任何事情。

显然，DAC 太过宽松了。那么 SELinux 如何解决这个问题呢？原来，它在 DAC 之外设计了一个新的安全模型 MAC(Mandatory Access Control，强制访问控制)。MAC 的思想非常简单：任何进程想在 SELinux 系统中做任何事情，都必须先在安全策略配置文件中赋予权限。凡是没有出现在安全策略配置文件中的权限，进程就没有该权限。

(二) SELinux 的工作模式

SELinux 有以下三种工作模式：

(1) enforcing：强制模式。违反 SELinux 规则的行为将被阻止并记录到日志中。

(2) permissive：宽容模式。违反 SELinux 规则的行为只会记录到日志中。该模式一般在调试时使用。

(3) disabled：关闭 SELinux。

SELinux 的工作模式可以在 /etc/selinux/config 中设定。如果要从 disabled 切换到 enforcing 或 permissive，则需重启系统。反过来也一样。

enforcing 和 permissive 模式可以通过 setenforce 1 | 0 命令实现快速切换。

注意：如果系统已经在关闭 SELinux 的状态下运行了一段时间，那么在打开 SELinux 之后的第一次重启速度可能会比较慢。这是因为系统必须为磁盘中的文件创建安全上下文。

(三) SELinux 基本命令

(1) getenforce 命令：显示当前 SELinux 的工作模式，是强制、宽容还是关闭模式。

[root@localhost ~]# **getenforce**　　　　　　　　　# 查询 SELinux 的工作模式

Enforcing

(2) setenforce 命令：临时开启和关闭 SELinux。

```
[root@localhost ~]# setenforce                          # 显示 setenforce 命令帮助
usage: setenforce [ Enforcing | Permissive | 1 | 0 ]
[root@localhost ~]# setenforce 0                        # 临时关闭 SELinux，设置为宽容模式
[root@localhost ~]# getenforce
Permissive
[root@localhost ~]# setenforce 1                        # 临时开启 SELinux，设置为强制模式
[root@localhost ~]# getenforce
Enforcing
[root@localhost ~]#
```

注意：临时设置在重启后会失效。只有在 SELinux 的主配置文件 /etc/selinux/config 中设置的参数才可以永久生效。

(3) sestatus 命令：用来查看主配置文件中的当前模式和模式设置。

```
[root@localhost ~]# sestatus              # 查看主配置文件中的当前模式和模式设置
SELinux status:                 enabled
SELinuxfs mount:                /sys/fs/selinux
SELinux root directory:         /etc/selinux
Loaded policy name:             targeted
Current mode:                   enforcing
Mode from config file:          enforcing
Policy MLS status:              enabled
Policy deny_unknown status:     allowed
Memory protection checking:     actual (secure)
```

(四) 开启与关闭 SELinux

SELinux 的模式转换需要重启系统，因为 SELinux 是内核级的插件。Linux 操作系统安装完成后，默认为开启 SELinux 强制模式。

如果要关闭 SELinux，则执行以下命令：

```
[root@localhost ~]# getenforce                          # 查看 SELinux 状态
Enforcing
[root@localhost ~]# setenforce 0                        # 临时关闭 SELinux，重启丢失
[root@localhost ~]# getenforce                          # 查看 SELinux 状态
Permissive
[root@localhost ~]# vi /etc/selinux/config              # 永久关闭 SELinux，重启生效
将 SELINUX=enforcing 修改为：SELINUX=disabled
[root@localhost ~]# reboot                              # 重启系统
…… 系统重启 ……
[root@localhost ~]# getenforce                          # 查看 SELinux 状态 ( 重启生效 )
Disabled
```

开启 SELinux 与关闭 SELinux 类似，不同之处在于编辑 SELinux 主配置文件时，将

SELINUX= disabled 修改为 SELINUX= enforcing，保存修改后的配置文件，重启系统即可使设置生效。

二、Chrony 时间同步服务简介

（一）Chrony 时间同步服务的定义

Chrony 是一个开源的自由软件，它能够保持系统时钟与时钟服务器同步，是网络时间协议 (NTP) 的另一种实现。Chrony 服务可以通过 Internet、LAN 或硬件时间戳同步时间，通过 Internet 同步的两台机器之间的典型精度在几毫秒内；在 LAN 上同步的精度通常为几十微秒；使用硬件时间戳或硬件参考时钟，亚微秒精度是有可能的实现。

Chrony 由两个程序组成，分别是 chronyd 和 chronyc。chronyd 是一个后台运行的守护程序，用于调整内核中运行的系统时钟使其与时钟服务器同步，它确定计算机增减时间的比率，并对此进行补偿。chronyc 是一个命令用户界面程序，用于监控 chronyd 的性能并在其运行时更改各种操作参数。

注意：在 CentOS 8.0 中默认不再支持 ntp 软件包，时间同步将由 Chrony 来实现。

（二）Chrony 的优势

Chrony 的优势包括以下几点：

(1) 同步只需要数分钟，从而最大程度减少时间和频率误差，这对于并非全天 24 小时运行的台式计算机或系统而言非常有用；

(2) 能够更好地响应时钟频率的快速变化，这对于具备不稳定时钟的虚拟机或导致时钟频率发生变化的节能技术而言非常有用；

(3) 在初始同步后，它不会停止时钟，以防对需要系统时间保持单调的应用程序造成影响；

(4) 在应对临时非对称延迟时 (例如大规模下载造成链接饱和等情况) 具有更好的稳定性；

(5) 无须对时间服务器进行定期轮询，因此具备间歇性网络连接 (如网络不稳定的场景) 的系统仍然可以快速同步时钟。

（三）配置 Chrony

Chrony 的默认配置文件为 /etc/chrony.conf，下面将介绍一些常用的配置项。

1. server hostname [option]

server 命令用于指定要同步的 NTP 服务器。

示例：server pool.ntp.org iburst

其中：pool.ntp.org 是 NTP 服务器的地址；iburst 是参数，一般作为默认参数。iburst 的含义是在前四次 NTP 请求以 2 s 或者更短的间隔，而不是以 minpoll x 指定的最小间隔，这样的设置可以让 chronyd 启动时快速进行一次同步。minpoll x 的默认值是 6，代表 64 s；maxpoll x 的默认值是 9，代表 512 s。

2. driftfile file

Chrony 会根据实际时间计算修正值，并将补偿参数记录在 driftfile 命令指定的文件里，

默认为 driftfile /var/lib/chrony/drift。

与 ntpd 或 ntpdate 最大的区别就是，Chrony 的修正是连续的，通过减慢时钟或者加快时钟的方式连续修正；而 ntpd 或 ntpdate 搭配 crontab 的校时工具是直接调整时间，会出现间断，并且在相同时间内可能会出现两次。因此不建议使用 ntpd、ntpdate 来校时。

3. makestep threshold limit

makestep 命令使 Chrony 根据需要通过加速或减慢时钟来逐渐校正时间偏移。例如：makestep 1.0 3，表示前三次校时如果时间相差 1.0 s，则采用跳跃式校时。

4. rtcsync

rtcsync 命令用来启用内核时间与 RTC 时间同步（自动写回硬件）。

5. logdir

logdir 用于指定 Chrony 日志文件的路径。

6. stratum weight

stratum weight 用于设置当 chronyd 从可用源中选择同步源时，每层应该添加多少距离到同步距离。默认情况下该参数设置为 0，可使 chronyd 在选择源时忽略源的层级。

（四）chronyd 服务管理

systemd 命令系统提供的 systemctl 命令可用来启动、重启、停止 chronyd 服务，或者查看 chronyd 服务状态，设置开机启动服务、取消开机启动服务等。

# systemctl start chronyd	# 启动 chronyd 服务
# systemctl restart chronyd	# 重启 chronyd 服务
# systemctl stop chronyd	# 停止 chronyd 服务
# systemctl status chronyd	# 查看 chronyd 服务状态
# systemctl enable chronyd	# 设置开机启动
# systemctl disable chronyd	# 取消开机启动

（五）使用 Chrony 客户端程序进行管理

chronyc 是命令用户界面的 Chrony 客户端程序，用于监控 chronyd 的性能并在其运行时更改各种操作参数。

chronyc 命令有两种模式，一种是交互式模式，一种是命令行模式。输入 chronyc 后回车就进入交互式模式，在交互式模式下可以使用 help 命令查看帮助列表。

chronyc 常用指令说明：

tracking	显示系统时间信息
makestep	立即调整系统时钟并忽略当前正在进行的任何调整
sources [-a] [-v]	显示当前时间同步源信息
sourcestats [-a] [-v]	显示时间同步源状态信息
activity	检查多少个时间同步源是在线或离线状态
add server <name> [options]	手动添加一台 NTP 服务器
delete <address>	手动移动 NTP 服务器或对等服务器

clients   在客户端报告已访问到的服务器

示例：

```
[root@localhost ~]# chronyc                    # 进入 chronyc 交互式模式
chrony version 4.1
Copyright (C) 1997-2003, 2007, 2009-2021 Richard P. Curnow and others
chrony comes with ABSOLUTELY NO WARRANTY.  This is free software, and
you are welcome to redistribute it under certain conditions.  See the
GNU General Public License version 2 for details.


chronyc> help                                  # 帮助命令
chronyc> makestep                              # 立即调整系统时钟并忽略当前正在进行的任何调整
200 OK
chronyc> activity                              # 检查多少个时间同步源是在线或离线状态
200 OK
4 sources online
0 sources offline
0 sources doing burst (return to online)
0 sources doing burst (return to offline)
0 sources with unknown address
chronyc> clients                               # 在客户端报告已访问到的服务器
Hostname           NTP  Drop Int IntL Last   Cmd  Drop Int  Last
===============================================================================
chronyc> sources -v                   # 显示当前时间同步源信息
  .-- Source mode  '^' = server, '=' = peer, '#' = local clock.
 / .- Source state '*' = current best, '+' = combined, '-' = not combined,
| /         'x' = may be in error, '~' = too variable, '?' = unusable.
||                                      .- xxxx [ yyyy ] +/- zzzz
||      Reachability register (octal) -.     | xxxx = adjusted offset,
||      Log2(Polling interval) --.      |    | yyyy = measured offset,
||                                \      |    | zzzz = estimated error.
||                                 |     |     \
MS Name/IP address         Stratum Poll Reach LastRx Last sample
===============================================================================
^+ 108.59.2.24              2  10  377  1036  +5532us[+5586us] +/-  247ms
^* 162.159.200.123          3  10  373   712  -3523us[-3467us] +/-  106ms
^+ 116.203.151.74           2  10  300  122m   -15ms[  -14ms] +/-  135ms
^+ 5.79.108.34              2  10  377    66  +4968us[+4968us] +/-  197ms
chronyc> sourcestats -v

                  .- Number of sample points in measurement set.
                 / .- Number of residual runs with same sign.
                |  / .- Length of measurement set (time).
```

```
      | |   /    .- Est. clock freq error (ppm).
      | | |    /       .- Est. error in freq.
      | | |   |      /     .- Est. offset.
      | | |   |      |   | On the -.
      | | |   |      |   | samples. \
      | | |   |      |   |     |
```

Name/IP Address	NP	NR	Span	Frequency	Freq Skew	Offset	Std Dev
108.59.2.24	41	19	11h	-0.016	0.151	+2257us	3762us
162.159.200.123	25	12	464m	-0.017	0.202	-2551us	2218us
116.203.151.74	26	15	552m	+0.189	0.505	+1183us	5479us
5.79.108.34	48	25	15h	+0.018	0.079	+1693us	2442us

```
chronyc> quit                      # 退出 chronyc 命令行交互模式
[root@localhost ~]#
```

其他时间同步有关命令：

# timedatectl	查看系统时钟是否与时间服务器同步
# timedatectl set-ntp true	启用时间同步
# timedatectl set-ntp false	禁用时间同步
# timedatectl list-timezones | grep Asia/Shanghai	查看时区列表
# timedatectl set-timezone Asia/Shanghai	设置时区
# timedatectl set-time "2022-08-01 15:50:20"	设置日期时间
# chronyc -a makestep	强制时间同步
# chronyc sourcestats –v	查看时间同步源状态
# chronyc tracking	查看系统时间信息

三、SSH 免密登录简介

（一）SSH 的定义

SSH 为 Secure Shell 的缩写，是由 IETF 的网络小组 (Network Working Group) 制定的建立在应用层基础上的安全协议。SSH 是专为远程登录会话和其他网络服务提供安全性的协议。利用 SSH 协议可以有效避免远程管理过程中的信息泄露问题。SSH 最初是 Unix 系统上的一个程序，后来又迅速扩展到其他操作平台。SSH 在正确使用时可弥补网络中的漏洞。SSH 客户端适用于多种平台，几乎所有 Unix 平台——包括 HP-UX、Linux、AIX、Solaris、Digital Unix，以及其他平台，都可运行 SSH。

（二）SSH 免密登录相关目录

在 Linux 当前用户目录下有一个 .ssh 目录，是记录密钥信息的目录，如果没有生成过密钥或者没有远程登录过，就没有这个 .ssh 目录。另外，使用 ls -abl 命令和参数才能查看到点开头的文件夹目录，如 -ssh 目录、.bash profile 文件等。

.ssh 目录中各文件的功能如表 2-3 所示。

表 2-3　.ssh 目录中各文件的功能

文件名称	功　　　能
authorized_keys（已授权密钥）	实现 SSH 免密登录的授权文件。如果主机 A 需要免密登录到主机 B，则预先将主机 A 的公钥文件 id_rsa.pub 内容复制到主机 B 的 authorized_keys 文件后，下次从主机 A 直接 SSH 连接主机 B 即可，不需要再次输入密码
id_rsa(私钥)	服务器上经过 rsa 算法生成的私钥，与公钥是一对密钥对，用于连接其他服务器
id_rsa.pub（公钥）	服务器上经过 rsa 算法生成的公钥，与私钥是一对密钥对，用于连接其他服务器。如果主机 A 需要免密登录到主机 B，则需要预先将主机 A 的 id_rsa.pub 内容复制到主机 B 的 authorized_keys 文件中
known_hosts（已知主机）	SSH 会把每个用户访问过的计算机的公钥都记录在 ~/.ssh/known_hosts 下。A 通过 SSH 首次连接到 B 时，B 会将公钥 1(host key) 传递给 A，A 将公钥 1 存入 known_hosts 文件中，以后 A 再连接 B 时，B 依然会传递给 A 一个公钥 2，OpenSSH 会核对公钥，通过对比公钥 1 与公钥 2 是否相同来进行简单的验证，如果公钥不同，OpenSSH 就会发出警告，避免用户受到域名劫持 (DNS Hijack) 之类的攻击

任 务 实 施

一、安装集群主节点

在部署完全分布式 Hadoop 集群前，需要检查宿主物理机至少不低以下配置：CPU 为 i5 以上、8 GB 以上内存、100 GB 空闲硬盘。

安装集群主节点的步骤如下：

(1) 创建一台虚拟机。在虚拟机软件 VMWare Workstation 中创建一台服务器，作为集群主节点 master，服务器主要硬件配置为 2 CPU、2 GB 内存、20 GB 硬盘，网络模式为 NAT。

(2) 安装 openEuler Linux 操作系统。在 master 主节点服务器上安装 openEuler Linux 操作系统 Mini 版本，设置超级用户 root 的密码。

(3) 安装完成之后，获取 master 主节点服务器的 IP 地址、路由、域名服务器等信息。

(4) 配置主节点服务器的静态 IP 地址、网关、域名服务器等信息，根据"表 2-1 Hadoop 完全分布式部署的服务器角色规划"，设置主节点 master 服务器的 IP 地址为 192.168.5.129/24。

(5) 使用远程终端软件 (如：SecureCRT 等) 远程登录 master 主节点服务器，设置主机名为 master。

(6) 完成以上安装与配置步骤之后，在虚拟机软件 VMWare Workstation 中创建一个快照。

安装集群主节点 master 服务器的硬件配置如图 2-5 所示。

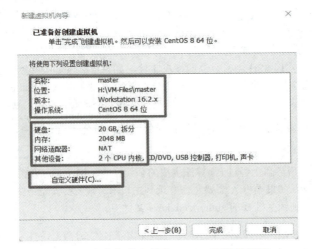

图 2-5　安装集群主节点 master 的硬件配置

在虚拟机中使用 ip 命令获取 master 主节点服务器的网络配置信息，如图 2-6 所示。

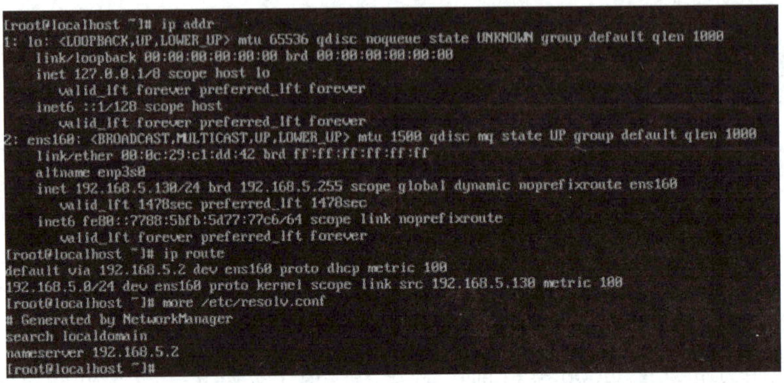

图 2-6　使用 ip 命令获取 master 节点网络配置信息

在虚拟机中使用 nmcli 命令获取 master 主节点服务器的网络配置信息，如图 2-7 所示。

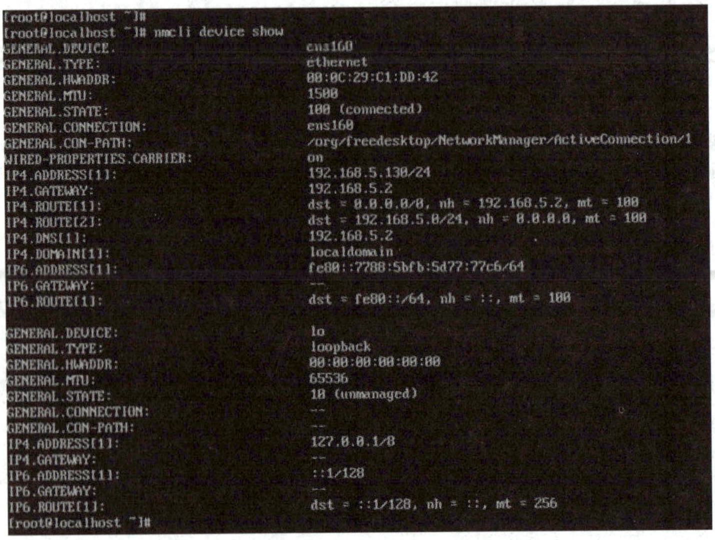

图 2-7　使用 nmcli 命令获取 master 节点网络配置信息

在 VMware 虚拟机窗口中输入以下命令，配置静态 ip 地址、路由、域名服务器等信息。

```
[root@localhost ~]# nmcli connection help          # 获取 nmcli connection 帮助信息
Usage: nmcli connection { COMMAND | help }

COMMAND := { show | up | down | add | modify | clone | edit | delete | monitor | reload | load | import |
export }
……( 其余略 )
[root@localhost ~]# cat /etc/sysconfig/network-scripts/ifcfg-ens160  # 查看网卡配置文件内容
TYPE=Ethernet
PROXY_METHOD=none
BROWSER_ONLY=no
BOOTPROTO=dhcp
DEFROUTE=yes
IPV4_FAILURE_FATAL=no
IPV6INIT=yes
IPV6_AUTOCONF=yes
IPV6_DEFROUTE=yes
IPV6_FAILURE_FATAL=no
IPV6_ADDR_GEN_MODE=stable-privacy
NAME=ens160
UUID=acfc097f-376a-4210-a983-a44cfdd94f04
DEVICE=ens160
ONBOOT=yes
[root@localhost ~]# nmcli connection show ens160 | grep ipv4   # 显示网卡配置参数信息
ipv4.dhcp-reject-servers:          --
[root@localhost ~]#
[root@localhost ~]# nmcli connection modify ens160 ipv4.address 192.168.5.129/24 ipv4.gateway
192.168.5.2 ipv4.dns 192.168.5.2 ipv4.method manual          # 修改网卡配置参数
[root@localhost ~]# nmcli connection show ens160 | grep ipv4      # 查看修改后配置参数信息
[root@localhost ~]# cat /etc/sysconfig/network-scripts/ifcfg-ens160  # 查看修改后网卡配置文件
TYPE=Ethernet
PROXY_METHOD=none
BROWSER_ONLY=no
BOOTPROTO=none
DEFROUTE=yes
IPV4_FAILURE_FATAL=no
IPV6INIT=yes
IPV6_AUTOCONF=yes
IPV6_DEFROUTE=yes
IPV6_FAILURE_FATAL=no
IPV6_ADDR_GEN_MODE=stable-privacy
NAME=ens160
```

```
UUID=acfc097f-376a-4210-a983-a44cfdd94f04
DEVICE=ens160
ONBOOT=yes
IPADDR=192.168.5.129
PREFIX=24
GATEWAY=192.168.5.2
DNS1=192.168.5.2
[root@localhost ~]#
[root@localhost ~]# nmcli connection down ens160          # 重启网卡，先禁用网卡
 [root@localhost ~]# nmcli connection up ens160           # 重启网卡，再启用网卡
[root@localhost ~]# nmcli device show ens160              # 查看重启网卡后网络信息
```

以上 master 节点服务器网络配置完成后，就可以使用 SecureCRT 远程终端软件进行连接，并输入以下命令设置主机名称为 master。

```
[root@localhost ~]# hostnamectl set-hostname master       # 设置主机名
[root@localhost ~]# exit                                  # 退出当前会话
### 退出当前会话，多输入几次回车后，重新登录，可以观察到主机名称已经改变
[root@master ~]#
[root@master ~]# hostnamectl                              # 查看设置的新主机名
 Static hostname: master
```

二、配置集群主机映射表

根据"表 2-1 Hadoop 完全分布式部署的服务器角色规划"，设置 Hadoop 集群三个节点服务器的 IP 地址分别为：192.168.5.129、192.168.5.130、192.168.5.131。

配置集群主机映射表时，需要编辑 /etc/hosts 文件，修改文件并保存。最终文件内容如下：

```
[root@master ~]# vi /etc/hosts                            # 编辑主机映射表文件
[root@master ~]# cat /etc/hosts                           # 查看主机映射表文件内容
127.0.0.1   localhost localhost.localdomain localhost4 localhost4.localdomain4
::1         localhost localhost.localdomain localhost6 localhost6.localdomain6

192.168.5.129   master
192.168.5.130   slave1
192.168.5.131   slave2
```

测试主机映射表配置是否正确，可输入以下命令进行验证：

```
[root@master ~]# ping -c 4 master                 # ping 主机名 master
[root@master ~]# ping -c 4 slave1                 # ping 主机名 slave1
[root@master ~]# ping -c 4 slave2                 # ping 主机名 slave2
[root@master ~]#
```

注意：如果以上 ping 主机名能转换为各个主机正确的 IP 地址，则表明主机映射表配置正确。

三、关闭防火墙与 SELinux

输入以下命令可关闭防火墙：

```
[root@master ~]# systemctl stop firewalld                        # 停止防火墙
[root@master ~]# systemctl disable firewalld                     # 禁用防火墙
Removed /etc/systemd/system/dbus-org.fedoraproject.FirewallD1.service.
Removed /etc/systemd/system/multi-user.target.wants/firewalld.service.
 [root@master ~]# systemctl status firewalld                     # 查看防火墙运行状态
○ firewalld.service - firewalld - dynamic firewall daemon
   Loaded: loaded (/usr/lib/systemd/system/firewalld.service; disabled; vendor preset: enabled)
   Active: inactive (dead)
     Docs: man:firewalld(1)
[root@master ~]#
```

输入以下命令可关闭 SELinux：

```
[root@master ~]# getenforce                          # 查看 SELinux 设置
Enforcing
[root@master ~]# vi /etc/sysconfig/selinux           # 编辑 SELinux 配置文件
[root@master ~]# cat /etc/sysconfig/selinux          # 查看 SELinux 配置文件内容

# This file controls the state of SELinux on the system.
# SELINUX= can take one of these three values:
#     enforcing - SELinux security policy is enforced.
#     permissive - SELinux prints warnings instead of enforcing.
#     disabled - No SELinux policy is loaded.
SELINUX=disabled
# SELINUXTYPE= can take one of these three values:
#     targeted - Targeted processes are protected,
#     minimum - Modification of targeted policy. Only selected processes are protected.
#     mls - Multi Level Security protection.
SELINUXTYPE=targeted


[root@master ~]# getenforce                          # 查看 SELinux 设置
Enforcing
[root@master ~]# reboot                              # 系统重启
### 系统重启之后关闭 SELinux 生效
[root@master ~]# getenforce                          # 查看重启后的 SELinux 设置
Disabled
[root@master ~]#
```

四、配置主节点软件源为 FTP 服务器软件源仓库

输入以下命令，可配置 master 节点的软件源仓库为前面配置的 FTP 服务器软件

源仓库。

```
[root@master yum.repos.d]# ll /etc/yum.repos.d/              # 查看软件源配置目录文件列表
总用量 4.0K
-rw-r--r--. 1 root root 1.7K  1 月 29  2022 openEuler.repo
 [root@master yum.repos.d]# mv /etc/yum.repos.d/openEuler.repo /opt/.    # 备份原始 repo 文件
[root@master yum.repos.d]# ll /opt/                          # 查看 /op 目录文件列表
总用量 4.0K
-rw-r--r--. 1 root root 1.7K  1 月 29  2022 openEuler.repo
[root@master yum.repos.d]# ll /etc/yum.repos.d/              # 查看软件源配置目录文件列表
总用量 0
[root@master yum.repos.d]# dnf config-manager help          # 查看 dnf config-manager 帮助
[root@master yum.repos.d]# dnf config-manager --add-repo ftp://192.168.5.128  # 添加仓库自
ftp://192.168.5.128
[root@master yum.repos.d]# ll /etc/yum.repos.d/              # 查看软件源配置目录文件列表
总用量 4.0K
-rw-r--r-- 1 root root 114  8 月  9 14:48 192.168.5.128.repo
[root@master yum.repos.d]# dnf repolist                      # 查看软件源仓库列表
repo id          repo name
192.168.5.128       created by dnf config-manager from ftp://192.168.5.128
[root@master yum.repos.d]# dnf config-manager --set-enable 192.168.5.128  # 启用仓库
 [root@master yum.repos.d]# cat /etc/yum.repos.d/192.168.5.128.repo   # 查看软件源配置文件
[192.168.5.128]
name=created by dnf config-manager from ftp://192.168.5.128
baseurl=ftp://192.168.5.128
enabled=1
[root@master yum.repos.d]# vi /etc/yum.repos.d/192.168.5.128.repo    # 编辑软件源配置文件
[root@master yum.repos.d]# cat /etc/yum.repos.d/192.168.5.128.repo   # 查看编辑后配置文件
[192.168.5.128]
name=created by dnf config-manager from ftp://192.168.5.128
baseurl=ftp://192.168.5.128
enabled=1
gpgcheck=0                                    # 此行为新增行，禁用检查 gpg
[root@master yum.repos.d]# dnf clean all               # 清除软件源列表
[root@master yum.repos.d]# dnf list                    # 重新检索软件源列表
[root@master yum.repos.d]# dnf repolist                # 查看软件源仓库列表
repo id          repo name
192.168.5.128       created by dnf config-manager from ftp://192.168.5.128
[root@master ~]# dnf install -y ftp                    # 安装 ftp 软件包
[root@master ~]#
```

五、安装 JDK

安装 JDK 可以采用在线安装、rpm 安装包安装、压缩包安装等几种方式，在线安装、rpm 安装包安装相对简单，本章节介绍压缩包安装方式。

(1) 先从 Oracle 官网下载 JDK 8 离线安装包，注意要选择 x64 版本，如图 2-8 所示。

图 2-8 从 Oracle 官网下载 JDK 8 离线安装包

(2) 使用 SecureFX 软件上传 JDK 8 压缩包安装文件到 master 节点，输入以下命令解压 JDK 8 压缩包安装文件到 /opt 目录。

```
[root@master ~]# dnf install -y tar                        # 先安装 tar 命令
[root@master ~]# tar -zxvf  jdk-8u341-linux-x64.tar.gz -C /opt/    # 解压到 /opt/ 目录
[root@master ~]# ll /opt
总用量 8.0K
drwxr-xr-x  8 root root 4.0K  8 月  9 21:49 jdk1.8.0_341
-rw-r--r--. 1 root root 1.7K  1 月 29  2022 openEuler.repo
[root@master ~]# ll /opt/jdk1.8.0_341/
[root@master ~]# ll /opt/jdk1.8.0_341/bin
[root@master ~]# ll /opt/jdk1.8.0_341/lib
[root@master ~]# ll /opt/jdk1.8.0_341/jre/lib
```

(3) JDK 需要配置 JAVA_HOME、CLASSPATH、PATH 三个环境变量才能正常使用，以 root 用户身份编辑 /etc/profile 文件，在文件末尾添加相应的环境变量。

JDK 环境变量

export JAVA_HOME=/opt/jdk1.8.0_341

export PATH=$PATH:$JAVA_HOME/bin

export CLASSPATH=.:$JAVA_HOME/jre/lib/rt.jar:$JAVA_HOME/lib/dt.jar:$JAVA_HOME/lib/tools.jar

输入以下命令配置环境变量：

```
[root@master ~]# vi /etc/profile                          # 编辑系统环境变量配置文件 /etc/profile
[root@master ~]# tail /etc/profile                        # 查看配置文件新添加的内容 ( 文件末尾 )
# JDK 环境变量
export JAVA_HOME=/opt/jdk1.8.0_341/
export PATH=$PATH:$JAVA_HOME/bin
```

```
export CLASSPATH=$JAVA_HOME/jre/rt.jar:$JAVA_HOME/lib/dt.jar:$JAVA_HOME/lib/tools.jar
[root@master ~]#
```

(4) 配置完成环境变量后，执行 source /etc/profile 以使环境变量即时生效，可输入命令 export 查看生效后的环境变量。最后输入命令 java -version 和 javac -version 以验证 JDK 安装是否成功。

```
[root@master ~]# source /etc/profile                    # 让环境变量即时生效
[root@master ~]# export | grep -E JAVA_HOME\|CLASSPATH\|PATH    # 查看环境变量
declare
CLASSPATH=”/opt/jdk1.8.0_341//jre/rt.jar:/opt/jdk1.8.0_341//lib/dt.jar:/opt/jdk1.8.0_341//lib/tools.jar”
declare -x JAVA_HOME=”/opt/jdk1.8.0_341/”
declare
PATH=”/usr/local/sbin:/usr/local/bin:/usr/sbin:/usr/bin:/root/bin:/opt/jdk1.8.0_341//bin:/opt/jdk1.8.0_341//bin”
[root@master ~]# java -version                          # 测试 java 命令
java version “1.8.0_341”
Java(TM) SE Runtime Environment (build 1.8.0_341-b10)
Java HotSpot(TM) 64-Bit Server VM (build 25.341-b10, mixed mode)
 [root@master ~]# javac -version                        # 测试 javac 命令
javac 1.8.0_341
```

六、新建 hadoop 用户

除需要 root 用户权限的必要操作外，还需要新建 hadoop 用户用于 Hadoop 大数据平台集群的构建，如：HDFS、YARN、MapReduce 的安装配置与验证，以及 Hadoop 平台的启动与停止等操作。

输入以下命令新建 hadoop 用户：

```
[root@master ~]# useradd hadoop                        # 新建 hadoop 用户
[root@master ~]# passwd hadoop                         # 设置 hadoop 用户的登录密码
更改 hadoop 用户的密码。
新的密码：
无效的密码：密码是一个回文
重新输入新的密码：
passwd：所有的身份验证令牌已经成功更新。
```

七、克隆或复制集群从节点

接下来同步服务、SSH 免密登录都需要在集群的几台服务器之间进行，所以可以通过 master 节点虚拟机来克隆或复制集群从节点 slave1、slave2。

根据"表 2-1 Hadoop 完全分布式部署的服务器角色规划"，完成从节点 slave1、slave2 的克隆 (或复制) 后，还需要分别设置从节点的 IP 地址为 192.168.5.130 和 192.168.5.131，以及分别设置主机名为 slave1 和 slave2。

在 VMware Workstation 中，进行克隆前要先将 master 节点虚拟机关闭，然后在左侧窗口的虚拟机库"我的计算机"中选中 master 虚拟机，再点击主菜单"虚拟机"→"管理"→"克隆"或者点击鼠标右键后在弹出的菜单中选择"管理"→"克隆",来启动"克隆虚拟机向导"。

注意:向导步骤"克隆类型"中选择"创建完整克隆",如图 2-9 所示,然后进入向导"新虚拟机名称"的步骤,设置好新虚拟机的名称和位置后,点击"完成"即可,如图 2-10 所示。

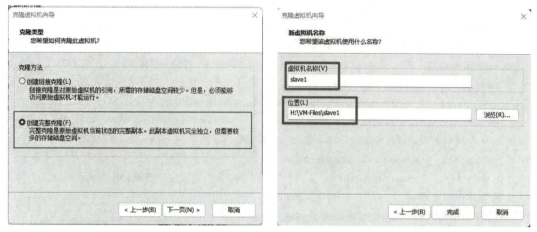

图 2-9　创建完整克隆　　　　　　　图 2-10　克隆虚拟机

完成克隆虚拟机之后的虚拟机库"我的计算机"结果如图 2-11 所示。

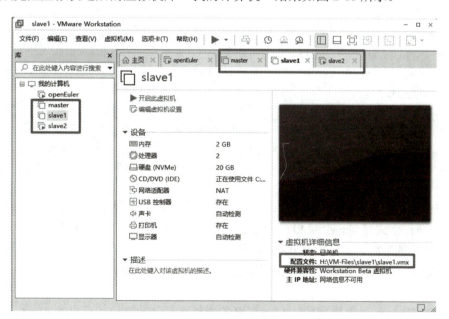

图 2-11　完成克隆虚拟机

注意:克隆完成后,集群的三台节点服务器 master、slave1、slave2 是一模一样的,包括主机名称、IP 地址都是完全一样的,在未重新配置完成 slave1、slave2 之前不要同时开启三台虚拟机,应该一台台开启、一台台配置,这样三台节点服务器的网络 IP 地址才不会互相冲突。

可以先开启slave2虚拟机，将其主机名称设置为slave2，IP地址设置为192.168.5.131，生效后再开启slave1虚拟机，将其主机名称设置为slave1，IP地址设置为192.168.5.130。

以slave2虚拟机为例，先开启slave2虚拟机，再输入以下命令设置主机名称、IP地址：

```
[root@master ~]# hostnamectl set-hostname slave2          # 设置主机名称为 slave2
[root@master ~]# exit
### 注销会话，再重新进入会话
[root@slave2 ~]#                                           # 注意：主机名称已更新
[root@slave2 ~]# nmcli device show                        # 查看网络设备当前设置
[root@slave2 ~]# nmcli connection modify ens160 ipv4.address 192.168.5.131/24   # 更改 IP 地址
[root@slave2 ~]# nmcli connection down ens160             # 关闭网卡 ens160
#### 关闭网卡后，远程终端软件与虚拟机的连接会自动断开，以下操作需要在 VMware 中进行
[root@slave2 ~]# nmcli connection up ens160               # 开启网卡 ens160
[root@slave2 ~]# nmcli device show        # 查看网络设备当前设置，注意：IP 地址已经改变
GENERAL.DEVICE:                  ens160
GENERAL.TYPE:                    ethernet
GENERAL.HWADDR:                  00:0C:29:E8:03:A2
GENERAL.MTU:                     1500
GENERAL.STATE:                   100( 已连接 )
GENERAL.CONNECTION:               ens160
GENERAL.CON-PATH:                /org/freedesktop/NetworkManager/ActiveConn>
WIRED-PROPERTIES.CARRIER:        开
IP4.ADDRESS[1]:                  192.168.5.131/24
IP4.GATEWAY:                     192.168.5.2
IP4.ROUTE[1]:                    dst = 192.168.5.0/24, nh = 0.0.0.0, mt = 1>
IP4.ROUTE[2]:                    dst = 0.0.0.0/0, nh = 192.168.5.2, mt = 100
IP4.DNS[1]:                      192.168.5.2
IP6.ADDRESS[1]:                  fe80::7788:5bfb:5d77:77c6/64
IP6.GATEWAY:                     --
IP6.ROUTE[1]:                    dst = fe80::/64, nh = ::, mt = 100
```

以上操作完成了slave2虚拟机的主机名称、IP地址修改变更，根据同样的方法完成slave1虚拟机的主机名称、IP地址修改变更。

当slave1、slave2两台克隆虚拟机都已经完成了主机名称、IP地址修改后，master才可以开机。

至此，Hadoop集群需要的三台节点服务器都已经创建完成，可以输入ping命令进行互通测试。

```
[root@master ~]# ping -c 4 master
[root@master ~]# ping -c 4 slave1
[root@master ~]# ping -c 4 slave2
[root@master ~]#
```

八、安装时间同步服务

在 CentOS 7.x 开始的最小发行版中都已经预装并开启了 Chrony，openEuler 也不例外，openEuler 最小安装也已经预装并开启了 Chrony。可以输入以下命令查看 chronyd 服务状态：

```
[root@master~]# systemctl status chronyd        # 查看 chronyd 时间同步服务状态
● chronyd.service - NTP client/server
    Loaded: loaded (/usr/lib/systemd/system/chronyd.service; enabled; vendor preset: enabled)
    Active: active (running) since Thu 2022-08-04 06:52:12 CST; 1 day 13h ago
      Docs: man:chronyd(8)
            man:chrony.conf(5)
  Main PID: 744 (chronyd)
     Tasks: 1 (limit: 8950)
    Memory: 812.0K
    CGroup: /system.slice/chronyd.service
            └─744 /usr/sbin/chronyd
```

（一）安装 Chrony

如果要安装 Chrony 服务，则输入以下命令：

```
[root@master~]# dnf install -y chrony           # 安装 Chrony 时间同步服务软件包
Last metadata expiration check: 0:59:29 ago on 2022 年 08 月 05 日 星期五 19 时 10 分 43 秒
Package chrony-4.1-1.oe2203.x86_64 is already installed.
Dependencies resolved.
Nothing to do.
Complete!
[root@master~]#
```

如果 Chrony 服务已经安装，则出现以上提示；如果没有安装，则会正常下载并完成安装 Chrony。

（二）配置 Chrony

Chrony 服务的配置文件为 /etc/chrony.conf，在集群环境配置中，将指定一台服务器节点作为 Chrony 时间同步服务的服务端，其他服务器节点为 Chrony 时间同步服务的客户端，各客户端从服务端获取时间进行同步。

注意：无论 Chrony 服务的服务端，还是 Chrony 服务的客户端，都需要安装 Chrony 服务；因为服务端与客户端的功能与定位不同，所以在修改配置文件时有所不同。

1. Chrony 服务端配置（master 主节点服务器按此服务端配置）

Chrony 服务端配置如下：

```
[root@master~]# vi /etc/chrony.conf              # 编辑 Chrony 服务端配置文件
[root@master~]# cat /etc/chrony.conf             # 查看 Chrony 服务端配置文件内容
# Use public servers from the pool.ntp.org project.
# Please consider joining the pool (https://www.pool.ntp.org/join.html).
#pool pool.ntp.org iburst                        -- 外网时间服务器的网址
```

```
    server 192.168.5.129 iburst                        -- 添加这行，表示与本机同步时间


    # Allow NTP client access from local network.
    #allow 192.168.0.0/16
    allow 192.168.5.0/24                               -- 添加这行，允许哪些客户端来与这个服务器进行同步时间


    # Serve time even if not synchronized to a time source.
    local statum 10                                    -- 当服务器中提供的公网时间同步服务器不可用时，采用
    本地时间作为同步标准
    （其他配置内容不变，略）
```

2. Chrony 客户端配置 (slave1、slave2 两台从节点服务器按此客户端配置)

Chrony 客户端配置比较简单，只需要配置与哪台时间同步服务器进行同步即可。

```
[root@slave1 ~]# vi /etc/chrony.conf                  # 编辑 chrony 客户端配置文件
[root@slave1 ~]# cat /etc/chrony.conf                 # 查看 chrony 客户端配置文件内容
# Use public servers from the pool.ntp.org project.
# Please consider joining the pool (https://www.pool.ntp.org/join.html).
#pool pool.ntp.org iburst                             -- 注释这行外网时间服务器的网址
server 192.168.5.129 iburst                           -- 添加这行，表示与 master 主节点服务器同步时间
（其他配置内容不变，略）
```

(三) 启动 chronyd 并加入开机自启动

启动 chronyd 服务，以加载新的配置。chronyd 服务启动成功后，会立即同步时钟服务器的时间，同时会监听以下两个端口：

(1) 端口 123/udp。该端口为标准的 NTP 监听端口，如果对外提供 NTP Server 功能，则必须开启防火墙和监听地址为外部可访问地址。如需修改该端口，则可以通过配置 port 参数来完成。

(2) 端口 323/udp。该端口为默认的管理端口。如需修改该端口，则可以通过配置 cmdport 参数来完成。

大数据平台集群的三个节点服务器都需要启动 chronyd 并加入开机自启动，可输入以下命令：

```
[root@master~]# systemctl start chronyd                # 启动 chronyd 时间同步服务
[root@master~]# systemctl enable chronyd               # 启用 chronyd 时间同步服务
Created symlink /etc/systemd/system/multi-user.target.wants/chronyd.service → /usr/lib/systemd/system/
chronyd.service.
[root@master~]# systemctl status chronyd               # 查看 chronyd 时间同步服务状态
chronyd.service - NTP client/server
    Loaded: loaded (/usr/lib/systemd/system/chronyd.service; enabled; vendor preset: enabled)
    Active: active (running) since Thu 2022-08-04 06:52:12 CST; 5 days ago
      Docs: man:chronyd(8)
            man:chrony.conf(5)
  Main PID: 744 (chronyd)
```

```
    Tasks: 1 (limit: 8950)
    Memory: 812.0K
    CGroup: /system.slice/chronyd.service
            └─744 /usr/sbin/chronyd
```

注意：以上 Chrony 服务的安装、配置、启动，在 Hadoop 集群的三台节点服务器上都需要执行，只是配置文件有所不同。master 作为 Chrony 服务的服务端，slave1、slave2 作为 Chrony 服务的客户端。

(四) 使用 chronyc 客户端程序进行时间同步管理

(1) 三个节点服务器都需要检查 chronyd 时间同步服务是否已启动、防火墙是否已关闭，可执行以下命令：

```
[root@master ~]# systemctl status chronyd           # 查看 chronyd 时间同步服务状态
chronyd.service - NTP client/server
    Loaded: loaded (/usr/lib/systemd/system/chronyd.service; enabled; vendor pres>
    Active: active (running) since Thu 2022-08-11 10:41:20 CST; 5h 31min ago
    Docs: man:chronyd(8)
          man:chrony.conf(5)
    Process: 723 ExecStart=/usr/sbin/chronyd $OPTIONS (code=exited, status=0/SUCCE>
    Main PID: 748 (chronyd)
    Tasks: 1 (limit: 8950)
    Memory: 1.1M
    CGroup: /system.slice/chronyd.service
            └─748 /usr/sbin/chronyd
[root@master ~]# systemctl status firewalld          # 查看防火墙服务状态
○ firewalld.service - firewalld - dynamic firewall daemon
    Loaded: loaded (/usr/lib/systemd/system/firewalld.service; disabled; vendor p>
    Active: inactive (dead)
        Docs: man:firewalld(1)
[root@master ~]#
```

(2) 查看 master 主节点服务器的时间同步源，输入命令 chronyc sources -v：

```
[root@master ~]# chronyc sources -v           # 查看时间同步源

.-- Source mode  '^' = server, '=' = peer, '#' = local clock.
/ .- Source state '*' = current best, '+' = combined, '-' = not combined,
| /         'x' = may be in error, '~' = too variable, '?' = unusable.
||                                         .- xxxx [ yyyy ] +/- zzzz
||      Reachability register (octal) -.        | xxxx = adjusted offset,
||      Log2(Polling interval) --.     |        | yyyy = measured offset,
||                            \    |        | zzzz = estimated error.
||                            |    |        \
MS Name/IP address       Stratum Poll Reach LastRx Last sample
```

```
^? master                    0  6  377    -    +0ns[  +0ns] +/-   0ns
[root@master ~]#
```

slave1 从节点服务器，输入命令 chronyc sources -v 进行查看：

```
[root@slave1 ~]# chronyc sources -v          # 查看时间同步源

 .-- Source mode  '^' = server, '=' = peer, '#' = local clock.
/ .- Source state '*' = current best, '+' = combined, '-' = not combined,
| /        'x' = may be in error, '~' = too variable, '?' = unusable.
||                                     .- xxxx [ yyyy ] +/- zzzz
||      Reachability register (octal) -.       | xxxx = adjusted offset,
||      Log2(Polling interval) --.       |       | yyyy = measured offset,
||                              \      |       | zzzz = estimated error.
||                               |    |        \
MS Name/IP address      Stratum Poll Reach LastRx Last sample
===============================================================================
^* master                    10  6   77  49  +6371ns[  +26us] +/-  121us
[root@slave1 ~]#
```

slave2 从节点服务器，输入命令 chronyc sources -v 进行查看：

```
[root@slave2 ~]# chronyc sources -v          # 查看时间同步源
 .-- Source mode  '^' = server, '=' = peer, '#' = local clock.
/ .- Source state '*' = current best, '+' = combined, '-' = not combined,
| /        'x' = may be in error, '~' = too variable, '?' = unusable.
||                                     .- xxxx [ yyyy ] +/- zzzz
||      Reachability register (octal) -.       | xxxx = adjusted offset,
||      Log2(Polling interval) --.       |       | yyyy = measured offset,
||                              \      |       | zzzz = estimated error.
||                               |    |        \
MS Name/IP address      Stratum Poll Reach LastRx Last sample
===============================================================================
^* master                    10  6   37  46  +216ns[+7649ns] +/-  127us
[root@slave2 ~]#
```

(3) 通过 timedatectl 命令查看时钟是否与服务器同步。

master 主节点服务器：

```
[root@master ~]# timedatectl                  # 查看时间时区
        Local time: 四 2022-08-11 16:39:22 CST
    Universal time: 四 2022-08-11 08:39:22 UTC
          RTC time: 四 2022-08-11 08:39:22
         Time zone: Asia/Shanghai (CST,+0800)
System clock synchronized: no
        NTP service: active
    RTC in local TZ: no
```

slave1 从节点服务器：

```
[root@slave1 ~]# timedatectl                    # 查看时间时区
          Local time: 四 2022-08-11 16:35:29 CST
      Universal time: 四 2022-08-11 08:35:29 UTC
            RTC time: 四 2022-08-11 08:35:28
           Time zone: Asia/Shanghai (CST,+0800)
System clock synchronized: yes
          NTP service: active
        RTC in local TZ: no
[root@slave1 ~]#
```

slave2 从节点服务器：

```
[root@slave2 ~]# timedatectl                    # 查看时间时区
          Local time: 四 2022-08-11 16:35:43 CST
      Universal time: 四 2022-08-11 08:35:43 UTC
            RTC time: 四 2022-08-11 08:35:43
           Time zone: Asia/Shanghai (CST,+0800)
System clock synchronized: yes
          NTP service: active
        RTC in local TZ: no
[root@slave2 ~]#
```

九、配置 SSH 免密钥登录（以 master 为 HDFS 主节点）

根据"表 2-1　Hadoop 完全分布式部署的服务器角色规划"，在配置 HDFS 时，主节点 NameNode 为 master，从节点 DataNode 分别为 master、slave1、slave2；在配置 YARN 时，主节点 ResourceManager 为 slave1，从节点 NodeManager 分别为 master、slave1、slave2。

为了完成 Hadoop 集群完全分布式部署，需要做到两个方面的 SSH 免密钥登录：一方面是配置 HDFS 时需要从 master 节点 SSH 免密钥登录到 master、slave1、slave2 其他三个节点，另一方面是配置 YARN 时需要从 slave1 节点 SSH 免密钥登录到 master、slave1、slave2 其他三个节点。

本节先配置 master 节点 SSH 免密钥登录到 master、slave1、slave2 其他三个节点，用户名为 hadoop，接下来的 HDFS 配置与启动、YARN 配置与启动、JOB 测试等所有任务，如果无须特别的 root 用户权限，均由 hadoop 用户来完成。

配置 SSH 免密钥登录需要按以下步骤来进行：

(1) 在 master、slave1、slave2 三个节点上，以 hadoop 用户登录账户，并使用 ssh-keygen 命令生成 RSA 密钥对，查看 hadoop 用户目录下 .ssh 目录的生成情况。

(2) 在 master 节点上，使用 ssh-copy-id 命令，将 master 节点上生成的 hadoop 用户 RSA 公钥分别复制到 master、slave1、slave2 其他所有节点。

(3) 在 master 节点上，用 ssh 命令测试 SSH 免密钥登录。

如果是 root 账户登录状态，则可以使用 su 命令切换为 hadoop 用户账户状态。

注意：root 用户是 Linux 操作系统的超级用户，命令行提示符为 #，hadoop 用户为普通用户，命令行提示符为 $。

输入以下命令从 root 用户切换为 hadoop 用户，并且生成 RSA 密钥对。

```
[root@master ~]# su – hadoop                 # 从 root 用户切换为 hadoop 用户
[hadoop@master ~]$ ll .ssh
ls: 无法访问 '.ssh': 没有那个文件或目录
[hadoop@master ~]$ ssh-keygen                # 生成 RSA 密钥对
Generating public/private rsa key pair.
Enter file in which to save the key (/home/hadoop/.ssh/id_rsa):
Created directory '/home/hadoop/.ssh'.
Enter passphrase (empty for no passphrase):
Enter same passphrase again:
Your identification has been saved in /home/hadoop/.ssh/id_rsa
Your public key has been saved in /home/hadoop/.ssh/id_rsa.pub
The key fingerprint is:
SHA256:Wyg55thzfWAoSHOUUm/Am/cSfe0QIIfPx3xWkvXDtxc hadoop@master
The key's randomart image is:
+---[RSA 3072]----+
|   o+...o.  o.|
| ..oo.o . + o|
| o..oo+ o o Eo|
| . +oooo+ * + =|
| . *.So+o = ..|
| = +.=.. . .|
| . + o.. . |
| o . |
| |
+----[SHA256]-----+
[hadoop@master ~]$ ll .ssh                   # 查看 .ssh 目录密钥对的生成情况
总用量 8.0K
-rw------- 1 hadoop hadoop 2.6K 8 月 11 17:32 id_rsa
-rw-r--r-- 1 hadoop hadoop  567 8 月 11 17:32 id_rsa.pub
[hadoop@master ~]$
```

注意：因为要在所有节点服务器上生成 RSA 密钥对，所以还需在另外两个节点服务器 slave1、slave2 上，使用同样的方法，切换为 hadoop 用户，并且生成 RSA 密钥对。

接下来，在 master 节点上输入 ssh-copy-id 命令将 RSA 公钥分别复制到 master、slave1、slave2 其他所有节点，并且测试 SSH 免密钥登录。

注意：复制 RSA 公钥，以 SSH 免密钥方式登录，只需要在 master 节点服务器上进行。

```
[hadoop@master ~]$ ssh-copy-id -i .ssh/id_rsa.pub master   # 复制 RSA 公钥到 master 节点
[hadoop@master ~]$ ssh-copy-id -i .ssh/id_rsa.pub slave1   # 复制 RSA 公钥到 slave1 节点
[hadoop@master ~]$ ssh-copy-id -i .ssh/id_rsa.pub slave2   # 复制 RSA 公钥到 slave2 节点
[hadoop@master ~]$
```

```
[hadoop@master ~]$ ssh master              # 测试免密钥登录 master 节点
[hadoop@master ~]$ exit                     # 从 master 节点注销会话
注销
Connection to master closed.
[hadoop@master ~]$ ssh slave1              # 测试免密钥登录 slave1 节点
[hadoop@slave1 ~]$ exit                     # 从 slave1 节点注销会话
注销
Connection to slave1 closed.
[hadoop@master ~]$ ssh slave2              # 测试免密钥登录 slave2 节点
[hadoop@slave2 ~]$ exit                     # 从 slave2 节点注销会话
注销
Connection to slave2 closed
```

以上所有任务步骤完成后，在 VMware Workstation Pro 虚拟机软件中对上述三个节点进行拍摄快照，如图 2-12 所示。

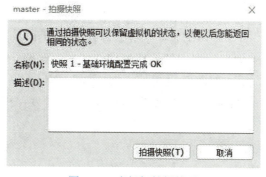

图 2-12　虚拟机拍摄快照

任务 3　HDFS 配置、启动与验证

任 务 目 标

知识目标

(1) 熟悉 HDFS 的相关概念。

(2) 熟悉 HDFS 的系统架构。

(3) 熟悉 HDFS 常用的 Shell 命令。

能力目标

(1) 能够熟练完成 HDFS 的配置。

(2) 能够熟练完成 HDFS 的启动。

(3) 能够熟练完成 HDFS 的验证。

(4) 能够掌握 HDFS 常用的 Shell 命令操作。

知 识 准 备

一、HDFS 简介

(一) HDFS 的定义

Hadoop Distributed File System(HDFS) 是一个分布式文件系统，在商用硬件上运行。HDFS 具有高度的容错能力，一般部署在低成本硬件上。HDFS 对应用程序数据可提供高吞吐量访问，适用于具有大型数据集的应用程序。HDFS 放宽了一些 POSIX 要求，以实现对文件系统数据的流访问。HDFS 最初是作为 Apache Nutch 网络搜索引擎项目的基础设施而构建的。HDFS 是 Apache Hadoop Core 项目的一部分，项目 URL: http://hadoop.apache.org/。

(二) HDFS 的特点

HDFS 具有以下特点：

(1) 高容错。由于 HDFS 采用数据的多副本方案，因此即使部分硬件损坏也不会导致全部数据的丢失。

(2) 高吞吐量。HDFS 设计的重点是支持高吞吐量的数据访问，而不是低延迟的数据访问。

(3) 大文件支持。HDFS 适合于大文件的存储，文档的大小应该是 GB 到 TB 级别的。

(4) 简单一致性模型。HDFS 更适合于一次写入多次读取 (write-once-read-many) 的访问模型，支持将内容追加到文件末尾，但不支持数据的随机访问，不能从文件任意位置新增数据。

(5) 跨平台移植性。HDFS 具有良好的跨平台移植性，使得其他大数据计算框架都将其作为数据持久化存储的首选方案。

(三) HDFS 的重要概念

HDFS 中常见的重要概念包括以下几项。

1. 文件系统命名空间

HDFS 支持传统的分层文件组织，即用户或应用程序可以创建目录并将文件存储在这些目录中。

　　HDFS 文件系统命名空间层次的结构类似于大多数其他现有文件系统 (如 Linux)，可以创建和删除文件，也可以将文件从一个目录移动到另一个目录，还可以重新命名文件。HDFS 支持用户配额和访问权限，但不支持硬链接或软链接。

　　虽然 HDFS 遵循文件系统的命名约定，但保留了一些路径和名称 (例如 /.reserved 和 .snapshot)，透明加密和快照等功能使用保留路径。

　　HDFS 中，NameNode 用于维护文件系统命名空间，对文件系统命名空间或其属性的任何更改都由 NameNode 记录。应用程序用于指定由 HDFS 维护的文件的副本数，文件的副本数称为该文件的复制因子，此信息由 NameNode 存储。

2. Block、Packet、Chunk

　　Block(块) 是 HDFS 最大的单位，HDFS 默认一个块的大小为 128 MB。一个文件上传前被分成多个块，以块作为存储单位。块的大小远远大于普通文件系统，可以最小化寻址开销。块支持大规模文件存储，可简化系统设计，适用于数据备份。块可以改变大小，但是不推荐改变，因为块太小，寻址时间占比过高；块太大，Map 任务数过少，作业执行速度将变慢。

　　Packet 是 HDFS 第二大的单位，它是 Client 端向 DataNode 或 DataNode 的 PipLine 传送数据的基本单位，默认为 64 KB。

　　Chunk 是 HDFS 最小的单位，它是 Client 端向 DataNode 或 DataNode 的 PipLine 校验数据的基本单位，默认为 512 B。因为用作校验，每个 Chunk 需要带有 4 B 的校验位，所以实际每个 Chunk 写入 Packet 的大小为 516 B。由此可见真实数据与校验值数据的比值约为 128 ： 1(即 $64 \times 1024 / 512$)

3. 数据复制

　　为确保容错性，HDFS 提供了数据复制机制，目的是可靠地在大型集群的分布式节点计算机中存储非常大的文件。

　　HDFS 将每一个文件存储为一系列块，每个块由多个副本来保证容错性，块的大小和复制因子可以自行配置 (默认情况下，块大小是 128 MB，复制因子是 3)。HDFS 将文件按配置的块大小进行分割，文件中除最后一个块之外的其他所有块大小都相同，无须将最后一个块填充到配置的块大小即可启动新块。

　　NameNode 做出有关块复制的所有决定，它定期从集群中的每个 DataNode 接收心跳信号和块报告，接收心跳信号意味着 DataNode 运行正常，块报告包含 DataNode 上所有块的列表信息。

4. 空间回收 – 删除和恢复文件

　　如果启用了垃圾箱配置，则 FS Shell 删除的文件不会立即从 HDFS 中删除；否则，HDFS 会将其移动到垃圾箱目录 (每个用户在 /user/<username>/.Trash 下都有自己的垃圾箱目录)。只要文件保留在垃圾箱中，就可以快速恢复该文件。

　　HDFS 可以通过修改 core-site.xml 文件中的 fs.trash.interval 参数来配置垃圾箱，便于将删除的数据回收到垃圾箱里面去，避免某些误操作删除一些重要文件。HDFS 垃圾箱回收默认配置属性为 0，也就是说，如果你不小心误删除了某样东西，那么这个操作是不可恢复的；可以按照生产上的需求设置垃圾箱的保存时间，这个时间以分钟为单位。如：设置 fs.trash.interval 参数为 1440，表示文件删除后在垃圾箱中的保存时间为 1440 分钟 (24 小时)，超过 24 小时将被清除。

最近删除的文件将移动到当前垃圾箱目录 (/user/<username>/.Trash/Current) 下，在可配置的时间间隔内，HDFS 创建带时间戳的检查点目录 (在 /user/<username>/.Trash/<date> 下)，进入垃圾箱的文件首先进入 Current 目录，然后定期移动到一个时间戳目录，定期的间隔为 60 分钟。HDFS 定时检查带时间戳的检查点目录，当设定的垃圾箱配置保存时间到期后，将彻底删除该文件，同时 NameNode 将从 HDFS 命名空间中删除该文件，并释放与文件关联的块。

下面的示例将演示如何通过 FS Shell 从 HDFS 中删除文件。我们在 HDFS 下创建了 2 个文件 (test1 和 test2)

```
$ hadoop fs -mkdir -p delete/test1          # 在 HDFS 下创建目录 test1
$ hadoop fs -mkdir -p delete/test2          # 在 HDFS 下创建目录 test2
$ hadoop fs -ls delete/
Found 2 items
drwxr-xr-x   - hadoop hadoop        0 2015-05-08 12:39 delete/test1
drwxr-xr-x   - hadoop hadoop        0 2015-05-08 12:40 delete/test2
```

我们将删除文件 test1。下面的注释显示该文件已移至垃圾箱目录中。

```
$ hadoop fs -rm -r delete/test1
Moved: hdfs://localhost:8020/user/hadoop/delete/test1 to trash at: hdfs://localhost:8020/user/hadoop/.Trash/Current
```

现在我们将使用 skipTrash 选项删除文件，该选项不会将文件发送到 Trash，而是从 HDFS 中完全删除。

```
$ hadoop fs -rm -r -skipTrash delete/test2
Deleted delete/test2
```

现在我们可以看到，垃圾箱目录中只包含文件 test1。

```
$ hadoop fs -ls .Trash/Current/user/hadoop/delete/
Found 1 items\
drwxr-xr-x   - hadoop hadoop   0 2015-05-08 12:39 .Trash/Current/user/hadoop/delete/test1
```

因此，文件 test1 会转到垃圾箱，而文件 test2 将被永久删除。

二、HDFS 系统架构与工作原理

(一) HDFS 系统架构

HDFS 遵循主 / 从架构，由单个 NameNode(NN) 和多个 DataNode(DN) 组成。

1. NameNode

NameNode 是一个管理文件系统命名空间并控制客户端对文件访问的主服务器，用于负责执行有关文件系统命名空间的操作，例如打开、关闭、重命名文件和目录等。它同时还负责集群元数据的存储，记录着文件中各个数据块的位置信息，确定块到 DataNodes 的映射。

2. DataNode

DataNode 存在于 HDFS 系统架构集群的多个节点中，通常集群中每个节点对应的一个 DataNode，用于管理集群中各个节点的存储。HDFS 公开了一个文件系统命名空间，并允许用户数据存储在文件中。在 HDFS 内部，文件被拆分为一个或多个块，这些块存储在一组 DataNodes 中。DataNodes 负责处理来自文件系统客户端的读取和写入请求。DataNodes 还根据 NameNode 的指令执行块创建、删除和复制。

3. Secondary NameNode

Secondary NameNode 的作用是在 HDFS 中提供一个检查点，将日志与镜像定期合并，它只是 NameNode 的一个助手节点，并不是要取代 NameNode，也不是 NameNode 的备份。

HDFS 系统架构如图 2-13 所示。

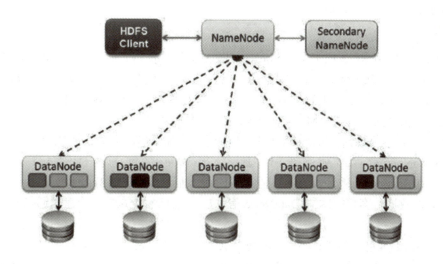

图 2-13　HDFS 系统架构

（二）文件系统元数据的持久化

HDFS 命名空间由 NameNode 存储。NameNode 使用名为 EditLog 的事务日志来永久记录文件系统中元数据发生的每次更改。例如，在 HDFS 中创建新文件会导致 NameNode 在 EditLog 中插入一条记录，以指示这一点。同样，更改文件的复制因子会导致将新记录插入到 EditLog 中。NameNode 使用其本地主机操作系统文件系统中的文件来存储 EditLog。整个文件系统命名空间（包括块到文件的映射和文件系统属性）存储在一个名为 FsImage 的文件中。FsImage 也作为文件存储在 NameNode 的本地文件系统中。

NameNode 将整个文件系统命名空间和文件块映射的映像保存在内存中。当 NameNode 启动时，它从磁盘中读取 FsImage 和 EditLog，将 EditLog 中的事件读取后执行，然后刷新 FsImage 到磁盘，之后将 EditLog 文件丢弃，因为该文件中记录的事件已

经全部被使用 (记录在持久化文件 FsImage 中)。此过程称为检查点 (checkpoint)。检查点的目的是通过拍摄文件系统元数据的快照并将其保存到 FsImage 来确保 HDFS 具有一致的文件系统元数据视图。尽管读取 FsImage 是有效的，但直接对 FsImage 进行增量编辑是无效的。我们不是在每次编辑中修改 FsImage，而是将编辑内容保留在 EditLog 中。在检查点期间，来自编辑日志的更改将应用于 FsImage。检查点可以由给定的时间间隔 (dfs.namenode.checkpoint.period) 触发，也可以在累积了给定数量的文件系统事务 (dfs.namenode.checkpoint.txns) 之后触发。如果同时设置了这两个属性，则到达的第一个阈值将触发检查点。

DataNode 将 HDFS 数据存储在其本地文件系统中的文件中。单个 DataNode 无法感知一个整体的 HDFS 文件，因为 HDFS 将一个整体的 HDFS 文件分割为多块 HDFS 数据块分布式存入各个 DataNode 的本地文件系统。当每个 DataNode 启动时，它会扫描其本地文件系统，生成与每个本地文件对应的所有 HDFS 数据块的列表，并将此报告发送给 NameNode。该报告称为"块报告"(BlockReport)。

(三) HDFS 的数据读写流程

1. HDFS 数据写入流程

HDFS 数据写入流程具体如下：

(1) 创建文件请求。客户端向 NameNode 发出上传文件请求 (包含块大小和副本数量)，如上传文件大小为 300 MB，客户端上传之前对文件进行切片，切片规则：按 DataNode 块大小进行切片，Hadoop 2.x 和 Hadoop 3.x 默认块大小为 128 MB，300 MB 文件切分为 3 片：第一片 128 MB，第二片 128 MB，剩下 44 MB 单独为 1 片。

(2) 创建文件元数据。NameNode 经过计算，反馈给客户端相同副本数的 DataNode，给出的 DataNode 有存储顺序要求。具体 NameNode 如何选择 DataNode、选择哪些 DataNode 由 Hadoop 机架感知特性和副本个数 (默认副本个数为 3) 决定。

(3) 写入数据。客户端拿到 DataNode 信息后，与 DataNode1 直接建立通信，开始上传数据。

(4) 写入数据包。以 Packet 为单位上传数据，Packet 默认大小为 64 KB，上传到 DataNode1 中的数据先存到 ByteBuffer 缓存中，达到块 (Block) 的大小后，再刷到 Block 中进行物理存储。

(5) 接收确认包。当第一个 DataNode 接收 Block 时，会将数据传给第二个 DataNode，第二个 DataNode 接收到数据时，又会将该数据传递给第三个 DataNode；在最后一个 DataNode 接收数据完毕时，该 Block 全部传输完毕。每一个 DataNode 在接收数据完毕后，都会将完毕信息传递给 NameNode；客户端接收到 NameNode 反馈的第一个 Block 传输完毕的信息后，开始发送传输第二个 Block 的请求。

(6) 关闭文件。所有数据传输完毕，NameNode 将所有 DataNode 反馈的信息发送给客户端，客户端接收到 NameNode 反馈的信息后，关闭传送文件。

(7) 写操作完成。传输完成后，在客户端关闭传送请求前，NameNode 将所有存放在 DataNode 上的数据块 ID 保存在元文件中，至此 HDFS 数据写入流程全部完成。

HDFS 数据写入流程如图 2-14 所示。

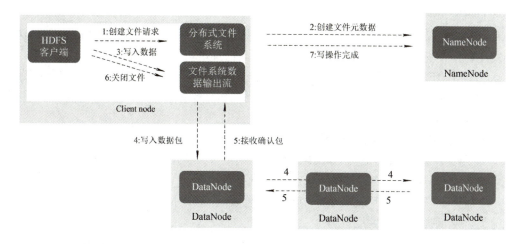

图 2-14　HDFS 数据写入流程

2. HDFS 数据读取流程

HDFS 数据读取流程具体如下：

(1) 客户端通过分布式文件系统向 NameNode 请求读取所需数据。

(2) NameNode 通过查询元数据，找到文件块所在的 DataNode 位置地址，返回文件块所在位置的元数据。

(3) 完成位置访问，HDFS 客户端通过文件系统数据输出流来读取文件。

(4) 挑选一台 DataNode(以就近原则随机挑选) 服务器，请求读取数据。

(5) DataNode 开始传输数据给客户端。从磁盘里面读取数据输入流，以 Packet 为单位进行校验。客户端读完第一个文件块中的数据时，文件系统数据输出流会关闭链接并查找下一个最近的数据节点。

(6) HDFS 客户端利用数据流读取数据，客户端以 Packet 为单位接收，先在本地缓存，然后写入目标文件，最后在文件系统数据输出流中调用函数来关闭数据节点。

HDFS 数据读取流程如图 2-15 所示。

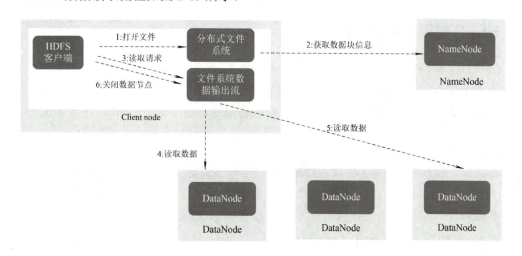

图 2-15　HDFS 数据读取流程

3. HDFS 机架感知与数据复制

HDFS 是机架感知的。例如，HDFS 块使用机架感知将一个块副本放置在另一个机架上以实现容错，这为集群内发生网络交换机故障或分区提供了数据可用性。

大型的 HDFS 实例通常分布在多个机架的多台服务器上，不同机架上的两台服务器之间通过交换机进行通信。在大多数情况下，同一机架中服务器间的网络带宽大于不同机架中服务器之间的带宽。

HDFS 采用机架感知副本放置策略，对于常见情况，当复制因子为 3 时，HDFS 的放置策略是：在写入程序位于 DataNode 上时，优先将写入文件的一个副本放置在该 DataNode 上，否则放置在随机 DataNode 上；之后在另一个远程机架的任意一个节点上放置另一个副本，并在该机架的另一个节点上放置最后一个副本。此策略可以减少机架间的写入流量，从而提高写入性能。

如果复制因子大于 3，则随机确定第 4 个副本及其之后副本的放置位置，同时保持每个机架的副本数量低于上限。上限值通常为 (复制因子 −1)/ 机架数量 +2，需要注意的是不允许在同一个 DataNode 上具有同一个块的多个副本。

HDFS 机架感知与数据复制如图 2-16 所示。

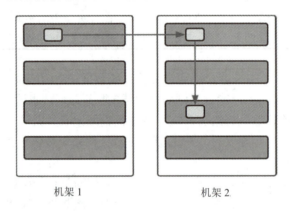

机架 1   机架 2

图 2-16 HDFS 机架感知与数据复制

三、HDFS 常用 Shell 命令

(一) 基本语法

大多数 HDFS Shell 命令的行为和对应的 Linux Shell 命令类似，主要不同之处是 HDFS Shell 命令操作的是远程 Hadoop 服务器的文件，而 Linux Shell 命令操作的是本地文件。

HDFS Shell 命令的语法：

<hadoop 安装目录 >/bin/hadoop 或 bin/hdfs dfs – 操作命令 参数

其中：前面的 "hadoop dfs -" 或 "hdfs dfs -" 部分是固定的，后面的 "操作命令 参数" 部分是不同的 HDFS Shell 命令，与 Linux Shell 命令用法相似。

(二) HDFS 常用 Shell 命令介绍

HDFS 常用 Shell 命令及其作用如表 2-4 所示。

表 2-4　HDFS 常用 Shell 命令及其作用

命　　令	作　　用
-help [cmd]	显示命令的帮助信息
-ls	显示HDFS目录信息
-mkdir	在HDFS上创建目录
-moveFromLocal	从本地剪切粘贴到HDFS
-appendToFile	追加一个文件到已经存在的文件末尾
-touchz	创建HDFS一个空的文件
-cat	显示HDFS文件内容
-chgrp 、-chmod、-chown	Linux文件系统中的用法一样，修改文件所属权限
-copyFromLocal	从本地文件系统中拷贝文件到HDFS路径去
-copyToLocal	从HDFS拷贝文件到本地
-put	等同于copyFromLocal，从本地文件系统拷贝文件到HDFS路径中
-get	等同于copyToLocal，就是从HDFS下载文件到本地
-getmerge	合并下载多个文件
-cp	从HDFS的一个路径拷贝到HDFS的另一个路径
-mv	在HDFS目录中移动文件
-tail	显示一个文件的末尾内容
-rm	删除文件或目录
-rmdir	删除空目录
-du	统计目录的大小信息
-setrep	设置HDFS中文件的副本数量
-expunge	清空HDFS垃圾桶

（三）Hadoop 系统管理命令

Hadoop 常用系统管理命令及其作用如表 2-5 所示。

表 2-5　Hadoop 常用系统管理命令及其作用

命　　令	作　　用
hadoop version	查看Hadoop版本
hadoop namenode -format	格式化一个新的分布式文件系统
hdfs dfsadmin -report	报告Hadoop集群服务状态
start-all.sh	启动Hadoop所有进程
stop-all.sh	停止Hadoop所有进程
start-dfs.sh	在分配的NameNode上启动HDFS
stop-dfs.sh	在分配的NameNode上停止HDFS
start-yarn.sh	启动YARN
stop-yarn.sh	停止YARN
jps	查看当前Java进程，常用于查看Hadoop各组件运行的进程

任 务 实 施

一、Hadoop 安装及脚本文件环境变量配置

Hadoop 安装及环境变量配置按以下步骤操作：

(1) 在所有节点 (即 master、slave1、slave2) 上，使用 root 用户登录，修改 /opt 的权限。以 master 节点为例执行以下命令：

```
[root@master ~]# chmod 777 /opt        # 修改 /opt 目录的权限，使得 hadoop 用户可读写
```

注意：slave1、slave2 节点也需要执行同样的命令，否则从 master 分发文件到其他节点会出错。

(2) 在所有节点 (即 master、slave1、slave2) 上，从 root 用户切换到 hadoop 用户。

```
[root@master ~]# su -hadoop        # 从 root 用户切换为 hadoop 身份
[hadoop@master ~]$
```

注意：slave1、slave2 节点也需要执行同样的命令，从 root 用户切换到 hadoop 用户。

(3) 在主节点 (即 master 节点) 上，通过 SecureCRT 软件上传 Hadoop 安装文件到 /opt 目录，以 hadoop 用户身份解压 Hadoop 安装文件压缩包。

```
[hadoop@master ~]$ ll /opt              # 检查 hadoop 安装文件已经上传到 /opt 目录
总用量 664M
-rw-r--r--    1 root  root  664M  8 月 12 11:39    hadoop-3.3.4.tar.gz
drwxr-xr-x 8 root  root  4.0K  8 月  9 21:49       jdk1.8.0_341
-rw-r--r--.  1 root  root  1.7K  1 月 29 2022       openEuler.repo
[hadoop@master ~]$ cd /opt              # 进入到 /opt 目录，同时检查是 hadoop 用户
[hadoop@master opt]$ ll                 # 检查 hadoop 安装文件已经上传到 /opt 目录
总用量 664M
-rw-r--r--    1 root  root  664M  8 月 12 11:39    hadoop-3.3.4.tar.gz
drwxr-xr-x 8 root  root  4.0K  8 月  9 21:49    jdk1.8.0_341
-rw-r--r--.  1 root  root  1.7K  1 月 29 2022    openEuler.repo
[hadoop@master opt]$ tar -zxvf hadoop-3.3.4.tar.gz        # 以 hadoop 用户身份解压安装文件
hadoop-3.3.4/
hadoop-3.3.4/licenses-binary/
( 其余略 )
[hadoop@master opt]$ ll /opt            # 查看 /opt 目录，可看到多一个 hadoop-3.3.4 目录
总用量 664M
drwxr-xr-x 10 hadoop hadoop 4.0K  7 月 29 21:44    hadoop-3.3.4
-rw-r--r--    1 root  root  664M  8 月 12 11:39    hadoop-3.3.4.tar.gz
drwxr-xr-x 8 root  root  4.0K  8 月  9 21:49    jdk1.8.0_341
-rw-r--r--.  1 root  root  1.7K  1 月 29 2022    openEuler.repo
[hadoop@master opt]$ du -sh /opt/hadoop-3.3.4            # 统计解压后的 hadoop-3.3.4 目录容量
1.3G   /opt/hadoop-3.3.4
```

(4) 在主节点 (即 master 节点) 上，以 hadoop 用户身份配置 Hadoop 集群守护进程 JDK 环境变量。

Hadoop 安装文件完成解压缩之后，需要修改 /opt/Hadoop-3.3.4/etc/hadoop 目录下的 hadoop-env.sh、mapred-env.sh、yarn-env.sh 三个脚本文件，对 Hadoop 守护进程的进程环境进行特定于站点的自定义。至少，必须指定 JAVA_HOME，以便在每个远程节点上正确定义它。

将三个脚本中的 JDK 环境变量设置为：export JAVA_HOME=/opt/jdk1.8.0_341/，修改之前可以先执行 export 命令查看系统环境。

```
[hadoop@master hadoop]$ cd /opt/hadoop-3.3.4/etc/hadoop/    # 进入 Hadoop 集群配置目录
[hadoop@master hadoop]$ ls -l *.sh                          # 显示 Hadoop 集群脚本文件列表
-rw-r--r-- 1 hadoop hadoop 16654  7 月 29 21:44    hadoop-env.sh
-rw-r--r-- 1 hadoop hadoop  1484  7 月 29 20:47    httpfs-env.sh
-rw-r--r-- 1 hadoop hadoop  1351  7 月 29 20:35    kms-env.sh
-rw-r--r-- 1 hadoop hadoop  1764  7 月 29 21:22    mapred-env.sh
-rw-r--r-- 1 hadoop hadoop  6329  7 月 29 21:19    yarn-env.sh
[hadoop@master hadoop]$ export | grep JAVA_HOME     # 查看系统环境变量 JAVA_HOME
declare -x JAVA_HOME="/opt/jdk1.8.0_341/"
[hadoop@master hadoop]$ vi Hadoop-env.sh                    # 编辑第 1 个脚本文件 hadoop-env.sh
( 其余略 )
# The java implementation to use. By default, this environment
# variable is REQUIRED on ALL platforms except OS X!
# export JAVA_HOME=
# 文件中查找 # export JAVA_HOME，新增此行 JAVA_HOME 环境变量配置
export JAVA_HOME=/opt/jdk1.8.0_341/
( 其余略 )
[hadoop@master hadoop]$ cat hadoop-env.sh | grep JAVA_HOME    # 查看新增的配置内容
# JAVA_HOME=/usr/java/testing hdfs dfs -ls
# Technically,the only required environment variable is JAVA_HOME.
# export JAVA_HOME=
export JAVA_HOME=/opt/jdk1.8.0_341/
[hadoop@master hadoop]$
[hadoop@master hadoop]$ vi mapred-env.sh            # 编辑第 2 个脚本文件 mapred-env.sh
( 其余略 )
# 文件末尾新增此行 JAVA_HOME 环境变量配置
export JAVA_HOME=/opt/jdk1.8.0_341/
~
[hadoop@master hadoop]$ cat mapred-env.sh | grep JAVA_HOME     # 查看新增的配置内容
export JAVA_HOME=/opt/jdk1.8.0_341/
[hadoop@master hadoop]$ vi yarn-env.sh              # 编辑第 3 个脚本文件 yarn-env.sh
( 其余略 )
# 文件末尾新增此行 JAVA_HOME 环境变量配置
```

```
export JAVA_HOME=/opt/jdk1.8.0_341/
[hadoop@master hadoop]$ cat yarn-env.sh | grep JAVA_HOME         # 查看新增的配置内容
export JAVA_HOME=/opt/jdk1.8.0_341/
```

(5) 在主节点 (即 master 节点) 上，以 hadoop 用户身份配置 Hadoop 集群从节点服务器主机名。

workers 文件里面记录集群里所有 DataNode 的主机名。编辑该文件，将文件中原来的 localhost 删除，新增三行主机名：master、slave1、slave2。

注意：文件中不允许有空格，也不允许有空行。因为集群无法识别用户的空格和空行是否为一台机器。

```
[hadoop@master hadoop]$ more workers           # 编辑前查看原有内容
localhost
[hadoop@master hadoop]$ vi workers             # 编辑 worker 文件
[hadoop@master hadoop]$ cat workers            # 查看文件编辑后的结果
master
slave1
slave2
```

二、HDFS 组件参数配置

HDFS 组件的运行依赖于两个参数配置文件，一个是 Hadoop 集群核心配置文件 core-site.xml，另一个是 HDFS 组件的配置文件 hdfs-site.xml。

注意：Hadoop 集群所有组件 (包含 HDFS、YARN、MapReduce 等) 的参数配置文件都保存在 /opt/hadoop-3.3.4/etc/hadoop 目录下。

按以下步骤操作编辑 HDFS 需要的两个配置文件：

(1) 以 hadoop 用户身份编辑 Hadoop 集群核心配置文件 core-site.xml。

core-site.xml 核心配置文件编辑完成后的内容如下：

```
[hadoop@master hadoop]$ ls *.xml                # 显示参数配置文件列表
capacity-scheduler.xml hadoop-policy.xml hdfs-site.xml   kms-acls.xml mapred-site.xml
core-site.xml        hdfs-rbf-site.xml httpfs-site.xml kms-site.xml yarn-site.xml
[hadoop@master hadoop]$ vi core-site.xml         # 编辑集群核心参数配置文件
[hadoop@master hadoop]$ cat core-site.xml        # 查看完成编辑后的核心参数配置文件内容
<?xml version="1.0" encoding="UTF-8"?>
<?xml-stylesheet type="text/xsl" href="configuration.xsl"?>
( 注释部分，略 )
<!-- Put site-specific property overrides in this file. -->
<configuration>
    <!-- 指定 NameNode 主机和 hdfs 端口 -->
    <property>
        <name>fs.defaultFS</name>
        <value>hdfs://master:8020</value>
    </property>
```

```
        <!-- 指定 tmp 目录路径 -->
        <property>
            <name>hadoop.tmp.dir</name>
            <value>/home/hadoop/data/tmp</value>
        </property>
    </configuration>
```

说明：以上配置文件中 fs.defaultFS 为 NameNode 的地址，hadoop.tmp.dir 为 hadoop 临时目录的地址，默认情况下，NameNode 和 DataNode 的数据文件都会存在这个目录对应的子目录中。

首先应该保证此目录是存在的，如果不存在，则需创建。对所有节点 (即 maser、slave1、slave2) 都以 hadoop 用户身份执行以下命令：

```
[hadoop@master hadoop]$ mkdir  /home/hadoop/data  /home/hadoop/data/tmp
[hadoop@master hadoop]$ ll /home/hadoop              #查看创建目录是否成功
总用量 4.0K
drwxr-xr-x 3 hadoop hadoop 4.0K  8 月 19 16:59      data
[hadoop@master hadoop]$ ll /home/hadoop/data/         #查看创建目录是否成功
总用量 4.0K
drwxr-xr-x 2 hadoop hadoop 4.0K  8 月 19 16:59      tmp
[hadoop@master hadoop]$
```

注意：以上是以 master 节点为例进行创建的，现在需要立即对其他节点 (slave1、slave2) 都执行命令来创建这些目录。另外注意执行命令前必须确保是 hadoop 用户身份，否则后面启动集群时将会出现权限不足问题，从而导致启动集群失败。

(2) 以 hadoop 用户身份编辑 HDFS 组件配置文件 hdfs-site.xml。

hdfs-site.xml 配置文件编辑完成后的内容如下：

```
[hadoop@master hadoop]$ ls *.xml                    #显示参数配置文件列表
capacity-scheduler.xml hadoop-policy.xml hdfs-site.xml   kms-acls.xml mapred-site.xml
core-site.xml        hdfs-rbf-site.xml httpfs-site.xml kms-site.xml  yarn-site.xml
[hadoop@master hadoop]$ vi hdfs-site.xml            #编辑 HDFS 组件配置文件
[hadoop@master hadoop]$ cat hdfs-site.xml          # 查看完成编辑后的 HDFS 组件配置文件内容
<?xml version="1.0" encoding="UTF-8"?>
<?xml-stylesheet type="text/xsl" href="configuration.xsl"?>
( 注释部分，略 )
<!-- Put site-specific property overrides in this file. -->

<configuration>
    <property>
        <!-- namenode web 端访问的地址 -->
        <name>dfs.namenode.http-address</name>
        <value>master:9870</value>
    </property>
    <property>
```

```
        <!-- secondarynamenode web 端访问的地址 -->
        <name>dfs.namenode.secondary.http-address</name>
        <value>slave2:9871</value>
    </property>
    <property>
        <!-- 副本数量，规划的集群有三个 DataNode，可以设置为 3 -->
        <name>dfs.replication</name>
        <value>3</value>
    </property>
    <property>
        <!-- NameNode 数据存放路径 -->
        <name>dfs.namenode.name.dir</name>
        <value>/home/hadoop/data/dfs/namenode</value>
    </property>
    <property>
        <!-- DataNode 数据存放路径 -->
        <name>dfs.datanode.data.dir</name>
        <value>/home/hadoop/data/dfs/datanode</value>
    </property>
</configuration>
[hadoop@master hadoop]$
```

说明：以上配置文件中 dfs.namenode.name.dir 指定 NameNode 数据的存放路径；dfs.datanode.data.dir 指定 DataNode 数据的存放路径。需要提前创建好 /home/hadoop/data/dfs 目录。如果该目录不存在，则需要先创建好。dfs 目录下面的 namenode、datanode 目录无须创建。对所有节点 (即 maser、slave1、slave2) 都需要以 hadoop 用户身份执行以下命令：

```
[hadoop@master hadoop]$ mkdir  /home/hadoop/data  /home/hadoop/data/dfs
mkdir: 无法创建目录 "/home/hadoop/data/": 文件已存在
[hadoop@master hadoop]$ ll /home/hadoop/data/              # 查看创建目录是否成功
总用量 8.0K
drwxr-xr-x 2 hadoop hadoop 4.0K  8 月 19 21:18       dfs
drwxr-xr-x 2 hadoop hadoop 4.0K  8 月 19 16:59       tmp
[hadoop@master hadoop]$
```

注意：以上是以 master 节点为例进行创建的，现在需要立即对其他节点 (slave1、slave2) 都执行命令创建这些目录。另外注意执行命令前必须确保是 hadoop 用户身份，否则后面启动集群时将会造成权限不足问题，从而导致启动集群失败。

三、在 Shell 环境中配置 Hadoop 环境变量

为了对 Hadoop 集群进行管理，需要在 Shell 环境中配置 Hadoop 环境变量，修改 /etc/profile 文件。

配置过程按以下步骤操作：

(1) 在主节点 (即 maste) 上，使用 root 用户登录，或者从 hadoop 用户注销后退回 root

用户账号。然后编辑系统配置文件 /etc/profile，添加 HADOOP_HOME 环境变量及其的命令路径 bin 及 sbin。

```
[hadoop@master hadoop]$ exit          # 当前为 hadoop 用户，注销后退回 root 用户
注销
[root@master ~]# vi /etc/profile       # 以 root 用户身份编辑 /etc/profile 文件

#( 前面内容略 ) 在文件末尾添加以下行文字内容

# JDK 环境变量
export JAVA_HOME=/opt/jdk1.8.0_341/
export PATH=$PATH:$JAVA_HOME/bin
export CLASSPATH=$JAVA_HOME/jre/rt.jar:$JAVA_HOME/lib/dt.jar:$JAVA_HOME/lib/tools.jar

# Hadoop 环境变量
export HADOOP_HOME=/opt/hadoop-3.3.4
export PATH=$PATH:$HADOOP_HOME/bin:$HADOOP_HOME/sbin

~
[root@master ~]# tail /etc/profile      # 查看文件末尾内容，确保添加内容正确

# JDK 环境变量
export JAVA_HOME=/opt/jdk1.8.0_341/
export PATH=$PATH:$JAVA_HOME/bin
export CLASSPATH=$JAVA_HOME/jre/rt.jar:$JAVA_HOME/lib/dt.jar:$JAVA_HOME/lib/tools.jar

# Hadoop 环境变量
export HADOOP_HOME=/opt/hadoop-3.3.4
export PATH=$PATH:$HADOOP_HOME/bin:$HADOOP_HOME/sbin

[root@master ~]#
```

(2) 使得环境变量生效，并且查看生效后新的环境变量。继续以 root 用户身份按以下步骤操作：

```
[root@master ~]# source /etc/profile      # 运行脚本，使得环境变量生效
[root@master ~]# export | grep hadoop     # 使用 export 命令查看 hadoop 环境变量
declare -x HADOOP_HOME="/opt/hadoop-3.3.4"
declare -x PATH="/usr/local/sbin:/usr/local/bin:/usr/sbin:/usr/bin:/opt/jdk1.8.0_341//bin:/root/bin:/opt/
jdk1.8.0_341//bin:/opt/hadoop-3.3.4/bin:/opt/hadoop-3.3.4/sbin:/opt/jdk1.8.0_341//bin:/opt/hadoop-3.3.4/
bin:/opt/hadoop-3.3.4/sbin"
[root@master ~]# hadoop                    # 测试运行 hadoop 命令
Usage: hadoop [OPTIONS] SUBCOMMAND [SUBCOMMAND OPTIONS]
  or   hadoop [OPTIONS] CLASSNAME [CLASSNAME OPTIONS]
    where CLASSNAME is a user-provided Java class
( 其余省略 )
```

四、分发系统配置文件以及 Hadoop 文件

至此，主要在主节点 (即 master) 上进行的 Hadoop 安装包经解压、系统配置以及 HDFS 配置步骤已经全部完成。接下来需要将系统配置文件以及配置好的 Hadoop 文件分发到其他从节点 (即 slave1、slave2)。

分发系统配置文件以及配置好的 Hadoop 文件，按以下步骤进行：

• 在 master 节点上，以 root 用户身份分发系统配置文件到其他从节点 (slave1、slave2)。

• 在 master 节点上，以 hadoop 用户身份分发配置好的 Hadoop 文件到其他从节点 (slave1、slave2)。

• 分别登录所有从节点 (slave1、slave2)，以 hadoop 用户身份检查分发结果、查看环境变更以及测试 hadoop 命令。

输入以下命令完成以上文件分发的各个步骤：

(1) 在 master 节点上，以 root 用户身份分发系统配置文件到其他从节点 (slave1、slave2)。

注意：/etc/profile 为系统配置文件，必须使用 root 用户账号身份进行分发。

```
[root@master ~]# scp /etc/profile root@slave1:/etc/          # 分发到 slave1 节点
[root@master ~]# scp /etc/profile root@slave2:/etc/          # 分发到 slave2 节点
```

(2) 在 master 节点上，以 hadoop 用户身份分发配置好的 Hadoop 文件到其他从节点 (slave1、slave2)。

注意：Hadoop 集群大数据平台都是以 hadoop 普通用户身份配置、运行和管理的，所以分发 Hadoop 文件时需要以 hadoop 用户身份进行，因为复制包含子目录，所以复制命令要加 -r 参数。

```
[root@master ~]# su - hadoop                                 # 从 root 用户切换为 hadoop 用户
[hadoop@master ~]$                                           # 已经切换为 hadoop 用户
[hadoop@master ~]$ ll /opt/                                  # 显示 /opt 目录下的文件列表
总用量 664M
drwxr-xr-x  10 hadoop hadoop 4.0K  7 月 29 21:44 hadoop-3.3.4
-rw-r--r--   1 root   root   664M  8 月 12 11:39 hadoop-3.3.4.tar.gz
drwxr-xr-x   8 root   root   4.0K  8 月  9 21:49 jdk1.8.0_341
-rw-r--r--.  1 root   root   1.7K  1 月 29 2022 openEuler.repo
[hadoop@master ~]$ scp -r /opt/hadoop-3.3.4 hadoop@slave1:/opt/    # 分发到 slave1 节点
[hadoop@master ~]$ scp -r /opt/hadoop-3.3.4 hadoop@slave2:/opt/    # 分发到 slave2 节点
```

(3) 分别登录所有节点 (master、slave1、slave2)，以 hadoop 用户身份检查分发结果，查看环境变更以及测试 Hadoop 命令。

在 master 节点上，执行以下命令检查分发结果：

```
[root@master ~]# su-hadoop                                   # 从 root 用户切换为 hadoop 用户
[hadoop@master ~]$                                           # 已经切换为 hadoop 用户
```

```
[hadoop@master ~]$ ls -l /opt                          # 查看 /opt 目录下的文件列表
总用量 679176
drwxr-xr-x 10 hadoop  hadoop        4096  7 月 29 21:44 hadoop-3.3.4
-rw-r--r--   1 root    root     695457782  8 月 12 11:39 hadoop-3.3.4.tar.gz
drwxr-xr-x  8 root    root        4096  8 月  9 21:49 jdk1.8.0_341
-rw-r--r--.  1 root    root        1693  1 月 29  2022 openEuler.repo
[hadoop@master ~]$ du -sch /opt/hadoop-3.3.4      # 统计 /opt/hadoop-3.3.4 目录文件容量
1.3G   /opt/hadoop-3.3.4
1.3G    总用量
[hadoop@master ~]$ export | grep -E "HADOOP|JAVA|CLASSPATH|PATH"  # 查看系统环境变量
[hadoop@master ~]$ export | egrep "HADOOP|JAVA|CLASSPATH|PATH"    # 查看系统环境变量
declare -x CLASSPATH="/opt/jdk1.8.0_341//jre/rt.jar:/opt/jdk1.8.0_341//lib/dt.jar:/opt/jdk1.8.0_341//lib/
tools.jar"
declare -x HADOOP_HOME="/opt/hadoop-3.3.4"
declare -x JAVA_HOME="/opt/jdk1.8.0_341/"
declare -x PATH="/home/hadoop/.local/bin:/home/hadoop/bin:/usr/local/bin:/usr/bin:/usr/local/sbin:/usr/
sbin:/opt/
jdk1.8.0_341//bin:/opt/hadoop-3.3.4/bin:/opt/hadoop-3.3.4/sbin"
[hadoop@master ~]$ hadoop                              # 测试 hadoop 命令
Usage: hadoop [OPTIONS] SUBCOMMAND [SUBCOMMAND OPTIONS]
 or    hadoop [OPTIONS] CLASSNAME [CLASSNAME OPTIONS]
    where CLASSNAME is a user-provided Java class
（其余略）
[hadoop@master ~]$ hdfs                                # 测试 hdfs 命令
Usage: hdfs [OPTIONS] SUBCOMMAND [SUBCOMMAND OPTIONS]

  OPTIONS is none or any of:
（其余略）
[hadoop@master ~]$ ll /home/hadoop/data/              # 查看 HDFS 所需要预先创建的目录
总用量 8.0K
drwxr-xr-x 2 hadoop hadoop 4.0K  8 月 19 21:18 dfs
drwxr-xr-x 2 hadoop hadoop 4.0K  8 月 19 16:59 tmp
```

在 slave1 节点上，执行以下命令检查分发结果：

```
[root@slave1 ~]# su-hadoop                            # 从 root 用户切换为 hadoop 用户
[hadoop@ slave1 ~]$                                  # 已经切换为 hadoop 用户
[hadoop@slave1 ~]$ ls -l /opt                        # 查看 /opt 目录下的文件列表
总用量 12
drwxr-xr-x 10 hadoop hadoop 4096  8 月 25 08:53  hadoop-3.3.4
drwxr-xr-x  8 root  root   4096  8 月  9 21:49  jdk1.8.0_341
-rw-r--r--.  1 root  root   1693  1 月 29  2022  openEuler.repo
[hadoop@ slave1 ~]$ du -sch /opt/hadoop-3.3.4        # 统计 /opt/hadoop-3.3.4 目录文件容量
1.4G   /opt/hadoop-3.3.4
1.4G    总用量
```

```
[hadoop@master ~]$ export | grep -E "HADOOP|JAVA|CLASSPATH|PATH"  # 查看系统环境变量
[hadoop@master ~]$ export | egrep"HADOOP|JAVA|CLASSPATH|PATH"   # 查看系统环境变量
declare -x CLASSPATH="/opt/jdk1.8.0_341//jre/rt.jar:/opt/jdk1.8.0_341/lib/dt.jar:/opt/jdk1.8.0_341//lib/
tools.jar"
declare -x HADOOP_HOME="/opt/hadoop-3.3.4"
declare -x JAVA_HOME="/opt/jdk1.8.0_341/"
declare -x PATH="/home/hadoop/.local/bin:/home/hadoop/bin:/usr/local/bin:/usr/bin:/usr/local/sbin:/usr/
sbin:/opt/
jdk1.8.0_341//bin:/opt/hadoop-3.3.4/bin:/opt/hadoop-3.3.4/sbin"
[hadoop@ slave1 ~]$ hadoop                        # 测试 hadoop 命令
Usage: hadoop [OPTIONS] SUBCOMMAND [SUBCOMMAND OPTIONS]
 or    hadoop [OPTIONS] CLASSNAME [CLASSNAME OPTIONS]
  where CLASSNAME is a user-provided Java class
（其余略）
[hadoop@ slave1 ~]$ hdfs                          # 测试 hdfs 命令
Usage: hdfs [OPTIONS] SUBCOMMAND [SUBCOMMAND OPTIONS]


  OPTIONS is none or any of:
（其余略）
[hadoop@slave1 ~]$ ll /home/hadoop/data/           # 查看 HDFS 所需要预先创建的目录
总用量 8.0K
drwxr-xr-x 2 hadoop hadoop 4.0K  8 月 19 21:18 dfs
drwxr-xr-x 2 hadoop hadoop 4.0K  8 月 19 16:59 tmp
```

注意：在 slave2 节点上，执行与 slave1 节点完全一样的命令检查分发结果。

五、NameNode 格式化

接下来的步骤是 HDFS 安装配置的最后一个步骤，就是对 HDFS 的 NameNode 进行格式化。NameNode 节点的格式化，都是以 hadoop 用户身份，在 master 主节点上执行操作命令，按以下步骤进行：

• 在 master 节点上，以 hadoop 用户身份登录，或者从 root 用户切换到 hadoop 用户身份。

• 在 master 节点上，以 hadoop 用户身份对 NameNode 进行格式化。

• 在 master 节点上，检查 NameNode 格式化的结果。

注意：NameNode 格式化原则上只允许执行一次，如果需要重新格式化 NameNode，则必须要将原来格式化生成的 namenode 和 datanode 目录下的所有文件全部删除掉，否则重启 HDFS 会报错。可在 Hadoop 集群的所有节点 (即 master、slave1、slave2) 上执行以下命令以删除 namenode 和 datanode 目录下的所有文件：

```
# 在 master 节点上，以 hadoop 用户账户身份执行以下命令：
[hadoop@master  ~]$ rm-rf /home/hadoop/data/dfs/namenode        -- 删除 namenode 目录文件
[hadoop@master  ~]$ rm-rf /home/hadoop/data/dfs/datanode        -- 删除 datanode 目录文件

# 在 slave1 节点上，以 hadoop 用户账户身份执行以下命令：
```

```
[hadoop@slave1  ~]$ rm-rf /home/hadoop/data/dfs/namenode        -- 删除 namenode 目录文件
[hadoop@ slave1  ~]$ rm-rf /home/hadoop/data/dfs/datanode        -- 删除 datanode 目录文件


# 在 slave2 节点上，以 hadoop 用户账户身份执行以下命令：
[hadoop@slave2  ~]$ rm-rf /home/hadoop/data/dfs/namenode        -- 删除 namenode 目录文件
[hadoop@ slave2  ~]$ rm-rf /home/hadoop/data/dfs/datanode        -- 删除 datanode 目录文件
```

输入以下命令完成以上 NameNode 格式化的各个步骤：

(1) 在 master 节点上，以 hadoop 用户身份登录，或者从 root 用户切换到 hadoop 用户身份。

```
[root@slave1 ~]# su-hadoop                    # 从 root 用户切换为 hadoop 用户
[hadoop@ slave1 ~]$                           # 已经切换为 hadoop 用户
```

(2) 在 master 节点上，以 hadoop 用户身份对 NameNode 进行格式化。

```
[hadoop@master ~]$ hdfs namenode-help              # 查看 hdfs namenode 命令帮助
WARNING: /opt/hadoop-3.3.4/logs does not exist. Creating.
Usage: hdfs namenode [-backup] |
    [-checkpoint] |
    [-format [-clusterid cid ] [-force] [-nonInteractive] ] |
    [-upgrade [-clusterid cid] [-renameReserved<k-v pairs>] ] |
    [-upgradeOnly [-clusterid cid] [-renameReserved<k-v pairs>] ] |
（其余略）

[hadoop@master ~]$ hdfs namenode - format          # 格式化 NameNode
2022-08-25 14:25:46,059 INFO namenode.NameNode: STARTUP_MSG:
/************************************************************
STARTUP_MSG: Starting NameNode
STARTUP_MSG:   host = master/192.168.5.129
STARTUP_MSG:   args = [-format]
STARTUP_MSG:   version = 3.3.4
（其余略）
```

(3) 在 master 节点上，检查 NameNode 格式化的结果。

```
[hadoop@master ~]$ ll /home/hadoop/data/dfs/          # 检查 NameNode 格式化生成的目录
总用量 4.0K
drwxr-xr-x 3 hadoop hadoop 4.0K  8 月 25 14:25 namenode
[hadoop@master ~]$ ll /home/hadoop/data/dfs/namenode/      # 检查格式化生成的目录
总用量 4.0K
drwx------ 2 hadoop hadoop 4.0K  8 月 25 14:25 current
[hadoop@master ~]$ ll /home/hadoop/data/dfs/namenode/current/    # 检查格式化生成的文件
总用量 16K
-rw-r--r-- 1 hadoop hadoop 401  8 月 25 14:25 fsimage_0000000000000000000
-rw-r--r-- 1 hadoop hadoop  62  8 月 25 14:25 fsimage_0000000000000000000.md5
-rw-r--r-- 1 hadoop hadoop   2  8 月 25 14:25 seen_txid
-rw-r--r-- 1 hadoop hadoop 216  8 月 25 14:25 VERSION
[hadoop@master ~]$
```

六、HDFS 启动

至此，HDFS 的安装、配置与分发全部完成了，现在可以启动和停止 HDFS，以及正常使用 HDFS。

要启动 HDFS，需要在 master 主节点上执行操作命令，按以下步骤进行：

• 在 master 节点上，以 hadoop 用户身份登录，或者从 root 用户切换到 hadoop 用户身份。

• 在 master 节点上，以 hadoop 用户身份启动 HDFS。

• 在所有节点 (即 master、slave1、slave2) 上，检查 HDFS 进程的启动情况。

• 如果 HDFS 启动失败，则分析故障原因及排除故障。

输入以下命令完成以上启动 HDFS 的各个步骤：

(1) 在 master 节点上，以 hadoop 用户身份登录，或者从 root 用户切换到 hadoop 用户身份。

```
[root@master ~]# su-hadoop                      # 从 root 用户切换为 hadoop 用户
[hadoop@master ~]$                              # 已经切换为 hadoop 用户
```

(2) 在 master 节点上，以 hadoop 用户身份启动 HDFS。

```
[hadoop@master ~]$ start-              # 输入 start- 之后再连续按两次 Tab 键可获得相关命令提示
start-all.cmd          start-dfs.cmd          start-statd
start-all.sh           start-dfs.sh           start-yarn.cmd
start-balancer.sh      start-secure-dns.sh    start-yarn.sh
[hadoop@master ~]$ start-dfs.sh        # 以 hadoop 用户身份启动 HDFS
Starting namenodes on [master]
master:
master: Authorized users only. All activities may be monitored and reported.
Starting datanodes
master:
slave1:
slave2:
Starting secondary namenodes [slave2]
slave2:
[hadoop@master ~]$ start-dfs.sh        # 可以再次运行 start-dfs.sh 命令，观察输出结果
```

(3) 在所有节点 (即 master、slave1、slave2) 上，检查 HDFS 进程的启动情况。

在 master 节点上，输入 jps 命令查看 HDFS 进程的启动情况。可以看到 HDFS 正常启动成功后，master 节点上运行了 NameNode、DataNode 进程，与"表 2-1 Hadoop 完全分布式部署的服务器角色规划"中 master 节点规划的角色完全一致。

```
[hadoop@master ~]$ jps                 # 在 master 节点上查看 HDFS 进程的启动情况
3685 DataNode
3402 NameNode
5067 Jps
```

在 slave1 节点上，输入 jps 命令查看 HDFS 进程的启动情况。可以看到 HDFS 正常启动成功后，slave1 节点上仅运行了 DataNode 进程，与"表 2-1 Hadoop 完全分布式部署的服务器角色规划"中 slave1 节点规划的角色完全一致。

```
[hadoop@slave1 ~]$ jps                  # 在 slave1 节点上查看 HDFS 进程的启动情况
```

```
2867 Jps
2474 DataNode
```

在 slave2 节点上，输入 jps 命令查看 HDFS 进程的启动情况。可以看到 HDFS 正常启动成功后，slave2 节点上运行了 SecondaryNameNode、DataNode 进程，与"表 2-1 Hadoop 完全分布式部署的服务器角色规划"中 slave2 节点规划的角色完全一致。

```
[hadoop@slave2 ~]$ jps                    # 在 slave2 节点上查看 HDFS 进程的启动情况
2615 SecondaryNameNode
3451 Jps
2415 DataNode
```

(4) 如果 HDFS 启动失败，则先定位到启动失败的节点，再在启动的节点上通过查看 HDFS 事件日志分析故障原因及排除故障。

```
# 假设启动失败节点在 slave1，可在 slave1 上查看 HDFS 事件日志
[hadoop@slave1 ~]$ cd /opt/hadoop-3.3.4/logs/     # 首先进入 hadoop 的事件日志目录
[hadoop@slave1 logs]$                              # 已经进入事件日志目录
[hadoop@slave1 logs]$ ll                           # 显示事件日志目录下的文件列表
总用量 40K
-rw-rw-r-- 1 hadoop hadoop 35K  8 月 25 15:00 hadoop-hadoop-datanode-slave1.log
-rw-rw-r-- 1 hadoop hadoop 820  8 月 25 15:00 hadoop-hadoop-datanode-slave1.out
-rw-rw-r-- 1 hadoop hadoop   0  8 月 25 15:00 SecurityAuth-hadoop.audit
[hadoop@slave1 logs]$ more *.log *.out            # 查看所有事件日志文件的内容
::::::::::::::
hadoop-hadoop-datanode-slave1.log
::::::::::::::
2022-08-25 15:00:16,597 INFO org.apache.hadoop.hdfs.server.datanode.DataNode: STARTUP_MSG:
/*****************************************************
STARTUP_MSG: Starting DataNode
STARTUP_MSG:   host = slave1/192.168.5.130
（其余略）
```

七、HDFS 验证

在确定 HDFS 正常成功启动后，要确保 HDFS 运行成功，能够正常使用。按以下步骤验证 HDFS：

- 在 master 节点上，以 hadoop 用户身份登录，或者从 root 用户切换到 hadoop 用户身份。
- 在所有节点上（即 master、slave1、slave2），检查 HDFS 进程的启动情况。
- 在 master 节点上，查看 HDFS 启动结果报告。
- 在宿主物理主机的浏览器中，查看 HDFS Web 管理页面 (http://192.168.5.129:9870)。

输入以下命令完成以上验证 HDFS 的各个步骤：

(1) 在 master 节点上，以 hadoop 用户身份登录，或者从 root 用户切换到 hadoop 用户身份。

```
[root@master ~]# su-hadoop          # 从 root 用户切换为 hadoop 用户
[hadoop@master ~]$                  # 已经切换为 hadoop 用户
```

(2) 在所有节点 (即 master、slave1、slave2) 上，检查 HDFS 进程的启动情况。

```
# 以下操作在 master 节点上进行
[hadoop@master ~]$ jps              # 在 master 节点上查看 HDFS 进程的启动情况
3685 DataNode
3402 NameNode
5067 Jps
# 以下操作是在 slave1 节点进行
[hadoop@slave1 ~]$ jps              # 在 slave1 节点上查看 HDFS 进程的启动情况
2867 Jps
2474 DataNode


# 以下操作在 slave2 节点上进行
[hadoop@slave2 ~]$ jps              # 在 slave2 节点上查看 HDFS 进程的启动情况
2615 SecondaryNameNode
3451 Jps
2415 DataNode
```

(3) 在 master 节点上，输入 hdfs dfsadmin-report 命令查看 HDFS 启动结果报告。

```
[hadoop@master ~]$ hdfs dfsadmin-report      # 查看 HDFS 启动结果报告
```

(4) 在宿主物理主机的浏览器中，查看 HDFS Web 管理页面（http://192.168.5.129:9870）。

在宿主物理主机的浏览器中查看 HDFS Web 管理页面之前，应先检查 master 主节点的防火墙服务是否关闭状态，输入以下命令进行检查：

```
[hadoop@master ~]$ systemctl status firewalld   # 检查 master 主节点的防火墙服务是否关闭状态
○ firewalld.service - firewalld - dynamic firewall daemon
    Loaded: loaded (/usr/lib/systemd/system/firewalld.service; disabled; vendor preset: enabled)
    Active: inactive (dead)
     Docs: man:firewalld(1)
[hadoop@master ~]$
```

在宿主物理主机中打开浏览器，输入网址 http://192.168.5.129:9870，如图 2-17 所示。

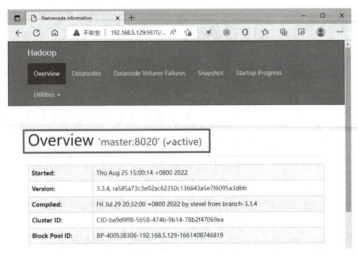

图 2-17　HDFS 管理 Web 网页

也可以在浏览器直接查看 DFS 文件系统目录与文件，如图 2-18 所示。

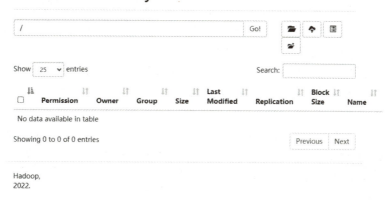

图 2-18　浏览器查看 HDFS 文件系统目录与文件

任务 4　YARN 配置、启动与验证

任 务 目 标

知识目标

(1) 熟悉 YARN 与 MapReduce 的相关概念。
(2) 熟悉 YARN 与 MapReduce 的系统架构。

能力目标

(1) 能够熟练完成 YARN 与 MapReduce 的配置。
(2) 能够熟练完成 YARN 与 JobHistory 的启动。
(3) 能够熟练完成 YARN 与 JobHistory 的验证。

知 识 准 备

一、YARN 与 MapReduce 简介

(一) YARN 的定义

Apache Hadoop YARN (Yet Another Resource Negotiator，另一种资源协调者) 是一种新的 Hadoop 资源管理器，也是一个通用资源管理系统，可为上层应用提供统一的资源管理和调度，它的引入为集群在利用率、资源统一管理和数据共享等方面带来了巨大好处。

YARN 是 Hadoop 中的资源管理系统，允许多个应用程序运行在一个集群中，并将资源按需分配给它们，大大提高了资源利用率。YARN 允许各类作业和服务混合部署在一个集群中，并提供了容错、资源隔离及负载均衡等方面的支持，大大简化了作业和服务的部署及管理成本。

YARN 包括两种服务，一种是全局的资源管理器 ResourceManager，另一种是每个应用程序特有的 ApplicationMaster。其中 ResourceManager 负责整个系统的资源管理和分配，而 ApplicationMaster 负责单个应用程序的管理。

YARN 的功能特性如下：

(1) 支持多种计算框架。YARN 是一种通用资源管理系统，可为上层应用提供统一的资源管理和调度，它支持的计算框架种类很多，如：离线计算框架 MapReduce、DAG 计算框架 Tez、流式计算框架 Storm、内存计算框架 Spark 等。Hadoop 中的计算组件都可以通过 YARN 来进行统一的资源管理和调度。

(2) 资源统一分配。Hadoop 集群中的计算组件共享集群所有资源，通过 YARN 统一进行资源管理和调度。共享集群模式通过多种计算组件共享资源，集群中的资源将得到更加充分的利用。

(二) MapReduce 的定义

MapReduce 是一个分布式计算框架，主要由两部分组成：编程模型和运行时环境。其中，编程模型为用户提供了非常易用的编程接口，用户只需要像编写程序一样通过几个简单函数即可实现一个分布式程序，而其他比较复杂的工作，如节点间的通信、节点失效、数据切分等，全部由 MapReduce 运行时环境完成，用户无须关心这些细节。

MapReduce 能够解决的问题有一个共同特点：任务可以被分解为多个子问题，且这些子问题相对独立，彼此之间不会有牵制，待并行处理完这些子问题后，任务便被解决。在实际应用中，这类问题非常庞大，MapReduce 的一些典型应用，包括分布式 Grep、URL 访问频率统计、Web 连接图反转、倒排索引构建、分布式排序等。

MapReduce 的功能特性如下：

(1) 易于扩展。MapReduce 支持线性扩展能力，可以通过向 MapReduce 集群增加服务器实现集群性能的线性提升。

(2) 高可用性。MapReduce 并行计算框架使用了多种有效的错误检测和恢复机制，如

节点自动重启技术，使集群和计算框架具有对付节点失效的健壮性，能有效地对失效节点进行检测和恢复。

(3) 就近计算提高效率。MapReduce 采用了数据 / 代码互定位的技术方法，以发挥数据本地化特点，保证运算的高效性。

(4) 顺序处理数据、避免随机访问数据。由于磁盘的顺序访问要远比随机访问快得多，MapReduce 主要面向顺序式的磁盘访问，从而尽可能地发挥磁盘 IO 性能。

(5) 为用户隐藏系统层细节。MapReduce 提供了一种抽象机制将用户与系统层细节隔离开来，使用户可以致力于应用本身的算法设计。

（三）JobHistoryServer 的定义

Hadoop 自带了一个 JobHistoryServer(历史服务器)，可以通过历史服务器查看已经运行完的 Mapreduce 作业记录，比如用了多少个 Map、用了多少个 Reduce 以及作业提交时间、作业启动时间、作业完成时间等信息。JobHistoryServer 用于查询每个 job 运行完以后的历史日志信息，可以在 NameNode 或者 DataNode 的任意一台节点服务器上启动。

默认情况下，Hadoop 历史服务器是没有启动的，我们可以通过下面的命令来启动 Hadoop 历史服务器：

```
# mr-jobhistory-daemon.sh start historyserver
```

这样我们就可以在相应机器的 19888 端口上打开历史服务器的 Web UI 界面，并查看已经运行完的作业情况。历史服务器可以单独在一台机器上启动，主要是通过以下的参数配置：

```
<property>
<name>mapreduce.jobhistory.address</name>
<value>slave1:10020</value>
</property>
<property>
<name>mapreduce.jobhistory.webapp.address</name>
<value>slave1:19888</value>
</property>
```

二、YARN 系统架构与工作原理

（一）YARN 系统架构

YARN 总体上仍然是 Master/Slave 结构，在整个资源管理架构中，ResourceManager 为 Master，NodeManager 为 Slave。ResourceManager 负责对各个 NodeManager 上的资源进行统一管理和调度。

当用户提交一个应用程序时，需要提供一个用以跟踪和管理这个应用程序的 ApplicationMaster，它负责向 ResourceManager 申请资源，并要求 NodeManager 启动可以占用一定资源的任务。由于不同的 ApplicationMaster 被分布到不同的节点上，因此它们之间不会相互影响。

从 YARN 的架构图来看，YARN 主要是由 ResourceManager、NodeManager、ApplicationMaster 和 Container 等几个组件构成的。

eYARN 系统架构如图 2-19 所示。

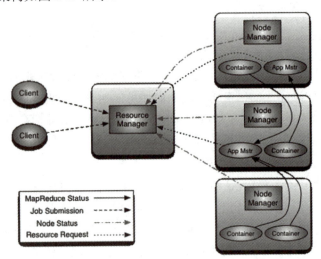

图 2-19　YARN 系统架构图

1. ResourceManager(RM)

YARN 分层结构的本质是 ResourceManager。这个实体控制整个集群并管理应用程序向基础计算资源的分配。ResourceManager 将各个资源部分 (计算、内存、带宽等) 精心安排给基础 NodeManager(YARN 的每节点代理)。ResourceManager 还与 Application-Master 一起分配资源，与 NodeManager 一起启动和监视它们的基础应用程序。在此，ApplicationMaster 承担了以前 TaskTracker 的一些角色，ResourceManager 承担了 JobTracker 的角色。

ResourceManager 的主要功能：处理客户端请求；启动或监控 ApplicationMaster；监控 NodeManager；分配与调度资源。

2. NodeManager(NM)

NodeManager 管理 YARN 集群中的每个节点。NodeManager 提供针对集群中每个节点的服务，从监督对一个容器的终生管理到监视资源和跟踪节点健康。MRv1 通过插槽管理 Map 和 Reduce 任务的执行，而 NodeManager 管理抽象容器，这些容器代表可供一个特定应用程序使用的针对每个节点的资源。YARN 继续使用 HDFS 层，它的 NameNode 主要用于元数据服务，而 DataNode 用于分散在一个集群中的复制存储服务。

NodeManager 的主要功能：完成单个节点的资源管理；处理来自 ResourceManager 的命令；处理来自 ApplicationMaster 的命令。

3. ApplicationMaster(AM)

ApplicationMaster 管理一个在 YARN 内运行的应用程序的每个实例。Application-Master 负责协调来自 ResourceManager 的资源，并通过 NodeManager 监视容器的执行和资源使用 (CPU、内存等的资源分配)。请注意，尽管目前的资源更加传统 (CPU 核心、内存)，但未来会带来基于手头任务的新资源类型 (比如图形处理单元或专用处理设备)。从 YARN 角度讲，ApplicationMaster 是用户代码，因此存在潜在的安全问题。YARN 假设

ApplicationMaster 存在错误或者甚至是恶意的，因此将它们当作无特权的代码对待。

ApplicationMaster 的主要功能：负责数据的切分；为应用程序申请资源并分配给内部的任务；完成任务的监控与容错。

4. Container

Container 对任务运行环境进行抽象，封装 CPU、内存等多维度的资源以及环境变量、启动命令等任务运行相关的信息。比如内存、CPU、磁盘、网络等，当 AM 向 RM 申请资源时，RM 为 AM 返回的资源便是用 Container 表示的。YARN 会为每个任务分配一个 Container，且该任务只能使用该 Container 中描述的资源。

（二）YARN 资源调度

要使用一个 YARN 集群，首先需要来自包含一个应用程序的客户的请求。ResourceManager 协商一个容器要用到的必要资源，如 CPU、内存和存储等，启动一个 ApplicationMaster 来表示已提交的应用程序。通过使用一个资源请求协议，ApplicationMaster 协商每个节点上供应用程序使用的容器。执行应用程序时，ApplicationMaster 监视容器直到完成。当应用程序完成时，ApplicationMaster 从 ResourceManager 中注销其容器，执行周期就完成了。

ResourceManager(RM) 是一个全局的资源管理器，负责整个系统的资源管理和分配。它主要由两个组件构成：调度器 (Scheduler) 和应用程序管理器 (ApplicationsManager)。

1. ApplicationsManager

应用程序管理器负责管理整个系统中所有的应用程序，包括应用程序提交、与调度器协商启动 ApplicationMaster (AM)、监控 AM 运行状态并在失败的时候重启。

2. Scheduler

调度器根据容量、队列等限制条件 (如每个队列分配一定的资源，最多执行一定数量的作业等)，将系统中资源分配给各个正在运行的应用程序。需要注意的是，该调度器是一个"纯调度器"，它不再从事任何与具体应用程序相关工作，比如不负责监控或者跟踪应用的执行状态等，也不负责重新启动因应用执行失败或者硬件故障而产生的失败任务，这些均交由应用程序相关的 ApplicationMaster 完成。

调度器仅根据各个应用程序的资源需求进行资源分配，而资源分配单位用一个抽象概念"资源容器"(Resource Container)Container 表示，Container 是一个动态资源分配单位，它将内存、CPU、磁盘、网络等资源封装在一起，从而限定每个任务使用的资源量。

此外，该调度器是一个可插拔的组件，用户可根据自己的需要设计新的调度器，YARN 提供了多种直接可用的调度器，比如 FIFO Scheduler、Capacity Scheduler 和 Fair Scheduler 等，不同的场景需要使用不同的任务调度器。

1) FIFO Scheduler(队列调度器)

把任务按提交的顺序排成一个队列，这是一个先进先出队列，在进行资源分配的时候，先给队列中最头上的任务进行分配资源，待最头上任务需求满足后再给下一个分配，以此类推。

FIFO Scheduler 是最简单也是最容易理解的调度器，也不需要任何配置，但它并不适用于共享集群。大的任务可能会占用所有集群资源，这就导致其他任务被阻塞。

FIFO Scheduler(队列调度) 的工作原理如图 2-20 所示。

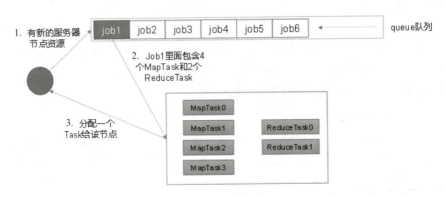

图 2-20　FIFO Scheduler 工作原理示意图

2) Capacity Scheduler(容量调度器，YARN 默认使用的调度器)

Capacity Scheduler 允许多个组织共享整个集群，每个组织可以获得集群的一部分计算能力。为每个组织分配专门的队列，再为每个队列分配一定的集群资源，这样整个集群就可以通过设置多个队列的方式给多个组织提供服务了。除此之外，队列内部又可以垂直划分，这样一个组织内部的多个成员就可以共享这个队列资源了。在一个队列内部，资源的调度采用的是先进先出 (FIFO) 策略。

Capacity Scheduler 特点：① 多队列：每个队列可配置一定资源量，每个队列采用 FIFO 调度策略。② 容量保证：管理员可为每个队列设置资源最低保证和资源使用上限。③ 灵活性：如果一个队列中的资源有剩余，可以暂时共享给那些需要资源的队列，而一旦该队列有新的应用程序提交，则其他队列借调的资源会归还给该队列。④ 多租户：支持多用户共享集群和多应用程序同时运行。为了防止同一个用户的作业独占队列中的资源，该调度会对同一用户提交的作业所占资源量进行限定。

Capacity Scheduler 的特点如图 2-21 所示。

图 2-21　Capacity Scheduler 的特点

3) Fair Scheduler(公平调度器)

Fair Scheduler 的设计目标是为所有的应用分配公平的资源 (对公平的定义可以通过参数来设置)。公平调度在可以在多个队列间工作。举个例子，假设有两个用户 A 和 B，他们分别拥有一个队列。当 A 启动一个 job 而 B 没有任务时，A 会获得全部集群资源；当 B

启动一个 job 后，A 的 job 会继续运行，不过之后两个任务会各自获得一半的集群资源。如果此时 B 再启动第二个 job 并且其他 job 还在运行，则它将会和 B 的第一个 job 共享 B 队列的资源，也就是 B 的两个 job 会用于四分之一的集群资源，而 A 的 job 仍然用于集群一半的资源，结果就是资源最终在两个用户之间平等地共享。

Fair Scheduler 的工作原理如图 2-22 所示。

图 2-22　Fair Scheduler 工作原理示意图

Fair Scheduler 与 Capacity Scheduler 的不同点：

(1)核心调度策略不同。Capacity Scheduler 优先选择资源利用率低的队列；Fair Scheduler 优先选择资源缺额比例大的队列。

(2)每个队列单独设置的资源分配方式不同。Capacity Scheduler 采用的资源分配方式有：FIFO、DRF；Fair Scheduler 采用的资源分配方式有：FIFO、DRF、FAIR。

（三）YARN 作业执行流程

以一个 MapReduce 程序为例，YARN 的整个工作流程如图 2-23 所示。

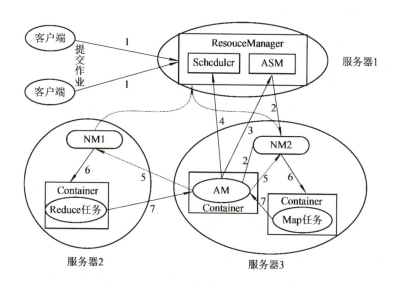

图 2-23　MapReduce 在 YARN 上的工作流程

MapReduce 在 YARN 上的工作流程如下：

(1) 提交 job。客户端向 YARN 提交作业 (job)，YARN 会启动 ApplicationManager，让它来管理作业。

(2) 通知 NodeManager。提交作业后，ResourceManager 根据 NodeManager 的资源信息，

为有足够资源的节点分配一个容器，并与对应的 NodeManager 进行通信，要求它在该容器中启动作业的 ApplicationMaster。

(3) 注册。ApplicationMaster 创建成功后，向 ResourceManager 中的 ApplicationManager 注册自己，表示自己可以去管理一个作业 (job)，这样用户可以在页面上实时查看任务进度等信息。

(4) 申请资源。ApplicationMaster 注册成功后，会对作业需要处理的数据进行切分，然后向 ResourceManager 申请资源，ResourceManager 会根据给定的调度策略提供给请求的资源 ApplicationMaster。

(5) 通知启动任务。ApplicationMaster 申请到资源成功后，会与集群中的 NodeManager 通信，要求它启动任务。

(6) 启动任务。NodeManager 接收到 AM 的要求后，根据作业提供的信息，为任务设置运行环境后，将任务的启动命令写到一个脚本中，并通过该脚本启动并运行对应的任务。

(7) 汇报。启动后的每个任务会定时向 ApplicationMaster 提供自己的状态信息和执行的进度，ApplicationMaster 可以随时掌握各个任务的运行状态，从而在任务失败时，重启启动任务。

(8) 结束作业。作业运行完成后，ApplicationMaster 会利用 ApplicationsManager 注销和关闭自己。

三、MapReduce 系统架构与工作原理

(一) MapReduce 系统架构

MapReduce 系统架构如图 2-24 所示。

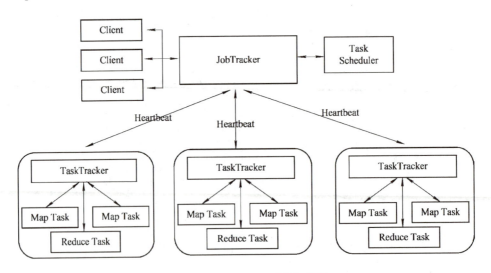

图 2-24 MapReduce 系统架构图

Hadoop MapReduce 也采用了 Master/Slave(M/S) 架构，它主要由以下几个组件组成：Client、JobTracker、TaskTracker 和 Task。下面分别对这几个组件进行介绍。

1. Client

用户编写的 MapReduce 程序通过 Client 提交到 JobTracker 端；同时，用户可通过 Client 提供的一些接口查看作业运行状态。在 Hadoop 内部用"作业"(job) 表示 MapReduce 程序。一个 MapReduce 程序可对应若干个作业，而每个作业会被分解成若干个 Map/Reduce 任务 (Task)。

2. JobTracker

JobTracker 主要负责资源监控和作业调度。JobTracker 监控所有 TaskTracker 与作业的健康状况，一旦发现失败情况后，其会将相应的任务转移到其他节点；同时，JobTracker 会跟踪任务的执行进度、资源使用量等信息，并将这些信息告诉任务调度器，而调度器会在资源出现空闲时，选择合适的任务使用这些资源。在 Hadoop 中，任务调度器是一个可插拔的模块，用户可以根据自己的需要设计相应的调度器。

3. TaskTracker

TaskTracker 会周期性地通过 Heartbeat 将本节点上资源的使用情况和任务的运行进度汇报给 JobTracker，同时接收 JobTracker 发送过来的命令并执行相应的操作 (如启动新任务、杀死任务等)。

TaskTracker 使用 slot 等量划分本节点上的资源量。slot 代表计算资源 (CPU、内存等)。一个 Task 获取到一个 slot 后才有机会运行，而 Hadoop 调度器的作用就是将各个 TaskTracker 上的空闲 slot 分配给 Task 使用。slot 分为 Map slot 和 Reduce slot 两种，分别供 Map Task 和 Reduce Task 使用。TaskTracker 通过 slot 数目 (可配置参数) 限定 Task 的并发度。

4. Task

Task 分为 Map Task 和 Reduce Task 两种，均由 TaskTracker 启动。HDFS 以固定大小的 block 为基本单位存储数据，而对于 MapReduce 而言，其处理单位是 split。split 是一个逻辑概念，它只包含一些元数据信息，比如数据起始位置、数据长度、数据所在节点等。它的划分方法完全由用户自己决定。但需要注意的是，split 的多少决定了 Map Task 的数目，因为每个 split 会交由一个 Map Task 处理。

Map Task 执行过程如图 2-25 所示。

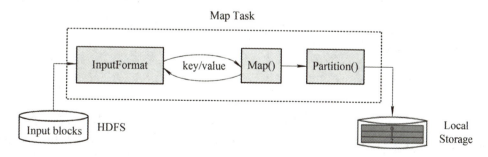

图 2-25　Map Task 执行过程

Map Task 先将对应的 split 迭代解析成一个个 key/value 对，依次调用用户自定义的 Map() 函数进行处理，最终将临时结果存放到本地磁盘上，其中临时数据被分成若干个 Partition，每个 Partition 将被一个 Reduce Task 处理。

Reduce Task 执行过程如图 2-26 所示。

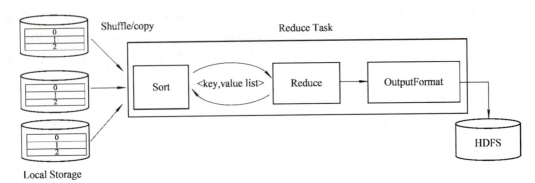

图 2-26　Reduce Task 执行过程

该过程分为三个阶段：① 从远程节点上读取 Map Task 中间结果（称为 Shuffle 阶段）；② 按照 key 对 key/value 对进行排序（称为 Sort 阶段）；③ 依次读取 <key, value list>，调用用户自定义的 reduce() 函数处理，并将最终结果存到 HDFS 上（称为 Reduce 阶段）。

（二）MapReduce 工作流程

顾名思义，MapReduce 计算过程可具体分为两个阶段：Map 阶段和 Reduce 阶段。

Map 阶段输出的结果就是 Reduce 阶段的输入。MapReduce 可以被理解为，将一堆杂乱无章的数据按照某种特征归纳起来，然后处理得到最后的结果。Map 面对的是杂乱无章的互不相关的数据，它解析每个数据，从中提取出 key 和 value，也就是提取了数据的特征。

在 Reduce 阶段，数据是以 key 后面跟着若干个 value 来组织的，这些 value 有相关性。在此基础上我们可以做进一步的处理以便得到结果。

MapReduce 的工作流程如图 2-27 所示。

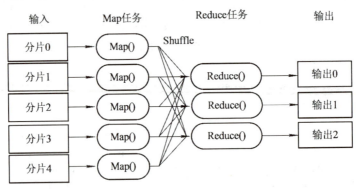

图 2-27　MapReduce 工作流程

从图 2-27 中可以看出，MapReduce 的工作流程大致分为输入、Map 任务、Reduce 任务、输出共四个阶段，而且在 Map 任务和 Reduce 任务阶段之间还包含有一个 Shuffle 过程。以下详细讲解一下 Map 任务阶段、Reduce 任务阶段和 Shuffle 过程。

1. Map 任务阶段详解

job 提交前，先将待处理的文件进行分片（Split）。MR 框架默认将一个块（Block）作为一个分片。客户端应用可以重定义块与分片的映射关系。

Map 任务阶段先把数据放入一个环形内存缓冲区，当缓冲区数据达到 80% 左右时发生溢写 (Spill)，需将缓冲区中的数据写入到本地磁盘。

Map 任务阶段工作流程如图 2-28 所示。

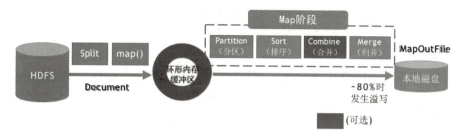

图 2-28　Map 任务阶段工作流程

2. Reduce 阶段详解

前面提到的 MOF 文件是经过排序处理的。当 Reduce Task 接收的数据量不大时，则直接存放在内存缓冲区中，随着缓冲区文件的增多，MR 后台线程将它们合并成一个更大的有序文件，这个动作是 Reduce 阶段的 Merge 操作，过程中会产生许多中间文件，最后一次合并的结果直接输出到用户自定义的 Reduce() 函数。当数据很少时，不需要溢写到磁盘，直接在缓存中归并，然后输出给 Reduce。

Reduce 任务阶段工作流程如图 2-29 所示。

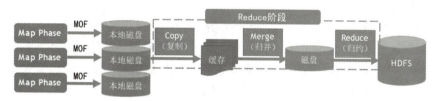

图 2-29　Reduce 任务阶段工作流程

3. Shuffle 过程详解

Shuffle 过程的定义：Map 任务阶段和 Reduce 任务阶段之间传递中间数据的过程，包括 Reduce Task 从各个 Map Task 获取 MOF 文件的过程，以及对 MOF 的排序与合并处理。

Shuffle 过程如图 2-30 所示。

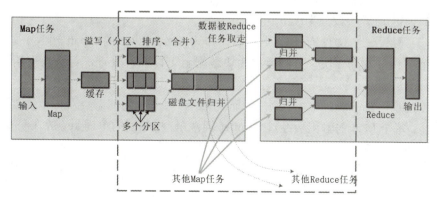

图 2-30　Shuffle 过程

1) Map 端的 Shuffle 过程

输入的数据执行 Map 任务后，会先写入到本地缓存中（缓存默认大小是 100 MB)，缓存数据达到溢写比（默认是 0.8）后，会溢写到本地磁盘中。写入到磁盘之前，会进行数据的分区、排序和可能的合并。由于每次溢写都会形成一个文件，最后需要对所有文件进行归并。归并后的文件数据都是已经分区和排序的。

分区默认采用哈希函数；排序是系统自动完成的，按照分区后的 key 值字典序排序；合并 (Combine) 操作不能改变最终结果；归并在 Map 任务结束之前进行，如果溢写文件数量大于预定值（默认是 3）则可以再次启动 Combiner，少于 3 则不需要，JobTracker 会一直监测 Map 任务的执行，并通知 Reduce 任务来领取数据。

2) Reduce 端的 Shuffle 过程

Reduce 任务通过 RPC 向 JobTracker 询问 Map 任务是否已经完成，若完成，则领取自己分区的数据。领取的数据先放入缓存，若数据量较小，在缓存中执行数据的归并操作，形成 (key，value list) 键值对，直接交由 Reduce() 函数处理；若数据量较大，缓存的文件会先溢写到磁盘，多个溢写文件归并后再把数据交由 Reduce() 函数处理。

（三）MapReduce 实例

为了分析 MapReduce 的编程模型，这里以 WordCount 为实例。就像 Java、C++ 等编程语言的入门程序"Hello World"一样，WordCount 是 MapReduce 最简单的入门程序。

下面我们就来逐步分析。

(1) 场景：假如有大量的文件，里面存储的都是单词。

类似应用场景：WordCount 虽然很简单，但它是很多重要应用的模型。搜索引擎中，统计最流行的 K 个搜索词，统计搜索词频率，帮助优化搜索词提示。

(2) 任务：我们该如何统计每个单词出现的次数？

(3) 将问题规范为：有一批文件（规模为 TB 级或者 PB 级），如何统计这些文件中所有单词出现的次数。

(4) 解决方案：首先，分别统计每个文件中单词出现的次数；然后，累加不同文件中同一个单词出现的次数。

通过上面的分析可知，它其实就是一个典型的 MapReduce 过程。下面我们通过示意图来分析 MapReduce 过程，如图 2-34 所示。

图 2-31 中的流程大概分为以下几步：

第一步：假设一个文件有三行英文单词作为 MapReduce 的 Input(输入)，这里经过 Split 过程把文件分割为 3 块。分割后的 3 块数据就可以并行处理，每一块交给一个 Map 线程处理。

第二步：每个 Map 线程中，以每个单词为 key，以 1 作为词频数 value，然后输出。

第三步：每个 Map 的输出要经过 Shuffle(混洗)，将相同的单词 key 放在一个桶里面，然后交给 Reduce 处理。

第四步：Reduce 接收到 Shuffle 后的数据，会将相同的单词进行合并，得到每个单词的词频数，最后将统计好的每个单词的词频数作为输出结果。

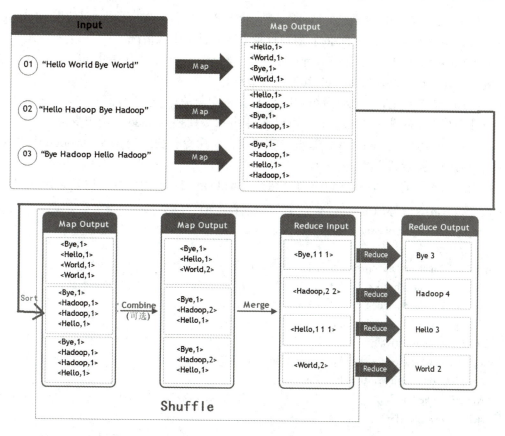

图 2-31　MapReduce 框架完成 WordCount 功能的流程

任 务 实 施

一、配置 SSH 免密钥登录（以 slave1 为 YARN 主节点）

根据"表 2-1 Hadoop 完全分布式部署的服务器角色规划"配置 YARN：主节点 Resource Manager 为 slave1，从节点 NodeManager 为 master、slave1、slave2；配置 HDFS：主节点 NameNode 为 master，从节点 DataNode 为 master、slave1、slave2。

为了完成 Hadoop 集群完全分布式部署，需要做到两个方面的 SSH 免密钥登录：一方面是 HDFS 配置时需要从 master 节点以 SSH 免密钥方式登录到 master、slave1、slave2 其他三个节点，另外一方面是 YARN 配置时需要从 slave1 节点以 SSH 免密钥方式登录到 master、slave1、slave2 其他三个节点。

本节配置 slave1 节点，以 SSH 免密钥方式登录到 master、slave1、slave2 其他三个节点，用户名和 hadoop，接下来的 YARN 和 MapReduce 配置及启动、job 测试等所有任务，如果无须特别的 root 用户权限，均由 hadoop 用户来完成。

配置 SSH 免密钥登录需要按以下步骤来进行：

• 在 master、slave1、slave2 三个节点上，用 hadoop 用户身份登录，并使用 ssh-keygen 命令生成 RSA 密钥对，查看 hadoop 用户目录下 .ssh 目录生成情况。

• 在 slave1 节点上，使用 ssh-copy-id 命令，将 slave1 节点上生成的 hadoop 用户 RSA 公钥复制到 master、slave1、slave2 其他所有节点。

• 在 slave1 节点上，用 ssh 命令测试 SSH 免密钥登录。

如果已经是 root 账户登录状态，可以使用 su 命令切换为 hadoop 用户身份。

注意：root 用户是 Linux 操作系统的超级用户，命令行提示符为 #，hadoop 用户为普通用户，命令行提示符为 $。

(1) 在 slave1 节点上，输入以下命令切换为 hadoop 用户身份，并且生成 RSA 密钥对。

```
[root@slave1 ~]# su-hadoop              # 从 root 用户切换为 hadoop 用户
[hadoop@slave1 ~]$ ll .ssh              # 已经切换为 hadoop 用户
总用量 12K
-rw------- 1 hadoop hadoop  567  8 月 11 17:44 authorized_keys
-rw------- 1 hadoop hadoop 2.6K  8 月 11 17:38 id_rsa
-rw-r--r-- 1 hadoop hadoop  567  8 月 11 17:38 id_rsa.pub
[hadoop@ slave1 ~]$ ssh-keygen          # 生成 RSA 密钥对
Generating public/private rsa key pair.
Enter file in which to save the key (/home/hadoop/.ssh/id_rsa):
/home/hadoop/.ssh/id_rsa already exists.
Overwrite (y/n)? n                      # 密钥对已经存在，输入 n
[hadoop@ slave1 ~]$
```

注意：因为需要在所有节点服务器上生成 RSA 密钥对，所以还需要在另外两个节点服务器 master、slave2 上，使用同样的方法，切换为 hadoop 用户，生成 RSA 密钥对。

(2) 在 slave1 上输入 ssh-copy-id 命令将 RSA 公钥复制到 master、slave1、slave2 所有节点，并且测试 SSH 免密钥登录。

(3) 在 slave1 节点上，按以下操作步骤复制 RSA 公钥、SSH 免密钥登录：

```
[hadoop@ slave1 ~]$ ssh-copy-id -i .ssh/id_rsa.pub master    # 复制 RSA 公钥到 master 节点
[hadoop@ slave1 ~]$ ssh-copy-id -i .ssh/id_rsa.pub slave1    # 复制 RSA 公钥到 slave1 节点
[hadoop@ slave1 ~]$ ssh-copy-id -i .ssh/id_rsa.pub slave2    # 复制 RSA 公钥到 slave2 节点

[hadoop@slave1 ~]$
[hadoop@slave1 ~]$ ssh master          # 测试免密钥登录 master 节点
[hadoop@master ~]$ exit                # 从 master 节点注销会话
注销
Connection to master closed.
[hadoop@slave1 ~]$ ssh slave1          # 测试免密钥登录 slave1 节点
[hadoop@slave1 ~]$ exit                # 从 slave1 节点注销会话
注销
Connection to slave1 closed.
[hadoop@slave1 ~]$ ssh slave2          # 测试免密钥登录 slave2 节点
[hadoop@slave2 ~]$ exit                # 从 slave2 节点注销会话
```

注销
Connection to slave2 closed
[hadoop@slave1 ~]$

二、配置 YARN 与 MapReduce 组件参数

　　YARN 与 MapReduce 组件的参数配置是基于前面 Hadoop 已经安装与 HDFS 已经配置及正常启动的前提下来进行的。

　　YARN 与 MapReduce 组件运行依赖两个参数配置文件，一个是 YARN 组件的配置文件 yarn-site.xml，另一个是 MapReduce 组件的配置文件 mapred-site.xml。

　　注意：Hadoop 集群所有组件 (包含 HDFS、YARN、MapReduce 等) 的参数配置文件都保存在 /opt/hadoop-3.3.4/etc/hadoop 目录下，而且编辑 Hadoop 的参数配置文件均以 hadoop 用户进行。

　　在 slave1 节点上，按以下步骤编辑 YARN 组件配置文件 /opt/hadoop-3.3.4/etc/hadoop/yarn-site.xml：

```
[hadoop@slave1 ~]$ ll /opt/hadoop-3.3.4/etc/hadoop/*-site.xml    # 查看 hadoop 配置文件列表
-rw-r--r-- 1 hadoop hadoop 1.1K  8 月 25 08:53 /opt/hadoop-3.3.4/etc/hadoop/core-site.xml
-rw-r--r-- 1 hadoop hadoop  683  8 月 25 08:53 /opt/hadoop-3.3.4/etc/hadoop/hdfs-rbf-site.xml
-rw-r--r-- 1 hadoop hadoop 1.7K  8 月 25 08:53 /opt/hadoop-3.3.4/etc/hadoop/hdfs-site.xml
-rw-r--r-- 1 hadoop hadoop  620  8 月 25 08:53 /opt/hadoop-3.3.4/etc/hadoop/httpfs-site.xml
-rw-r--r-- 1 hadoop hadoop  682  8 月 25 08:53 /opt/hadoop-3.3.4/etc/hadoop/kms-site.xml
-rw-r--r-- 1 hadoop hadoop  758  8 月 25 08:53 /opt/hadoop-3.3.4/etc/hadoop/mapred-site.xml
-rw-r--r-- 1 hadoop hadoop  690  8 月 25 08:53 /opt/hadoop-3.3.4/etc/hadoop/yarn-site.xml
[hadoop@slave1 ~]$ vi /opt/hadoop-3.3.4/etc/hadoop/yarn-site.xml # 编辑 YARN 参数配置文件
[hadoop@slave1 ~]$ cat /opt/hadoop-3.3.4/etc/hadoop/yarn-site.xml # 查看参数配置文件内容
<?xml version="1.0"?>
<configuration>
<!-- Site specific YARN configuration properties -->
    <!-- 配置 YARN 主节点 ResourceManager 的主机名 -->
    <property>
        <name>yarn.resourcemanager.hostname</name>
        <value>slave1</value>
    </property>
    <!-- 配置 MapReduce 框架的 Shuffle 服务 -->
    <property>
        <name>yarn.nodemanager.aux-services</name>
        <value>mapreduce_shuffle</value>
    </property>
</configuration>
[hadoop@slave1 ~]$
```

　　在 slave1 节点上，按以下步骤编辑 MapReduce 组件配置文件 /opt/hadoop-3.3.4/etc/hadoop/mapred-site.xml：

```
[hadoop@slave1 ~]$ ll /opt/hadoop-3.3.4/etc/hadoop/*-site.xml    # 查看 hadoop 配置文件列表
-rw-r--r-- 1 hadoop hadoop 1.1K  8 月 25 08:53 /opt/hadoop-3.3.4/etc/hadoop/core-site.xml
-rw-r--r-- 1 hadoop hadoop  683  8 月 25 08:53 /opt/hadoop-3.3.4/etc/hadoop/hdfs-rbf-site.xml
-rw-r--r-- 1 hadoop hadoop 1.7K  8 月 25 08:53 /opt/hadoop-3.3.4/etc/hadoop/hdfs-site.xml
-rw-r--r-- 1 hadoop hadoop  620  8 月 25 08:53 /opt/hadoop-3.3.4/etc/hadoop/httpfs-site.xml
-rw-r--r-- 1 hadoop hadoop  682  8 月 25 08:53 /opt/hadoop-3.3.4/etc/hadoop/kms-site.xml
-rw-r--r-- 1 hadoop hadoop  758  8 月 25 08:53 /opt/hadoop-3.3.4/etc/hadoop/mapred-site.xml
-rw-r--r-- 1 hadoop hadoop  690  8 月 25 08:53 /opt/hadoop-3.3.4/etc/hadoop/yarn-site.xml
[hadoop@slave1 ~]$ vi /opt/hadoop-3.3.4/etc/hadoop/mapred-site.xml # 编辑 MapReduce 配置
[hadoop@slave1 ~]$ cat /opt/hadoop-3.3.4/etc/hadoop/mapred -site.xml    # 查看配置文件内容
<?xml version="1.0"?>
<?xml-stylesheet type="text/xsl" href="configuration.xsl"?>
<!-- Put site-specific property overrides in this file. -->
<configuration>
    <!-- 配置 MapReduce 应用程序使用的运行框架 -->
    <property>
        <name>mapreduce.framework.name</name>
        <value>yarn</value>
    </property>
    <!-- 配置 MapReduce JobHistory 服务器及端口 -->
    <property>
        <name>mapreduce.jobhistory.address</name>
        <value> slave1:10020</value>
    </property>
    <!-- 配置 MapReduce JobHistory 服务器 Web 界面及端口 -->
    <property>
        <name>mapreduce.jobhistory.webapp.address</name>
        <value> slave1:19888</value>
    </property>
    <!-- 配置 job 运行时需要的环境变量 -->
    <property>
        <name>mapreduce.admin.user.env</name>
        <value>HADOOP_MAPRED_HOME=${HADOOP_HOME}</value>
    </property>
    <property>
        <name>yarn.app.mapreduce.am.env</name>
        <value>HADOOP_MAPRED_HOME=${HADOOP_HOME}</value>
    </property>
</configuration>
[hadoop@slave1 ~]$
```

三、分发 YARN 与 MapReduce 配置文件

接下来需要将 YARN 与 MapReduce 的参数配置文件分发到其他从节点 (即 master、slave2)，按以下步骤进行：

· 在 slave1 节点上，以 hadoop 用户身份分发参数配置文件到其他 YARN 从节点 (master、slave2)。

· 分别登录所有 YARN 从节点 (slave1、slave2)，以 hadoop 用户身份检查分发结果。

输入以下命令完成以上文件分发的各个步骤：

(1) 在 slave1 节点上，以 hadoop 用户身份分发 YARN 配置文件到其他从节点 (master、slave2)。

```
[root@slave1 ~]# su-hadoop                    # 从 root 用户切换为 hadoop 用户
[hadoop@slave1 ~]$                            # 已经切换为 hadoop 用户
[hadoop@slave1 ~]$ ll /opt/hadoop-3.3.4/etc/hadoop/*-site.xml      # 显示 hadoop 配置文件列表
-rw-r--r-- 1 hadoop hadoop 1.1K  8 月 25 08:53 /opt/hadoop-3.3.4/etc/hadoop/core-site.xml
-rw-r--r-- 1 hadoop hadoop  683  8 月 25 08:53 /opt/hadoop-3.3.4/etc/hadoop/hdfs-rbf-site.xml
-rw-r--r-- 1 hadoop hadoop 1.7K  8 月 25 08:53 /opt/hadoop-3.3.4/etc/hadoop/hdfs-site.xml
-rw-r--r-- 1 hadoop hadoop  620  8 月 25 08:53 /opt/hadoop-3.3.4/etc/hadoop/httpfs-site.xml
-rw-r--r-- 1 hadoop hadoop  682  8 月 25 08:53 /opt/hadoop-3.3.4/etc/hadoop/kms-site.xml
-rw-r--r-- 1 hadoop hadoop 1.3K  8 月 31 11:45 /opt/hadoop-3.3.4/etc/hadoop/mapred-site.xml
-rw-r--r-- 1 hadoop hadoop 1005  8 月 31 11:32 /opt/hadoop-3.3.4/etc/hadoop/yarn-site.xml

# 以下分发 YARN 和 MapReduce 的配置文件到 master 节点
[hadoop@slave1 ~]$ scp /opt/hadoop-3.3.4/etc/hadoop/yarn-site.xml hadoop@master:/opt/
hadoop-3.3.4/etc/hadoop/         # 分发 YARN 配置文件到 master 节点
Authorized users only. All activities may be monitored and reported.
yarn-site.xml                    100%   1005   927.7KB/s  00:00
[hadoop@slave1 ~]$ scp /opt/hadoop-3.3.4/etc/hadoop/mapred-site.xml hadoop@master:/opt/
hadoop-3.3.4/etc/hadoop/         # 分发 MapReduce 配置文件到 master 节点
Authorized users only. All activities may be monitored and reported.
mapred-site.xml                  100%   1239   369.8KB/s  00:00

# 以下分发 YARN 和 MapReduce 的配置文件到 slave2 节点
[hadoop@slave1 ~]$ scp /opt/hadoop-3.3.4/etc/hadoop/yarn-site.xml hadoop@slave2:/opt/
hadoop-3.3.4/etc/hadoop/         # 分发 YARN 配置文件到 master 节点
Authorized users only. All activities may be monitored and reported.
yarn-site.xml                    100%   1005   927.7KB/s  00:00
[hadoop@slave1 ~]$ scp /opt/hadoop-3.3.4/etc/hadoop/mapred-site.xml hadoop@ slave2:/opt/
hadoop-3.3.4/etc/hadoop/         # 分发 MapReduce 配置文件到 master 节点
Authorized users only. All activities may be monitored and reported.
mapred-site.xml                  100%   1239   369.8KB/s  00:00
```

(2) 分别登录所有节点 (master、slave1、slave2)，以 hadoop 用户身份检查分发结果。
在 master 节点上，执行以下命令检查分发结果：

```
[root@master ~]# su-hadoop                          # 从 root 用户切换为 hadoop 用户
[hadoop@master ~]$                                   # 已经切换为 hadoop 用户
[hadoop@master ~]$ cat /opt/hadoop-3.3.4/etc/hadoop/yarn-site.xml        # 查看 YARN 配置文件
<?xml version="1.0"?>
<configuration>
<!-- Site specific YARN configuration properties -->
    <!-- 配置 YARN 主节点 ResourceManager 的主机名 -->
    <property>
        <name>yarn.resourcemanager.hostname</name>
        <value>slave1</value>
    </property>
    <!-- 配置 MapReduce 框架的 Shuffle 服务 -->
    <property>
        <name>yarn.nodemanager.aux-services</name>
        <value>mapreduce_shuffle</value>
    </property>
</configuration>
[hadoop@master ~]$ cat /opt/hadoop-3.3.4/etc/hadoop/mapred-site.xml # 查看 MapReduce 配置
<?xml version="1.0"?>
<?xml-stylesheet type="text/xsl" href="configuration.xsl"?>
<!-- Put site-specific property overrides in this file. -->
<configuration>
    <!-- 配置 MapReduce 应用程序使用的运行框架 -->
    <property>
        <name>mapreduce.framework.name</name>
        <value>yarn</value>
    </property>
    <!-- 配置 MapReduce JobHistory 服务器及端口 -->
    <property>
        <name>mapreduce.jobhistory.address</name>
        <value>slave1:10020</value>
    </property>
    <!-- 配置 MapReduce JobHistory 服务器 Web 界面及端口 -->
    <property>
        <name>mapreduce.jobhistory.webapp.address</name>
        <value> slave1:19888</value>
    </property>
    <!-- 配置 job 运行时需要的环境变量 -->
    <property>
        <name>mapreduce.admin.user.env</name>
        <value>HADOOP_MAPRED_HOME=${HADOOP_HOME}</value>
    </property>
    <property>
```

```
            <name>yarn.app.mapreduce.am.env</name>
            <value>HADOOP_MAPRED_HOME=${HADOOP_HOME}</value>
        </property>
</configuration>
[hadoop@master ~]$
```

在 slave2 节点上，执行以下命令检查分发结果：

```
[root@slave2 ~]# su-hadoop            # 从 root 用户切换为 hadoop 用户
[hadoop@slave2 ~]$                    # 已经切换为 hadoop 用户
[hadoop@slave2 ~]$ cat /opt/hadoop-3.3.4/etc/hadoop/yarn-site.xml    # 查看 YARN 配置文件
<?xml version="1.0"?>
<configuration>
<!-- Site specific YARN configuration properties -->
    <!-- 配置 YARN 主节点 ResourceManager 的主机名 -->
    <property>
        <name>yarn.resourcemanager.hostname</name>
        <value>slave1</value>
    </property>
    <!-- 配置 MapReduce 框架的 Shuffle 服务 -->
    <property>
        <name>yarn.nodemanager.aux-services</name>
        <value>mapreduce_shuffle</value>
    </property>
</configuration>
[hadoop@slave2 ~]$ cat /opt/hadoop-3.3.4/etc/hadoop/mapred-site.xml # 查看 MapReduce 配置
<?xml version="1.0"?>
<?xml-stylesheet type="text/xsl" href="configuration.xsl"?>
<!-- Put site-specific property overrides in this file. -->
<configuration>
    <!-- 配置 MapReduce 应用程序使用的运行框架 -->
    <property>
        <name>mapreduce.framework.name</name>
        <value>yarn</value>
    </property>
    <!-- 配置 MapReduce JobHistory 服务器及端口 -->
    <property>
        <name>mapreduce.jobhistory.address</name>
        <value>slave1:10020</value>
    </property>
    <!-- 配置 MapReduce JobHistory 服务器 Web 界面及端口 -->
    <property>
        <name>mapreduce.jobhistory.webapp.address</name>
        <value> slave1:19888</value>
    </property>
```

```
    <!-- 配置 Job 运行时需要的环境变量 -->
    <property>
        <name>mapreduce.admin.user.env</name>
        <value>HADOOP_MAPRED_HOME=${HADOOP_HOME}</value>
    </property>
    <property>
        <name>yarn.app.mapreduce.am.env</name>
        <value>HADOOP_MAPRED_HOME=${HADOOP_HOME}</value>
    </property>
</configuration>
[hadoop@slave2 ~]$
```

注意：在 slave1 节点，执行与 slave2 节点完全一样的命令检查分发结果。

四、启动集群 YARN 与 JobHistoryServer

至此，YARN 与 Reduce 的安装、配置与分发都全部完成了，现在可以启动和停止 YARN。

要启动 HDFS，需要在 YARN 的 slave1 主节点上执行操作命令，按以下步骤进行：

• 在 slave1 节点上，以 hadoop 用户身份登录，或者从 root 用户切换到 hadoop 用户身份。

• 在 slave1 节点上，检查 HDFS 是否已经正常启动。须确保启动 YARN 前，HDFS 已经正常启动。

• 在 slave1 节点上，以 hadoop 用户身份启动 YARN。

• 在 slave1 节点上，以 hadoop 用户身份启动 JobHistoryServer。

• 在所有节点 (即 master、slave1、slave2) 上，检查 HDFS 进程的启动情况。

• 如果 HDFS 启动失败，则分析故障原因及排除故障。

输入以下命令完成以上启动 HDFS 的各个步骤：

(1) 在 slave1 节点上，以 hadoop 用户身份登录，或者从 root 用户切换到 hadoop 用户身份。

```
[root@slave1 ~]# su-hadoop              # 从 root 用户切换为 hadoop 用户
[hadoop@slave1 ~]$                      # 已经切换为 hadoop 用户
```

(2) 在 slave1 节点上，检查 HDFS 是否已经正常启动。如果未启动，则需要在 master 节点启动 HDFS。

```
[hadoop@slave1 ~]$ hdfs dfsadmin-report       # 查看 HDFS 启动报告
# 如果未启动，则需要在 master 节点启动 HDFS。
# 以下操作为在 master 节点上启动 HDFS
[hadoop@master ~]$ start-dfs.sh                    # 在 master 节点启动 HDFS
[hadoop@master ~]$
```

(3) 在 slave1 节点上，以 hadoop 用户身份启动 YARN。

```
[hadoop@slave1 ~]$ start-          # 输入 start- 之后再连续按两次 Tab 键可获得相关命令提示
start-all.cmd        start-dfs.cmd          start-statd
```

```
start-all.sh          start-dfs.sh          start-yarn.cmd
start-balancer.sh     start-secure-dns.sh   start-yarn.sh
[hadoop@slave1 ~]$ start-yarn.sh              # 以 hadoop 用户身份启动 YARN
[hadoop@slave1 ~]$ start-yarn.sh         # 可以再次运行 start-yarn.sh 命令，观察输出结果
[hadoop@slave1 ~]$
```

(4) 在 slave1 节点上，以 hadoop 用户身份启动 JobHistoryServer。

```
[hadoop@slave1 ~]$ mapred --daemon start historyserver     # 启动 JobHistoryServer 进程
[hadoop@slave1 ~]$
```

(5) 在所有节点 (即 master、slave1、slave2) 上，检查 HDFS、YARN 和 JobHistory Server 进程的启动情况。

在 slave1 节点上，输入 jps 命令查看进程启动情况。可以看到 slave1 节点上运行了 JobHistoryServer、DataNode、ResourceManager、NodeManager 进程，与 "表 2-1 Hadoop 完全分布式部署的服务器角色规划" 中 slave1 节点规划的角色完全一致。

```
[hadoop@slave1 ~]$ jps                    # 在 slave1 节点上查看进程的启动情况
4529 Jps
4161 JobHistoryServer
2497 DataNode
2723 ResourceManager
2872 NodeManager
```

在 master 节点上，输入 jps 命令查看进程启动情况。可以看到 master 节点上运行了 NodeManager、NameNode、DataNode 进程，与 "表 2-1 Hadoop 完全分布式部署的服务器角色规划" 中 master 节点规划的角色完全一致。

```
[hadoop@master ~]$ jps                    # 在 master 节点上查看进程的启动情况
3172 NodeManager
3477 Jps
2570 NameNode
2782 DataNode
```

在 slave2 节点上，输入 jps 命令查看进程的启动情况。可以看到 slave2 节点上运行了 NodeManager、DataNode SecondaryNameNode 进程，与 "表 2-1 Hadoop 完全分布式部署的服务器角色规划" 中 slave2 节点规划的角色完全一致。

```
[hadoop@slave2 ~]$ jps                    # 在 slave2 节点上查看 HDFS 进程的启动情况
3250 Jps
2884 NodeManager
2501 DataNode
2700 SecondaryNameNode
```

(6) 如果 YARN 启动失败，先定位到启动失败的节点，再在启动的节点上通过查看 YARN 事件日志分析故障原因及排除故障。

```
# 假设启动失败节点在 slave1，可在 slave1 上查看 HDFS 事件日志
[hadoop@slave1 ~]$ cd /opt/hadoop-3.3.4/logs/     # 首先进入到 hadoop 的事件日志目录
[hadoop@slave1 logs]$                             # 已经进入到事件日志目录
[hadoop@slave1 logs]$ ll                          # 显示事件日志目录下文件列表
```

```
总用量 1.5M
-rw-rw-r-- 1 hadoop hadoop 1.3M  8 月 31 21:44 hadoop-hadoop-datanode-slave1.log
-rw-rw-r-- 1 hadoop hadoop 820  8 月 31 21:33 hadoop-hadoop-datanode-slave1.out
-rw-rw-r-- 1 hadoop hadoop 40K  8 月 31 21:58 hadoop-hadoop-nodemanager-slave1.log
-rw-rw-r-- 1 hadoop hadoop 2.4K  8 月 31 21:38 hadoop-hadoop-nodemanager-slave1.out
-rw-r--r-- 1 hadoop hadoop 46K  8 月 31 21:48 hadoop-hadoop-resourcemanager-slave1.log
-rw-r--r-- 1 hadoop hadoop 2.4K  8 月 31 21:38 hadoop-hadoop-resourcemanager-slave1.out
-rw-rw-r-- 1 hadoop hadoop   0  8 月 25 15:00 SecurityAuth-hadoop.audit
drwxr-xr-x 2 hadoop hadoop 4.0K  8 月 31 21:38 userlogs
[hadoop@slave1 logs]$ more *.log *.out*        # 查看所有事件日志文件内容
::::::::::::::
hadoop-hadoop-datanode-slave1.log
::::::::::::::
2022-08-25 15:00:16,597 INFO org.apache.hadoop.hdfs.server.datanode.DataNode: STARTUP_MSG:
（其余略）
```

五、验证集群 YARN 与 JobHistoryServer

在 YARN 与 JobHistoryServer 正常成功启动后，要确保 YARN 能够正常使用，可按以下步骤验证：

- 在 slave1 节点，以 hadoop 用户身份登录，或者从 root 用户切换到 hadoop 用户身份。
- 在 slave1 节点，查看 HDFS 启动报告。
- 在所有节点（即 master、slave1、slave2)，检查进程启动情况。
- 在宿主物理主机的浏览器中，查看 HDFS Web 管理页面 http://192.168.5.129:9870。
- 在宿主物理主机的浏览器中，查看 YARN Web 管理页面 http://192.168.5.130:8088。
- 在宿主物理主机的浏览器中，查看 JobHistory Web 管理页面 http://192.168.5.130:19888。

输入以下命令完成以上验证 HDFS 的各个步骤：

(1) 在 slave1 节点上，以 hadoop 用户身份登录，或者从 root 用户切换到 hadoop 用户身份。

```
[root@slave1 ~]# su-hadoop              # 从 root 用户切换为 hadoop 用户
[hadoop@slave1 ~]$                      # 已经切换为 hadoop 用户
```

(2) 在 slave1 节点上，查看 HDFS 启动报告。

```
[hadoop@slave1 ~]$ hdfs dfsadmin –report     # 查看 HDFS 启动报告
```

(3) 在所有节点（即 master、slave1、slave2) 上，检查 HDFS、YARN 和 JobHistory Server 进程的启动情况。

在 slave1 节点上，输入 jps 命令查看进程启动情况。可以看到 slave1 节点上运行了 JobHistoryServer、DataNode、ResourceManager、NodeManager 进程，与"表 2-1 Hadoop 完全分布式部署的服务器角色规划"中 slave1 节点规划的角色完全一致。

```
[hadoop@slave1 ~]$ jps                  # 在 slave1 节点上查看进程的启动情况
4529 Jps
4161 JobHistoryServer
2497 DataNode
```

2723 ResourceManager

2872 NodeManager

在 master 节点上，输入 jps 命令查看进程启动情况。可以看到 master 节点上运行了 NodeManager、NameNode、DataNode 进程，与"表 2-1 Hadoop 完全分布式部署的服务器角色规划"中 master 节点规划的角色完全一致。

```
[hadoop@master ~]$ jps                    # 在 master 节点上查看进程的启动情况
3172 NodeManager
3477 Jps
2570 NameNode
2782 DataNode
```

在 slave2 节点上，输入 jps 命令查看进程启动情况。可以看到 slave2 节点上运行了 NodeManager、DataNode SecondaryNameNode 进程，与"表 2-1 Hadoop 完全分布式部署的服务器角色规划"中 slave2 节点规划的角色完全一致。

```
[hadoop@slave2 ~]$ jps                    # 在 slave2 节点上查看 HDFS 进程的启动情况
3250 Jps
2884 NodeManager
2501 DataNode
2700 SecondaryNameNode
```

(4) 在宿主物理主机的浏览器中，查看 HDFS Web 管理页面 (http://192.168.5.129:9870)。

在宿主物理主机的浏览器中查看 HDFS Web 管理页面之前，应先检查 HDFS 的 master 主节点的防火墙服务是否关闭状态，输入以下命令进行检查：

```
[hadoop@master ~]$ systemctl status firewalld    # 检查 slave1 主节点的防火墙服务是否关闭状态
    firewalld.service - firewalld - dynamic firewall daemon
    Loaded: loaded (/usr/lib/systemd/system/firewalld.service; disabled; vendor preset: enabled)
    Active: inactive (dead)
     Docs: man:firewalld(1)
[hadoop@master ~]$
```

在宿主物理主机中打开浏览器，输入网址 http://192.168.5.129:9870，如图 2-32 所示。

图 2-32　HDFS Web 管理页面

也可以在浏览器直接查看 HDFS 文件系统目录与文件，如图 2-33 所示。

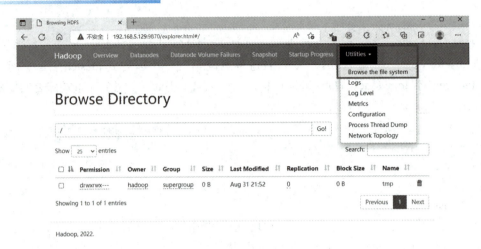

图 2-33 浏览器查看 HDFS 文件系统目录与文件

(5) 在宿主物理主机的浏览器中，查看 YARN Web 管理页面 (http://192.168.5.130:8088)。

在宿主物理主机的浏览器中查看 YARN Web 管理页面之前，应先检查 YARN 的 slave1 主节点的防火墙服务是否关闭状态，输入以下命令进行检查：

[hadoop@slave1 ~]$ **systemctl status firewalld**　# 检查 slave1 主节点的防火墙服务是否关闭状态

　firewalld.service - firewalld - dynamic firewall daemon

　Loaded: loaded (/usr/lib/systemd/system/firewalld.service; disabled; vendor preset: enabled)

　Active: inactive (dead)

　　Docs: man:firewalld(1)

[hadoop@master ~]$

在宿主物理主机中打开浏览器，输入网址 http://192.168.5.130:8088，如图 2-34 所示。

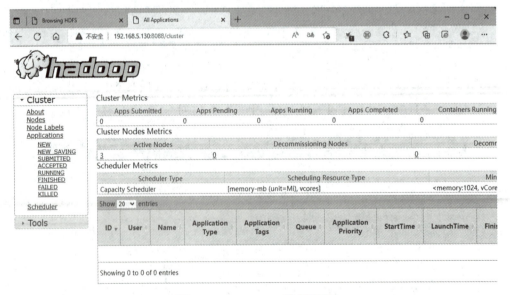

图 2-34 YARN Web 管理页面

(6) 在宿主物理主机的浏览器中，查看 JobHistory Web 管理页面 (http://192.168.5.130: 19888)。

在宿主物理主机的浏览器中查看 JobHistory Web 管理页面之前，应先检查 slave1 节点防火墙服务是否关闭状态，输入以下命令进行检查：

[hadoop@slave1 ~]$ **systemctl status firewalld**　# 检查 slave1 主节点的防火墙服务是否关闭状态
　　firewalld.service - firewalld - dynamic firewall daemon
　　Loaded: loaded (/usr/lib/systemd/system/firewalld.service; disabled; vendor preset: enabled)
　　Active: inactive (dead)
　　　Docs: man:firewalld(1)
[hadoop@master ~]$

在宿主物理主机打开浏览器，输入网址 http://192.168.5.130:19888，如图 2-35 示。

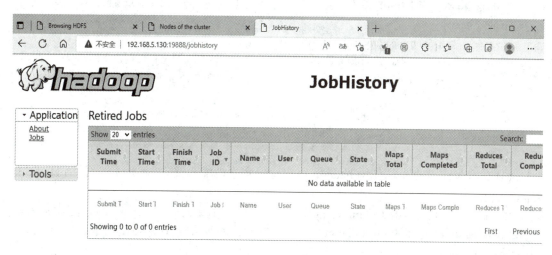

图 2-35　JobHistoryServer Web 管理页面

六、准备 MapReduce 输入文件

至此，Hadoop 集群完全分布式部署全部完成，可以在 Hadoop 集群上运行 MapReduce 任务进行测试了。

进行任务测试前，按以下步骤准备 MapReduce 输入文件：

（1）在 slave1 节点上，以 hadoop 用户身份登录，或者从 root 用户切换到 hadoop 用户身份。

[**root**@slave1 ~]# **su-hadoop**　　　　　　　　# 从 root 用户切换为 hadoop 用户
[**hadoop**@slave1 ~]$　　　　　　　　　　　# 已经切换为 hadoop 用户

（2）在 slave1 节点上，使用 hadoop 用户身份创建新文件 wc.input，作为 MapReduce 输入文件。

[hadoop@slave1 ~]$ **touch wc.input**　　　　# 创建空文件 wc.input
[hadoop@slave1 ~]$ **vi wc.input**　　　　　　# 编辑文件 wc.input
[hadoop@slave1 ~]$ **cat wc.input**　　　　　# 查看文件 wc.input 的文本内容
Hello World Bye World
Hello Hadoop Bye Hadoop
Bye Hadoop Hello Hadoop
[hadoop@slave1 ~]$

七、上传输入文件到 HDFS

在 slave1 节点上，按以下步骤将 MapReduce 输入文件 wc.input 上传到 HDFS 分布式文件系统：

(1) 在 slave1 节点上，以 hadoop 用户身份登录，或者从 root 用户切换到 hadoop 用户身份。

```
[root@slave1 ~]# su-hadoop              # 从 root 用户切换为 hadoop 用户
[hadoop@slave1 ~]$                      # 已经切换为 hadoop 用户
```

(2) 在 slave1 节点上，使用 hadoop 用户身份在 HDFS 中创建输入目录 /input。

```
[hadoop@slave1 ~]$ hdfs dfs -ls /               # 查看 HDFS 分布式文件系统根目录文件列表
Found 1 items
drwxrwx---   - hadoop supergroup          0 2022-08-31 21:52 /tmp
[hadoop@slave1 ~]$ hdfs dfs -mkdir /input       # 在 HDFS 分布式文件系创建目录 /input
[hadoop@slave1 ~]$ hdfs dfs -ls /               # 查看 HDFS 分布式文件系统根目录文件列表
Found 2 items
drwxr-xr-x   - hadoop supergroup          0 2022-08-31 22:39 /input
drwxrwx---   - hadoop supergroup          0 2022-08-31 21:52 /tmp
[hadoop@slave1 ~]$
```

(3) 在 slave1 节点上，使用 hadoop 用户身份将本地输入文件 wc.input 上传到 HDFS 的 /input 目录。

```
[hadoop@slave1 ~]$ hdfs dfs -put wc.input /input   # 上传本地输入文件 wc.input 上传到 HDFS 目录
[hadoop@slave1 ~]$ hdfs dfs -ls /input             # 上传成功，查看 HDFS 目录 /input 文件列表
Found 1 items
-rw-r--r--   3 hadoop supergroup         70 2022-08-31 22:43 /input/wc.input
[hadoop@slave1 ~]$ hdfs dfs -cat /input/wc.input   # 查看 HDFS 文件系统 /input/wc.input 文件内容
Hello World Bye World
Hello Hadoop Bye Hadoop
Bye Hadoop Hello Hadoop
[hadoop@slave1 ~]$
```

八、运行 MapReduce 程序测试 job

在 slave1 节点上，按以下步骤运行 MapReduce 程序测试 job：

(1) 在 slave1 节点上，以 hadoop 用户身份登录，或者从 root 用户切换到 hadoop 用户身份。

```
[root@slave1 ~]# su-hadoop              # 从 root 用户切换为 hadoop 用户
[hadoop@slave1 ~]$                      # 已经切换为 hadoop 用户
```

(2) 在 slave1 节点上，使用 hadoop 用户身份输入以下命令运行 Hadoop 自带的 mapreduce Demo。

```
[hadoop@slave1 ~]$ ll /opt/hadoop-3.3.4/share/hadoop/mapreduce/*example*.jar   # 查看 Demo
-rw-r--r-- 1 hadoop hadoop 275K  8 月 25 08:53 /opt/hadoop-3.3.4/share/hadoop/mapreduce/hadoop-mapreduce-examples-3.3.4.jar
# 运行 MapReduce Demo
[hadoop@slave1 ~]$ hadoop jar /opt/hadoop-3.3.4/share/hadoop/mapreduce/hadoop-mapreduce-
```

examples-3.3.4.jar wordcount /input/wc.input /output　　　　# 运行 Hadoop 自带的 mapreduce Demo

2022-08-31 23:18:37,854 INFO client.DefaultNoHARMFailoverProxyProvider: Connecting to ResourceManager at slave1/192.168.5.130:8032

2022-08-31 23:18:38,236 INFO mapreduce.JobResourceUploader: Disabling Erasure Coding for path: /tmp/hadoop-yarn/staging/hadoop/.staging/job_1661959002714_0001

2022-08-31 23:18:38,438 INFO input.FileInputFormat: Total input files to process : 1

2022-08-31 23:18:38,514 INFO mapreduce.JobSubmitter: number of splits:1

2022-08-31 23:18:38,652 INFO mapreduce.JobSubmitter: Submitting tokens for job: job_1661959002714_0001

2022-08-31 23:18:38,652 INFO mapreduce.JobSubmitter: Executing with tokens: []

2022-08-31 23:18:38,763 INFO conf.Configuration: resource-types.xml not found

2022-08-31 23:18:38,764 INFO resource.ResourceUtils: Unable to find 'resource-types.xml'.

2022-08-31 23:18:39,001 INFO impl.YarnClientImpl: Submitted application application_1661959002714_0001

2022-08-31 23:18:39,031 INFO mapreduce.Job: The url to track the job: http://slave1:8088/proxy/application_1661959002714_0001/

2022-08-31 23:18:39,031 INFO mapreduce.Job: Running job: job_1661959002714_0001

2022-08-31 23:18:45,180 INFO mapreduce.Job: Job job_1661959002714_0001 running in uber mode : false

2022-08-31 23:18:45,181 INFO mapreduce.Job: map 0% reduce 0%

2022-08-31 23:18:50,257 INFO mapreduce.Job: map 100% reduce 0%

2022-08-31 23:18:55,316 INFO mapreduce.Job: map 100% reduce 100%

2022-08-31 23:18:55,321 INFO mapreduce.Job: Job job_1661959002714_0001 completed successfully

2022-08-31 23:18:55,393 INFO mapreduce.Job: Counters: 54

　　　File System Counters

　　　　　FILE: Number of bytes read=53

　　　　　FILE: Number of bytes written=552011

　　　　　FILE: Number of read operations=0

　　　　　FILE: Number of large read operations=0

　　　　　FILE: Number of write operations=0

　　　　　HDFS: Number of bytes read=168

　　　　　HDFS: Number of bytes written=31

　　　　　HDFS: Number of read operations=8

　　　　　HDFS: Number of large read operations=0

　　　　　HDFS: Number of write operations=2

　　　　　HDFS: Number of bytes read erasure-coded=0

　　　Job Counters

　　　　　Launched map tasks=1

　　　　　Launched reduce tasks=1

　　　　　Data-local map tasks=1

　　　　　Total time spent by all maps in occupied slots (ms)=3343

　　　　　Total time spent by all reduces in occupied slots (ms)=2072

　　　　　Total time spent by all map tasks (ms)=3343

　　　　　Total time spent by all reduce tasks (ms)=2072

　　　　　Total vcore-milliseconds taken by all map tasks=3343

　　　　　Total vcore-milliseconds taken by all reduce tasks=2072

```
            Total megabyte-milliseconds taken by all map tasks=3423232
            Total megabyte-milliseconds taken by all reduce tasks=2121728
        Map-Reduce Framework
            Map input records=3
            Map output records=12
            Map output bytes=118
            Map output materialized bytes=53
            Input split bytes=98
            Combine input records=12
            Combine output records=4
            Reduce input groups=4
            Reduce shuffle bytes=53
            Reduce input records=4
            Reduce output records=4
            Spilled Records=8
            Shuffled Maps =1
            Failed Shuffles=0
            Merged Map outputs=1
            GC time elapsed (ms)=145
            CPU time spent (ms)=1550
            Physical memory (bytes) snapshot=341438464
            Virtual memory (bytes) snapshot=5075419136
            Total committed heap usage (bytes)=153751552
            Peak Map Physical memory (bytes)=221351936
            Peak Map Virtual memory (bytes)=2533306368
            Peak Reduce Physical memory (bytes)=120086528
            Peak Reduce Virtual memory (bytes)=2542112768
        Shuffle Errors
            BAD_ID=0
            CONNECTION=0
            IO_ERROR=0
            WRONG_LENGTH=0
            WRONG_MAP=0
            WRONG_REDUCE=0
        File Input Format Counters
            Bytes Read=70
        File Output Format Counters
            Bytes Written=31
[hadoop@slave1 ~]$
```

(3) 在 slave1 节点上，使用 hadoop 用户身份查看 HDFS 上的 /output 目录的运行结果文件。

```
[hadoop@slave1 ~]$ hdfs dfs -ls /output          # 查看 HDFS 上 /output 目录中文件列表
Found 2 items
-rw-r--r--   3 hadoop supergroup        0 2022-08-31 23:18 /output/_SUCCESS
```

```
-rw-r--r--   3 hadoop supergroup        31 2022-08-31 23:18 /output/part-r-00000
 [hadoop@slave1 ~]$ hdfs dfs -cat /input/wc.input        # 再次查看 HDFS 上 /input/wc.input 文件内容
Hello World Bye World
Hello Hadoop Bye Hadoop
Bye Hadoop Hello Hadoop
[hadoop@slave1 ~]$ hdfs dfs -cat /output/part-r-00000    # 查看 MapReduce 运行 wordcount 结果
Bye      3
Hadoop   4
Hello    3
World    2
[hadoop@slave1 ~]$
```

注意： HDFS 上的输出目录 /output 必须不能预先存在，job 运行时将自动创建；否则，运行 MapReduce Job 时就会报错。可以将输出目录修改为其他目录，如 /outpu1。

至此，Hadoop 集群完全分布式部署的所有步骤全部成功完成，而且在其上运行了 MapReduce 自带的 WordCount 程序，运行结果也完全正确。

建议在虚拟机软件 WMware Workstatip Pro 16 中对所有节点 (master、slave1、slave2) 做一下虚拟机快照，保存目前 Hadoop 集群完全分布式的部署正确状态。

模拟测试试卷

一、选择题

1. 下面哪些是 MapReduce 的特点？(　　)(多选)　　　　　　答案：ABD
 A. 易于编程　　　　B. 良好的扩展性　　　　C. 实时计算　　　　D. 高容错性

2. YARN 中资源抽象用什么表示？(　　)　　　　　　　　　　答案：D
 A. 内存　　　　　　B. CPU　　　　　　　　C. 磁盘空间　　　　D. Container

3. 下面哪个是 MapReduce 适合做的？(　　)　　　　　　　　　答案：B
 A. 迭代计算　　　　B. 离线计算　　　　　　C. 实时交互计算　　D. 流式计算

4. 容量调试器有哪些特点？(　　)(多选)　　　　　　　　　　答案：ABCD
 A. 容量保证　　　　B. 灵活性　　　　　　　C. 多重租赁　　　　D. 动态更新配置文件

5. HDFS 联邦环境下，NameSpace(命名空间) 包含以下哪些内容？(　　)(多选)
　　　　　　　　　　　　　　　　　　　　　　　　　　　　答案：ABC
 A. 目录　　　　　　B. 文件　　　　C. 块　　　　　D. 以上全不正确

6. HDFS 联邦机制下，各 NameNode 间元数据是不共享的。(　　)　　答案：A
 A. TRUE　　　　　 B. FALSE

7. HDFS 的副本放置策略中，同一机架不同的服务器之间的距离是 (　　)。答案：B
 A. 1　　　　　　　 B. 2　　　　　　　 C. 3　　　　　　　 D. 4

8. MapReduce 过程中，以下属于 Shuffle 机制的是？(　　)(多选)　　答案：AD
 A. Copy　　　　　　B. Partition　　　　　C. Combine　　　　D. Sort/Merge

9. ApplicationMaster 采用轮询的方式通过 RPC 协议向 ResourceManager 申请和领取资

源。（　　）　　　　　　　　　　　　　　　　　　　　　　　　　　　答案：A

A. TRUE　　　　　B. FALSE

10. 在YARN的任务调度中，一旦ApplicationMaster申请到资源后，便与对应的ResourceManager通信，要求它启动任务。（　　）　　　　　　　答案：B

A. TRUE　　　　　B. FALSE

11. 下列哪个命令是从HDFS下载目录/文件到本地的？（　　）　　　答案：C

A. dfs -put　　　　B. dfs -cat　　　　　C. dfs -get　　　　D. dfs -mkdir

12. 以下选项中属于HDFS架构关键特性的是？（　　）（多选）　　答案：ABCD

A. HA 高可靠性　　　　　　　　B. 健壮机制

C. 元数据持久化机制　　　　　　D. 多方式访问机制

13. Hadoop 集群中包含了多种服务，每种服务又由若干角色组成，下面哪些是服务的角色？（　　）（多选）　　　　　　　　　　　　　　　　答案：BC

A. HDFS　　　　　B. NameNode　　　　C. DataNode　　　　D. HBase

14. 假设 HDFS 在写入数据时只存 2 份，那么在写入过程中，HDFS Client 先将数据写入 DataNode1，再将数据写入 DataNode2。（　　）　　　　　答案：B

A. TRUE　　　　　B. FALSE

15. 容量调度器在进行资源分配，现有同级的 2 个队列 Q1 和 Q2，它们的容量均为30，其中 Q1 已使用 8，Q2 已使用 14，则会优先将资源分配 Q1。（　　）　答案：A

A. TRUE　　　　　B. FALSE

16. YARN 中，从节点负责以下哪些工作？（　　）（多选）　　　答案：BC

A. 集群中所有资源的统一管理和分配　　B. 监督 Container 的生命周期管理

C. 监控每个 Container 的资源使用情况　　D. 管理日志和不同应用程序用到的附属服务

17. YARN 调度器分配资源的顺序，下面哪一个描述是正确的？（　　）答案：C

A. 任意机器→本地资源→同机架　　　　B. 任意机器→同机架→本地资源

C. 本地资源→同机架→任意机器　　　　D. 同机架→任意机器→本地资源

18. 以下哪个不属于 Hadoop 中 MapReduce 组件的特点？（　　）　答案：C

A. 高容错　　　B. 良好的扩展性　　　C. 实时计算　　　D. 易于编程

19. Hadoop 系统中，如果 HDFS 文件系统的备份因子是 3，那么 MapReduce 每次允许 Task 都是从 3 个有副本的机器上传输需要处理的文件。（　　）　　答案：B

A. TRUE　　　　　B. FALSE

20. 下列选项中，哪些是 MapReduce 一定会有的过程？（　　）　　答案：BCD

A. Combine　　　B. Map　　　　C. Reduce　　　D. Partition

二、简答题

1. HDFS 是什么？它适合做什么？

2. HDFS 包含哪些角色？

3. 简述 HDFS 的读写流程。

4. YARN 包含哪些角色？

5. 简述 YARN 的工作原理。

6. 简述 MapReduce 的工作原理。

项目三

Hadoop 生态系统常用组件部署

任务 1   HBase 的安装部署与基本使用

任 务 目 标

知识目标

(1) 熟悉 HBase 的相关概念与数据模型。

(2) 熟悉 HBase 的系统架构。

(3) 熟悉 HBase Shell 常用命令的用法。

能力目标

(1) 能够熟练完成 HBase 的完全分布式安装与配置。

(2) 能够熟练完成 HBase 的启动。

(3) 能够熟练完成 HBase 的验证。

(4) 能够熟练使用 HBase Shell 的常用命令。

知 识 准 备

一、HBase 简介

(一) HBase 的定义

HBase 是一种分布式、高可靠性、高性能、面向列、可扩展、支持海量数据存储的 NoSQL 数据库。HBase 是 Google 用来存储大规模数据的一个分布式系统 Big Table 的实现。

面向列存储数据库会使用到哈希表，这个表中有一个特定的键和一个指向特定数据的指针 (即 Key/value)。面向列存储数据库通常用来应对分布式存储的海量数据，在这种数据库中，键仍然存在，但是它们指向多个列。

NoSQL 最常见的解释是 "Non-relational"，此外 "Not Only SQL" 也被很多人接受。NoSQL 仅仅是一个概念，泛指非关系型的数据库，区别于关系数据库，它们不保证关系数据的 ACID 特性。

NoSQL 有如下优点：

(1) 易扩展。NoSQL 数据库种类繁多，但其共同的特点都是去掉了关系数据库的关系型特性，使得数据之间无关系，数据库极易扩展，也在架构层面上增加了可扩展性。

(2) 大数据量，高性能。NoSQL 数据库具有非常高的读写性能，尤其在大数据量下表现同样优秀。这得益于它的无关系性和数据库的结构简单。

注意：Hadoop 3.3.x 适配的 HBase 版本为 HBase 2.3.x 和 HBase 2.4.x。

（二）HBase 的数据模型

逻辑上，HBase 的数据模型与关系型数据库很类似，数据存储在一张表中，有行有列。但从 HBase 的底层物理存储结构 (Key-Value) 来看，HBase 更像是一个多维地图。

为了更好地理解 HBase 的数据模型，我们先来看一个行式存储和列式存储的对比实例。

传统的数据库是关系型的，且是按行来存储的，如图 3-1 所示。

姓名	小学名称	初中名称	高中名称	本科名称	硕士名称	博士名称
张三	XX小学	YY中学	ZZ中学	清华	清华	清华
李四	XX小学	YY中学	ZZ中学	北大	北大	
王五	XX小学	YY中学	ZZ中学	中科大		
赵六	XX小学	YY中学	ZZ中学			

行式存储

图 3-1　关系型数据库：行式存储

其中只有张三把一行数据填满了，李四、王五、赵六的行都没有填满。因为这里的行结构是固定的，每一行都一样，即使不用，也必须空到那里，而不能没有。

为了区别于传统的数据库，新型数据库 (也叫作非关系型数据库) 是按列来存储的，如图 3-2 所示。

姓名	学校类别	学校名称
张三	小学名称	XX小学
张三	初中名称	YY中学
张三	高中名称	ZZ中学
张三	本科名称	清华
张三	硕士名称	清华
张三	博士名称	清华
李四	小学名称	XX小学
李四	初中名称	YY中学
李四	高中名称	ZZ中学
李四	本科名称	北大
李四	硕士名称	北大
王五	小学名称	XX小学
王五	初中名称	YY中学
王五	高中名称	ZZ中学
王五	本科名称	中科大
赵六	小学名称	XX小学
赵六	初中名称	YY中学
赵六	高中名称	ZZ中学

列式存储

图 3-2　非关系型数据库：列式存储

通过以上行式存储与列式存储的实例对比，可以总结出它们之间的转换关系：

(1) 行式存储中张三的一列 (单元格) 数据对应列式存储中张三的一行数据。

(2) 行式存储中张三的六列数据变成了列式存储中的六行数据。

(3) 行式存储中的六列数据是在一行，所以共用一个主键 (即张三)。在列式存储中变成了六行，每行都需要一个主键，行式存储中的主键 (即张三) 重复了六次。

将行式存储与列式存储的进行对比区别如下：

(1) 行式存储倾向于结构固定，列式存储倾向于结构弱化。

(2) 行式存储相当于套餐，即使一个人来了也给你上八菜一汤，造成浪费；列式存储相当于自助餐，按需自取，人少了也不浪费。

(3) 行式存储一行数据只需一份主键，列式存储一行数据需要多份主键。

(4) 行式存储存储的都是业务数据，列式存储除了业务数据外，还要存储列名。

通过以上的实例对比，我们可对列式存储有了直观的认识和了解，接下来我们了解 HBase 的逻辑结构和物理存储结构。

1. HBase 的逻辑结构

HBase 的数据模型逻辑结构与关系型数据库很类似，数据存储在一张表中，有行有列。横轴按 Row Key(行键) 水平切分，纵轴按 Column Family(列族) 垂直切分，如图 3-3 所示。

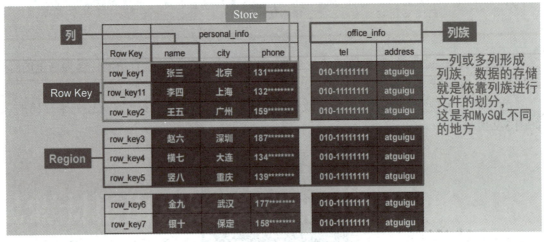

图 3-3　HBase 的逻辑结构

(1) Row。

HBase 表中的每行数据都由一个 Row Key 和多个 Column(列) 组成，数据是按照 Row Key 的字典顺序存储的，数值大排在后面，数值小排在前面，有数值比没有数值大。查询数据时只能根据 Row Key 进行检索，所以 Row Key 的设计十分重要。

(2) Column。

HBase 中的每个 Column 都由 Column Family 和 Column Qualifier(列限定符) 进行限定，例如 info：name，info：age。

Column Family 就是列的家庭。一个 Column Family 包含多个 Column。Column 可以动态添加。Column Family 的作用可以简单理解为文件系统的文件夹，文件夹中的文件相当于 Column。

建表时，只需指明 Column Family，而 Column Qualifier 无须预先定义。HBase 的数据存储以 Column Family 为单位。

(3) Region。

HBase 表在行的方向上横向分为多个 Region。Region 是 HBase 中分布式存储和负载均衡的最小单元。HBase 定义表时只需要声明列族即可，不需要声明具体的列。这意味着，向 HBase 写入数据时，字段可以动态、按需指定。因此，和关系型数据库相比，HBase 能够轻松应对字段变更的场景。

(4) Store。

每一个 Region 由一个或多个 Store 组成，至少有一个 Store。HBase 会把同时访问的数据放在一个 Store 中，即为每个 Column Family 建一个 Store(即有几个 Column Family，也就有几个 Store)。一个 Store 由一个 MemStore 和 0 或多个 StoreFile 组成。HBase 以 Store 的大小来判断是否需要切分 Region。

图 3-3 中有 6 块 Store 存放在 HDFS 中，也就是说，实际的数据存放在 HDFS。除 Store 外的其他数据属于元数据，可以存放在内存中。

2. HBase 的物理存储结构

HBase 的底层物理存储结构采用 K-V 键值对形式，如图 3-4 所示。

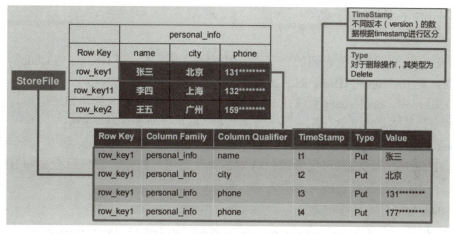

图 3-4　HBase 的物理存储结构

每条数据的存储内容包含了一个 K-V 键值对，其中的 V 就是我们写入的值，而 Key 由以下部分组成：Row Key、Columm Family、Column Qualifier、Time Stamp(时间戳)。Type(操作类型) 分为 Put、Delete、DeleteColumn、DeleteFamily 等。

整个列表是 Key 的顺序列表，其排序规则如下：Row Key 小的排在前面；Row Key 相同则比较 Column Family；Column Family 相同则比较 Column Qualifier；Column Qualifier 相同则比较 TimeStamp，TimeStamp 大的在前面。按照这个顺序读取指定 Row Key 的某一列数据时，最先获得的数据就是最新的版本。若是 Delete 操作，则说明最后执行了删除操作，即使后面有数据，最新数据也为空 (Null)。

二、HBase 系统架构

(一) HBase 系统架构介绍

HBase 的系统架构如图 3-5 所示。

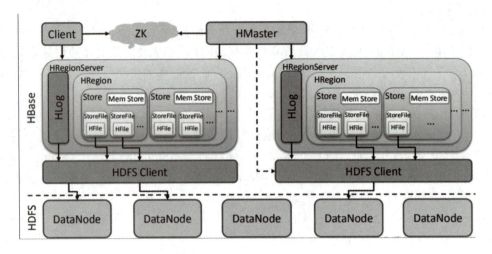

图 3-5 HBase 的系统架构

HBase 系统遵循 Master/Salve 架构，由三种不同类型的组件组成：ZooKeeper(简称 ZK)、HMaster 和 HRegion Server。

1. ZooKeeper

ZooKeeper 是一个开放源码的分布式应用程序协调服务，是 Google 的 Chubby 的一个开源实现，是 Hadoop 和 HBase 的重要组件。

在 HBase 中，ZooKeeper 负责在 HMaster 和 HRegionServer 之间协调通信和共享状态。HBase 的设计策略是将 ZooKeeper 用于瞬态数据 (即用于协调和状态通信)。

Zookeeper 在 HBase 集群中的主要作用有：(1) 维护管理 HBase 相关元数据信息；(2) 实现 HMaster 节点的高可用管理；(3) 对集群状态进行监控，宕机后会通知 HMaster；(4) 提供分布式锁，保证数据写入事务的一致性。

2. HMaster

HMaster 负责 HRegionServer 中 Region 的分配、数据库的创建和删除操作。

HMaster 在 HBase 集群中的主要作用有：(1) 调控 HRegionServer 的工作，在集群启动的时候分配 Region，根据恢复服务或者负载均衡的需要重新分配 Region；(2) 监控集群中的 HRegionServer 的工作状态；(3) 管理数据库，提供创建、删除或者更新数据库的接口。

3. HRegionServer

HRegionServer 是 HBase 集群中最核心的组件，主要负责用户数据的写入、读取等操作。

HRegionServer 在 HBase 集群中的主要作用有：(1) 负责维护 HMaster 分配给它的 Region，并处理发送到 Region 上的 IO 请求；(2) 负责切分正在运行过程中变得过大的 Region。

(二) HBase 关键流程

1. 读取数据流程

客户端读取数据流程如图 3-6 所示。

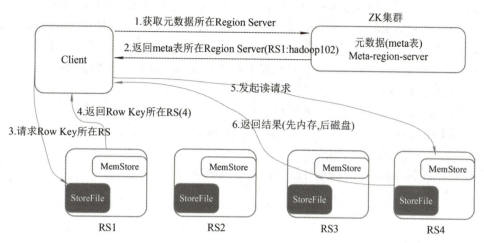

图 3-6　HBase 读取数据流程

(1) Client 先访问 ZooKeeper，获取 Hbase:meta 表位于哪个 Region Server。

(2) 访问对应的 Region Server，获取 Hbase:meta 表，根据读请求的 NameSpace:Table/Row Key，查询出目标数据位于哪个 Region Server 的哪个 Region 中，并将该 Table 的 Region 信息以及 meta 表的位置信息缓存在客户端的 Meta Cache 中，方便下次访问；

(3) 与目标 Region Server 进行通信；

(4) 分别在 Block Cache(读缓存)、MemStore 和 StoreFile(HFile) 中查询目标数据，并将查到的所有数据进行合并。此处所有数据是指同一条数据的不同版本 (TimeStamp) 或者不同的类型 (Put/Delete)。

(5) 将从文件中查询到的数据块 (Block，HFile 数据存储单元，默认大小为 64 KB) 缓存到 Block Cache 中。

(6) 将合并后的最终结果返回给客户端。

2. 写入数据流程

HBase 客户端写入数据流程如图 3-7 所示。

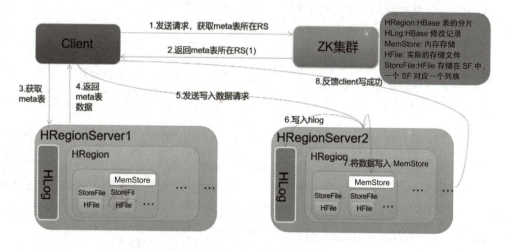

图 3-7　HBase 写入数据流程

(1) Client 先访问 ZooKeeper，获取 Hbase:meta 表位于哪个 Region Server；

(2) 访问对应的 Region Server，获取 Hbase:meta 表，根据写请求的 NameSpace:Table/Row Key，查询出目标数据位于哪个 Region Server 中的哪个 Region 中，并将该 Table 的 Region 信息以及 meta 表的位置信息缓存在客户端的 Meta Cache，方便下次访问；

(3) 与目标 Region Server 进行通信；

(4) 将数据顺序写入 (追加) 到 WAL；

(5) 将数据写入对应的 MemStore，数据会在 MemStore 进行排序；

(6) 向客户端发送 ACK；

(7) 等达到 MemStore 的刷写时机后，将数据刷写到 HFile。

三、HBase 常用 Shell 命令

(一) 常用命令

HBase Shell 提供了大多数的 HBase 命令，通过 HBase Shell，用户可以方便地创建、删除及修改表，还可以向表中添加数据，列出表中的相关信息等。HBase Shell 常用命令如表 3-1 所示。

表 3-1　HBase Shell 常用命令

命令	描述	语法
help' 命令名 '	查看命令的使用描述	help' 命令名 '
whoami	我是谁	whoami
version	返回 hbase 版本信息	version
status	返回 hbase 集群的状态信息	status
table_help	查看如何操作表	table_help
create	创建表	create ' 表名 ',' 列族名 1',' 列族名 2',' 列族名 N'
alter	修改列族	添加一个列族：alter ' 表名 ',' 列族名 ' 删除列族：alter' 表名 ', 'delete'=> ' 列族名 '
describe	显示表相关的详细信息	describe ' 表名 '
list	列出 Hbase 中存在的所有表	list
exists	测试表是否存在	exists ' 表名 '
put	添加或修改的表的值	put ' 表名 ',' 行键 ',' 列族名 ',' 列值 ' put ' 表名 ',' 行键 ',' 列族名 : 列名 ',' 列值 '
scan	通过对表的扫描来获取对应的值	scan ' 表名 ' 扫描某个列族：scan ' 表名 ', {COLUMN=>' 列族名 '} 扫描某个列族的某个列：scan' 表名 ', {COLUMN=>' 列族名 : 列名 '} 查询同一个列族的多个列：scan' 表名 ', {COLUMNS => [' 列族名 1: 列名 1',' 列族名 1: 列名 2',…]}
get	获取行或单元 (cell) 的值	get ' 表名 ',' 行键 ' get ' 表名 ',' 行键 ',' 列族名 '

命令	描述	语法
count	统计表中行的数量	count ' 表名 '
incr	增加指定表行或列的值	incr ' 表名 ',' 行键 ',' 列族 : 列名 ', 步长值
get_counter	获取计数器	get_counter ' 表名 ',' 行键 ',' 列族 : 列名 '
delete	删除指定对象的值（可以为表，行，列对应的值，另外也可以指定时间戳的值）	删除列族的某个列：delete ' 表名 ',' 行键 ',' 列族名 : 列名 '
deleteall	删除指定行的所有元素值	deleteall ' 表名 ',' 行键 '
truncate	重新创建指定表	truncate ' 表名 '
enable	使表有效	enable ' 表名 '
is_enabled	是否启用	is_enabled ' 表名 '
disable	使表无效	disable ' 表名 '
is_disabled	是否无效	is_disabled ' 表名 '
drop	删除表	drop 的表必须是 disable 的 disable ' 表名 ' drop ' 表名 '
shutdown	关闭 Hbase 集群（与 exit 不同）	
tools	列出 Hbase 所支持的工具	
exit	退出 Hbase Shell	

（二）HBase 单机模式部署

可以在 HBase 的单机模式下练习 HBase 的操作命令。按以下步骤配置 HBase 单机模式：

- 在 /opt 目录下解压 HBase 离线压缩包。
- 修改 HBase 配置文件：hbase-env.sh、hbase-site.xml。
- 启动 HBase(单机模式)。
- 进入 HBase Shell，使用 Shell 命令。

按以下步骤，以 hadoop 用户身份，输入以下命令配置 HBase 单机模式：

(1) 在 /opt 目录下解压 HBase 离线压缩包。

```
[root@master ~]# su-hadoop                              # 将 root 用户切换为 hadoop 用户
[hadoop@master ~]$                                      # 已经切换为 hadoop 用户
[hadoop@master ~]$ cd /opt                              # 改变到 /opt 目录
[hadoop@master opt]$ tar -zxvf hbase-2.4.14-bin.tar.gz  # 以 hadoop 用户身份解压缩安装包
```

(2) 修改 HBase 配置文件：hbase-env.sh、hbase-site.xml。

```
[hadoop@master conf]$ cd /opt/hbase-2.4.14/conf/       # 改变到 HBase 配置文件目录
[hadoop@master conf]$ vi hbase-env.sh                  # 修改 hbase-env.sh 环境配置文件
[hadoop@master conf]$ tail hbase-env.sh                # 新增了 JAVA_HOME 环境变量
（其余略）
# export GREP="${GREP-grep}"
```

```
# export SED="${SED-sed}"
export JAVA_HOME="/opt/jdk1.8.0_341/"
[hadoop@master conf]$ vi hbase-site.xml                          # 修改 hbase-site.xml 配置文件
[hadoop@master conf]$ cat hbase-site.xml                         # 新增 2 项配置属性，其他属性不变
<?xml version="1.0"?>
<?xml-stylesheet type="text/xsl" href="configuration.xsl"?>
<configuration>
  <!-- hbase 根目录 -->                                           # 新增 hbase 根目录配置属性
  <property>
    <name>hbase.rootdir</name>
    <!-- <value>file:///opt/hbase-2.4.14/hbase-root</value> -->
    <value>hdfs://master:8020/hbase</value>                      # 建议使用 HDFS 保存 hbase 文件
  </property>
  <!--hbase 是否分布式 -->
  <property>
    <name>hbase.cluster.distributed</name>
    <value>false</value>
  </property>
  <!--hbase 文件异步读写控制 -->                                   # 新增 hbase 文件异步读写控制
  <property>
    <name>hbase.wal.provider</name>
    <value>filesystem</value>
  </property>

  <property>
    <name>hbase.tmp.dir</name>
    <value>./tmp</value>
  </property>
  <property>
    <name>hbase.unsafe.stream.capability.enforce</name>
    <value>false</value>
  </property>
</configuration>
[hadoop@master conf]$
```

(3) 启动 HBase(单机模式)。

```
[hadoop@master hbase-2.4.14]$ cd /opt/hbase-2.4.14              # 进入 hbase 目录
[hadoop@master hbase-2.4.14]$ bin/start-hbase.sh               # 启动 hbase( 单机模式 )
SLF4J: Class path contains multiple SLF4J bindings.
SLF4J: See http://www.slf4j.org/codes.html#multiple_bindings for an explanation.
SLF4J: Actual binding is of type [org.slf4j.impl.Reload4jLoggerFactory]
[hadoop@master hbase-2.4.14]$ jps                              # 检查 hbase 启动进程
48864 HMaster                                                 # 单机模式下仅启动这个进程
49057 Jps
```

在宿主物理主机的浏览器中打开网址 http://192.168.5.129:16010，如图 3-8 所示。

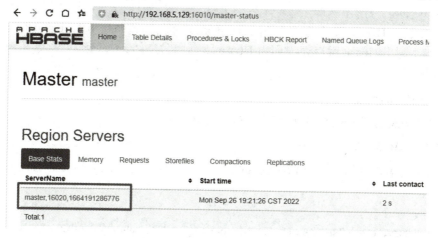

图 3-8 HBase 单机模式 Web UI

（4）进入 HBase Shell，使用 Shell 命令。

```
[hadoop@master hbase-2.4.14]$ cd /opt/hbase-2.4.14          # 进入 Hbase 目录
[hadoop@master hbase-2.4.14]$ bin/hbase shell              # 进入 HBase Shell
SLF4J: Class path contains multiple SLF4J bindings.
SLF4J: See http://www.slf4j.org/codes.html#multiple_bindings for an explanation.
SLF4J: Actual binding is of type [org.slf4j.impl.Reload4jLoggerFactory]
HBase Shell
Use "help" to get list of supported commands.
Use "exit" to quit this interactive shell.
For Reference, please visit: http://hbase.apache.org/2.0/book.html#shell
Version 2.4.14, r2e7d75a892000071a7479b2f668c4db7a241be3f, Tue Aug 23 23:33:09 UTC 2022
Took 0.0024 seconds
hbase:001:0> status                                        # 查看 Hbase 状态
1 active master, 0 backup masters, 1 servers, 0 dead, 2.0000 average load
Took 0.4246 seconds
hbase:002:0> list                                          # 列出 Hbase 所有表
TABLE
0 row(s)
Took 0.0146 seconds
=> []
hbase:003:0> list_namespace                                # 列出 Hbase 所有命名空间
NAMESPACE
default
hbase
2 row(s)
Took 0.0210 seconds
hbase:004:0> version                                       # 查看 Hbase 版本
2.4.14, r2e7d75a892000071a7479b2f668c4db7a241be3f, Tue Aug 23 23:33:09 UTC 2022
```

Took 0.0003 seconds

hbase:005:0>

注意： 进入 HBase Shell 命令环境后，首先分别输入 status、list、list_namespace 查看 hbase 状态、列出 Hbase 所有表、列出 Hbase 所有命名空间。若这三个命令都未出错，才能正常使用 Shell 命令。

（三）操作示例

可以在 HBase 的单机模式下练习 HBase 的操作命令。

1. DDL 操作示例

数据定义语言 (Data Definition Language，DDL) 操作主要用来定义、修改和查询表数据库模式。

(1) 创建一个表。

hbase:008:0> **create 'table', 'column_family', 'column_family1', 'column_family2'** # 创建一个表

Created table table

Took 0.6825 seconds

=> Hbase::Table – table

(2) 列出所有表。

hbase:009:0> **list**   # 列出所有表

TABLE

table

1 row(s)

Took 0.0117 seconds

=> ["table"]

hbase:010:0>

(3) 获取表的描述。

hbase:010:0> **describe 'table'**   # 获取表的描述

Table table is ENABLED

table

COLUMN FAMILIES DESCRIPTION

{NAME => 'column_family', BLOOMFILTER => 'ROW', IN_MEMORY => 'false', VERSIONS => '1',

KEEP_DELETED_CELLS

=> 'FALSE', DATA_BLOCK_ENCODING => 'NONE', COMPRESSION => 'NONE', TTL =>

'FOREVER', MIN_VERSIONS => '0', B

LOCKCACHE => 'true', BLOCKSIZE => '65536', REPLICATION_SCOPE => '0'}

（其余略）

3 row(s)

Quota is disabled

Took 0.1257 seconds

hbase:011:0>

(4) 添加一个列族。

hbase:002:0> **alter 'table', 'column_family3'**   # 添加一个列族

Updating all regions with the new schema...

```
1/1 regions updated.
Done.
Took 1.6721 seconds
```

(5) 删除一个列族。

```
hbase:005:0> alter 'table','delete'=>'column_family3'          # 删除一个列族
Updating all regions with the new schema...
1/1 regions updated.
Done.
Took 1.5785 seconds
hbase:006:0>
```

(6) 删除一个表。

```
hbase:017:0> create 'stu','grade','score'          # 新建一个表 stu
Created table stu
Took 0.6284 seconds
=> Hbase::Table - stu
hbase:019:0> disable 'stu'          # 禁用表 stu
Took 0.3441 seconds
hbase:020:0> drop 'stu'          # 删除表 stu
Took 0.3468 seconds
hbase:021:0>
```

(7) 查询表是否存在。

```
hbase:022:0> exists 'table'          # 查询 table 表是否存在
Table table does exist
Took 0.0061 seconds
=> true
hbase:023:0> exists 'stu'          # 查询 stu 表是否存在
Table stu does not exist
Took 0.0033 seconds
=> false
hbase:024:0>
```

(8) 查看表是否可用。

```
hbase:024:0> is_enabled 'table'          # 查询 table 表是否可用
true
Took 0.0093 seconds
=> true
hbase:025:0> is_enabled 'stu'          # 查询 stu 表是否可用
ERROR: Unknown table stu!
For usage try 'help "is_enabled"'
Took 0.0042 seconds
hbase:026:0>
```

2. DML 操作示例

DML(Data Manipulation Language，数据操作语言) 操作主要用来对表中的数据进行

插入、获取、更新、扫描、删除、统计和清空。

(1) 插入数据。

```
hbase:001:0> create 'emp','col_f1'              # 新建表 emp
Created table emp
Took 0.9587 seconds
=> Hbase::Table - emp
hbase:002:0> put 'emp','rw1','col_f1:name','tanggao'  # 向 emp 表的 rw1 行、col_f1 列族插入一列数值
Took 0.1196 seconds
hbase:003:0> put 'emp','rw1','col_f1:age','20'    # 向 emp 表的 rw1 行、col_f1 列族插入一列数值
Took 0.0069 seconds
hbase:004:0> put 'emp','rw1','col_f1:sex','boy'   # 向 emp 表的 rw1 行、col_f1 列族插入一列数值
Took 0.0158 seconds
hbase:005:0>
```

(2) 获取数据。

```
hbase:006:0> get 'emp','rw1'                     # 获取 emp 表的 rw1 行的所有数据
COLUMN              CELL
 col_f1:age          timestamp=2022-09-26T20:36:59.255, value=20
 col_f1:name         timestamp=2022-09-26T20:36:42.508, value=tanggao
 col_f1:sex          timestamp=2022-09-26T20:37:19.781, value=boy

1 row(s)
Took 0.0593 seconds
hbase:007:0> get 'emp','rw1','col_f1'            # 获取 emp 表 rw1 行、col_f1 列族的所有数据
COLUMN              CELL
 col_f1:age          timestamp=2022-09-26T20:36:59.255, value=20
 col_f1:name         timestamp=2022-09-26T20:36:42.508, value=tanggao
 col_f1:sex          timestamp=2022-09-26T20:37:19.781, value=boy
1 row(s)
Took 0.0123 seconds
hbase:008:0>
```

(3) 更新一条记录。

```
hbase:008:0> put 'emp','rw1','col_f1:age','22'   # 更新 emp 表的 rw1 行、col_f1 列族中 age 列的值
Took 0.0115 seconds
hbase:009:0> get 'emp','rw1','col_f1:age'        # 查看更新的结果
COLUMN              CELL
 col_f1:age          timestamp=2022-09-26T20:43:48.871, value=22
1 row(s)
Took 0.0075 seconds
hbase:010:0>
```

(4) 全表扫描。

```
hbase:004:0> scan 'emp'              # emp 全表扫描
ROW              COLUMN+CELL
 rw1             column=col_f1:age, timestamp=2022-09-26T20:43:48.871, value=22
 rw1             column=col_f1:name, timestamp=2022-09-26T20:36:42.508, value=tanggao
```

```
rw1                    column=col_f1:sex, timestamp=2022-09-26T20:37:19.781, value=boy
1 row(s)
Took 0.0179 seconds
hbase:005:0>
```

(5) 删除一列。

```
hbase:005:0> delete 'emp','rw1','col_f1:age'     # 删除 emp 表 rw1 行中的一个列
Took 0.0254 seconds
hbase:006:0> get 'emp','rw1'                      # 检查删除操作的结果
COLUMN              CELL
 col_f1:age         timestamp=2022-09-26T20:36:59.255, value=20
 col_f1:name        timestamp=2022-09-26T20:36:42.508, value=tanggao
 col_f1:sex         timestamp=2022-09-26T20:37:19.781, value=boy
1 row(s)
Took 0.0072 seconds
hbase:007:0> delete 'emp','rw1','col_f1:age'     # 删除 emp 表 rw1 行中的一个列
Took 0.0093 seconds
hbase:008:0> get 'emp','rw1'                      # 检查删除操作的结果
COLUMN              CELL
 col_f1:name        timestamp=2022-09-26T20:36:42.508, value=tanggao
 col_f1:sex         timestamp=2022-09-26T20:37:19.781, value=boy
1 row(s)
Took 0.0082 seconds
hbase:009:0>
```

(6) 删除行的所有单元格。

```
hbase:012:0> deleteall 'emp','rw1'               # 删除 emp 表 rw1 行的所有列
Took 0.0044 seconds
hbase:013:0> scan 'emp'                          # emp 全表扫描
ROW                 COLUMN+CELL
0 row(s)
Took 0.0022 seconds
hbase:014:0>
```

(7) 统计表中的行数。

```
hbase:016:0> count 'emp'                          # 统计表中的行数
0 row(s)
Took 0.0111 seconds
=> 0
```

(8) 清空整张表。

```
hbase:017:0> truncate 'emp'                       # 清空整个表 emp
Truncating 'emp' table (it may take a while):
Disabling table...
Truncating table...
Took 1.0284 seconds
hbase:018:0>
```

任务实施

一、HBase 完全分布式安装、配置与验证

(一) HBase 完全分布式安装的服务器角色规划

HBase 完全分布式安装的服务器角色规划如表 3-2 所示。

表 3-2   HBase 完全分布式安装的服务器角色规划

master (IP: 192.168.5.129)	slave1 (IP: 192.168.5.130)	slave2 (IP: 192.168.5.131)
HMaster	Backup HMaster	
HRegionServer	HRegionServer	HRegionServer
Zookeeper	ZooKeeper	ZooKeeper

从表 3-2 中可以看出，master 节点作为 HBase 的主节点，slave1 节点作为 HBase 的备份主节点，其他所有节点 (包含 master、slave1、slave2) 都作为 HBase 的从节点。另外，利用所有三个节点建立了一个 ZooKeeper 的集群。

(二) 离线安装 HBase 所需软件包下载

教学中 HBase 完全分布式安装建议采用离线方式安装，即预先下载好所需软件包后再安装。所需要的软件下载清单及官方下载网址如表 3-3 所示。

表 3-3   离线安装 HBase 所需要的软件下载清单及官方下载网址

任务名称	所需软件下载清单	官方下载网址
HBase完全 分布式安装	hbase-2.4.14	https://hbase.apache.org/ https://hbase.apache.org/downloads.html
	ZooKeeper-3.7.1	https://zookeeper.apache.org/ https://zookeeper.apache.org/releases.html

(三) HBase 完全分布式安装与配置

HBase 完全分布式安装与配置按以下步骤进行：

• 以 master 主节点为中心的免密登录配置。因为前面配置 HDFS 集群时已经做过该配置，所以此步骤可以免去具体的操作。

• 通过 SecureCRT 上传 HBase、ZooKeeper 离线安装包到 master 主节点虚拟机 /opt 目录。

• 切换到 hadoop 用户，以 hadoop 用户身份解压缩 ZooKeeper 离线安装包文件。

• 安装并启动 ZooKeeper 集群。

• 切换到 hadoop 用户，以 hadoop 用户身份解压缩 HBase 离线安装包文件。

• 创建或修改配置文件。HBase 安装共需要配置三个配置文件，分别为 hbase-env.sh、regionservers、hbase-site.xml。

• 从 master 节点分发安装配置好的 HBase 软件到其他从节点 (包含 slave1、slave2)。

输入以下命令完成以上 HBase 完全分布式安装与配置：

(1) 以 master 主节点为中心的免密登录配置。因为前面配置 HDFS 集群时已经做过该配置，所以此步骤可以免去具体的操作。

(2) 通过 SecureCRT 上传 HBase、ZooKeeper 离线安装包到 master 主节点虚拟机 /opt 目录。

```
[root@master opt]# cd /opt/                    # 改变到 /opt 目录
[root@master opt]# ll                          # 查看上传成功的 HBase、ZooKeeper 离线安装包
总用量 936M
-rw-r--r--  1 root  root  13M  9 月 26 22:10 apache-zookeeper-3.7.1-bin.tar.gz
drwxr-xr-x 11 hadoop hadoop 4.0K  8 月 25 14:24 hadoop-3.3.4
-rw-r--r--  1 root  root  664M  8 月 12 11:39 hadoop-3.3.4.tar.gz
-rw-r--r--  1 root  root  273M  9 月 13 21:02 hbase-2.4.14-bin.tar.gz
drwxr-xr-x  8 root  root  4.0K  8 月 9 21:49 jdk1.8.0_341
-rw-r--r--. 1 root  root  1.7K  1 月 29 2022 openEuler.repo
[root@master opt]#
```

(3) 切换到 hadoop 用户，以 hadoop 用户身份解压缩 ZooKeeper 离线安装包文件。

```
[root@master ~]# su-hadoop                    # 从 root 用户切换为 hadoop 用户
[hadoop@master ~]$                            # 已经切换为 hadoop 用户
[hadoop@master ~]$ cd /opt                    # 改变到 /opt 目录
[hadoop@master opt]$ tar -zxvf apache-zookeeper-3.7.1-bin.tar.gz        # 解压 ZooKeeper 安装包
[hadoop@master opt]$ mv apache-zookeeper-3.7.1-bin zookeeper-3.7.1     # 修改 ZooKeeper 目录名
```

(4) 安装并启动 ZooKeeper 集群。

先在 master 节点安装并配置 ZooKeeper。

```
[hadoop@master conf]$ cd /opt/zookeeper-3.7.1/conf/     # 改变到 ZooKeeper 的 conf 目录
[hadoop@master conf]$ cp zoo_sample.cfg zoo.cfg        # 从模板复制 ZooKeeper 配置文件
[hadoop@master conf]$ mkdir /opt/zookeeper-3.7.1/zkData # 创建 ZooKeeper 数据存储目录
[hadoop@master conf]$ touch /opt/zookeeper-3.7.1/zkData/myid   # 创建 myid 文件
[hadoop@master conf]$ echo 1 > /opt/zookeeper-3.7.1/zkData/myid # 往 myid 文件中写入数字 1
[hadoop@master conf]$ cat /opt/zookeeper-3.7.1/zkData/myid     # 查看 myid 文件内容
1
[hadoop@master conf]$ vi zoo.cfg                       # 编辑 ZooKeeper 配置文件
( 其余略 )
# 修改 dataDir 配置参数，注释掉原始的设置: /tmp/zookeeper
dataDir=/opt/zookeeper-3.7.1/zkData

# 在文件末尾添加以下内容
server.1=master:2888:3888
server.2=slave1:2888:3888
server.3=slave2:2888:3888
```

```
# 配置参数解读
# server.A=B:C:D
# A 是一个数字，表示这个是第几号服务器
# 集群模式下配置一个文件 myid，这个文件在 dataDir 目录下，这个文件里面有一个数据就是 A 的值，
ZooKeeper 启动时读取此文件，拿到里面的数据后将其与 zoo.cfg 里面的配置信息比较，从而判断
到底是哪个 server
# B 是这个服务器的地址
# C 是这个服务器 Follower 与集群中的 Leader 服务器交换信息的端口
# D 是集群中的 Leader 服务器宕机时，用来重新选举出一个新的 Leader，从而执行选举时服务器相
互通信的端口。
```

从 master 节点分发 ZooKeeper 到 slave1、slave2 节点。

```
[root@master ~]# su-hadoop                                      # 从 root 用户切换为 hadoop 用户
[hadoop@master ~]$                                             # 已经切换为 hadoop 用户
[hadoop@master ~]$ cd /opt                                     # 改变到 /opt 目录
[hadoop@master opt]$ scp -r zookeeper-3.7.1/ hadoop@slave1:/opt/   # 分发到 slave1 节点
[hadoop@master opt]$ scp -r zookeeper-3.7.1/ hadoop@slave2:/opt/   # 分发到 slave2 节点
```

分别在 slave1、slave2 节点修改 myid 文件内容为 2、3。

```
# 在 slave1 节点，先切换为 hadoop 用户身份
[hadoop@slave1 opt]$ echo 2 > /opt/zookeeper-3.7.1/zkData/myid    # 更改 myid 内容为 2
[hadoop@slave1 opt]$ cat /opt/zookeeper-3.7.1/zkData/myid         # 查看 myid 更改后的文本
2

# 在 slave2 节点，先切换为 hadoop 用户身份
[hadoop@slave2 opt]$ echo 3 > /opt/zookeeper-3.7.1/zkData/myid    # 更改 myid 内容为 2
[hadoop@slave2 opt]$ cat /opt/zookeeper-3.7.1/zkData/myid         # 查看 myid 更改后的文本
3
```

在所有节点 (master、slave1、slave2) 上分别启动 ZooKeeper，全部启动完成后查看 ZooKeeper 状态。

输入以下命令，在 master 上启动 ZooKeeper：

```
[hadoop@master opt]$ cd /opt/zookeeper-3.7.1/                   # 改变到 ZooKeeper 目录
[hadoop@master zookeeper-3.7.1]$ bin/zkServer.sh start          # 在 master 上启动 ZooKeeper
ZooKeeper JMX enabled by default
Using config: /opt/zookeeper-3.7.1/bin/../conf/zoo.cfg
Starting zookeeper ... STARTED
[hadoop@master zookeeper-3.7.1]$
```

输入以下命令，在 slave1 上启动 ZooKeeper：

```
[hadoop@slave1 opt]$ cd /opt/ZooKeeper-3.7.1/                   # 改变到 ZooKeeper 目录
[hadoop@ slave1 ZooKeeper-3.7.1]$ bin/zkServer.sh start         # 在 slave1 上启动 ZooKeeper
ZooKeeper JMX enabled by default
Using config: /opt/ZooKeeper-3.7.1/bin/../conf/zoo.cfg
Starting ZooKeeper ... STARTED
[hadoop@ slave1 ZooKeeper-3.7.1]$
```

输入以下命令，在 slave2 上启动 ZooKeeper：

```
[hadoop@slave2 opt]$ cd /opt/ZooKeeper-3.7.1/           # 改变到 ZooKeeper 目录
[hadoop@ slave2 ZooKeeper-3.7.1]$ bin/zkServer.sh start    # 在 slave2 上启动 ZooKeeper
ZooKeeper JMX enabled by default
Using config: /opt/ZooKeeper-3.7.1/bin/../conf/zoo.cfg
Starting ZooKeeper ... STARTED
[hadoop@ slave2 ZooKeeper-3.7.1]$
```

全部节点启动完成后，分别在各个节点上查看 ZooKeeper 状态。

在 master 节点上查看 ZooKeeper 状态：

```
[hadoop@master ZooKeeper-3.7.1]$ bin/zkServer.sh status # 在 master 节点上查看 ZooKeeper 状态
ZooKeeper JMX enabled by default
Using config: /opt/ZooKeeper-3.7.1/bin/../conf/zoo.cfg
Client port found: 2181. Client address: localhost. Client SSL: false.
Mode: follower
[hadoop@master ZooKeeper-3.7.1]$
```

在 slave1 节点上查看 ZooKeeper 状态：

```
[hadoop@slave1 ZooKeeper-3.7.1]$ bin/zkServer.sh status # 在 slave1 节点上查看 ZooKeeper 状态
ZooKeeper JMX enabled by default
Using config: /opt/ZooKeeper-3.7.1/bin/../conf/zoo.cfg
Client port found: 2181. Client address: localhost. Client SSL: false.
Mode: leader
[hadoop@slave1 ZooKeeper-3.7.1]$
```

在 slave2 节点上查看 ZooKeeper 状态：

```
[hadoop@slave2 ZooKeeper-3.7.1]$ bin/zkServer.sh status   # 在 slave2 节点上查看 ZooKeeper 状态
ZooKeeper JMX enabled by default
Using config: /opt/ZooKeeper-3.7.1/bin/../conf/zoo.cfg
Client port found: 2181. Client address: localhost. Client SSL: false.
Mode: follower
[hadoop@slave2 ZooKeeper-3.7.1]$
```

(5) 在 master 节点上，切换到 hadoop 用户，以 hadoop 用户身份解压缩 HBase 离线安装包文件。

```
[root@master ~]# su-hadoop                           # 从 root 用户切换为 hadoop 用户
[hadoop@master ~]$                                   # 已经切换为 hadoop 用户
[hadoop@master ~]$ cd /opt                           # 改变到 /opt 目录
[hadoop@master opt]$ tar -zxvf hbase-2.4.14-bin.tar.gz   # 以 hadoop 用户身份解压缩安装包
[hadoop@master opt]$ ll                              # 查看解压缩之后的 hbase 目录
总用量 936M
drwxr-xr-x  11 hadoop hadoop 4.0K  8 月 25 14:24 hadoop-3.3.4
-rw-r--r--  1 root  root  664M  8 月 12 11:39 hadoop-3.3.4.tar.gz
drwxr-xr-x  7 hadoop hadoop 4.0K  9 月 15 21:05 hbase-2.4.14
-rw-r--r--  1 root  root  273M  9 月 13 21:02 hbase-2.4.14-bin.tar.gz
drwxr-xr-x  8 root  root  4.0K  8 月  9 21:49 jdk1.8.0_341
-rw-r--r--.  1 root  root  1.7K  1 月 29 2022 openEuler.repo
```

```
[hadoop@master opt]$ du -ch hbase-2.4.14/          # 统计解压缩后 hbase 目录占用容量
（以上内容略）
16K      hbase-2.4.14/hbase-webapps/rest
732K     hbase-2.4.14/hbase-webapps
347M     hbase-2.4.14/
347M     总用量
```

（6）在 master 节点上，以 hadoop 用户身份创建或修改 HBase 相关配置文件，共需要配置三个配置文件，分别为 hbase-env.sh、regionservers、hbase-site.xml。

① hbase-env.sh 配置文件用于增加环境变量 export JAVA_HOME=/opt/jdk1.8.0_341 等。

```
[root@master ~]# su-hadoop                          # 从 root 用户切换为 hadoop 用户
[hadoop@master ~]$                                  # 已经切换为 hadoop 用户
[hadoop@master ~]$ cd /opt/hbase-2.4.14/conf/       # 改变到 HBase 配置文件目录
[hadoop@master conf]$ vi hbase-env.sh               # 编辑 hbase-env.sh 配置文件
[hadoop@master conf]$ tail hbase-env.sh             # 显示文件末尾增加的环境变量内容
（以上内容略）
# 在配置文件末尾增加以下环境变量
export JAVA_HOME=/opt/jdk1.8.0_341/
export HBASE_MANAGES_ZK=fasle                       # 设置为 false，使用独立的 ZooKeeper
# export HBASE_DISABLE_HADOOP_CLASSPATH_LOOKUP="true"


[hadoop@master conf]$
```

② regionservers 配置文件表示 HBase 从节点服务器，将三个节点服务器名称填写其中即可。

```
[hadoop@master conf]$ vi regionservers              # 编辑配置文件
[hadoop@master conf]$ cat regionservers             # 显示编辑完成后配置文件内容
master
slave1
slave2
[hadoop@master conf]$
```

③ hbase-site.xml 配置文件是 HBase 的主配置文件，包含了 HBase 与 ZooKeeper 的配置参数。

```
[hadoop@master conf]$ vi hbase-site.xml             # 编辑配置文件内容
[hadoop@master conf]$ cat hbase-site.xml            # 显示编辑完成后配置文件内容
（其余内容略）
<!-- 设置 HBase 是否完全分布式部署 -->
<property>
  <name>hbase.cluster.distributed</name>
  <value>true</value>
</property>
<!-- 设置 HBase 在 HDFS 中的根目录 -->
<property>
  <name>hbase.rootdir</name>
```

```
    <value>hdfs://master:8020/hbase</value>
  </property>
  <!-- hbase 文件异步读写控制 -->
  <property>
    <name>hbase.wal.provider</name>
    <value>filesystem</value>
  </property>


  <!-- 设置 HBase 的临时目录 -->
  <property>
    <name>hbase.tmp.dir</name>
    <value>./tmp</value>
  </property>
  <!-- 避免 HBase 启动失败 -->
  <property>
    <name>hbase.unsafe.stream.capability.enforce</name>
    <value>false</value>
  </property>
</configuration>
[hadoop@master conf]$
```

(7) 从 master 节点分发安装配置好的 HBase 软件到其他从节点 (包含 slave1、slave2)。

```
[root@master ~]# su-hadoop                    # 从 root 用户切换为 hadoop 用户
[hadoop@master ~]$                            # 已经切换为 hadoop 用户
[hadoop@master ~]$ cd /opt                    # 改变到 /opt 目录
[hadoop@master opt]$ scp -r hbase-2.4.14 hadoop@slave1:/opt/   # 将 HBase 分发到 slave1 节点
[hadoop@master opt]$ scp -r hbase-2.4.14 hadoop@slave2:/opt/   # 将 HBase 分发到 slave2 节点
```

（四）启动 HBase 集群

因为 HBase 是基于 Hadoop 的，所以要启动 HBase，首先要启动 HDFS、YARN。按以下步骤启动 HBase 集群：

• 在 master 节点，以 hadoop 用户身份登录，或者从 root 用户切换到 hadoop 用户，以 hadoop 用户身份启动 HDFS。

• 在 slave1 节点，以 hadoop 用户身份登录，或者从 root 用户切换到 hadoop 用户，以 hadoop 用户身份启动 YARN。

• 在所有节点 (即 master、slave1、slave2)，检查 HDFS、YARN 进程启动情况。

• 在 master 节点，改变到 HBase 安装目录，运行 bin/start-hbase.sh，启动 HBase 服务。

• 如果 HBase 启动失败，分析故障原因并排除故障。

输入以下命令完成以上启动 HBase 集群的各个步骤：

(1) 在 master 节点上，以 hadoop 用户身份登录，或者从 root 用户切换到 hadoop 用户，以 hadoop 用户身份启动 HDFS。

```
[root@master ~]# su-hadoop                    # 从 root 用户切换为 hadoop 用户
[hadoop@master ~]$                            # 已经切换为 hadoop 用户
```

```
[hadoop@master ~]$ start-dfs.sh                    # 启动 HDFS
[hadoop@master ~]$
```

(2) 在 slave1 节点上，以 hadoop 用户身份登录，或者从 root 用户切换到 hadoop 用户，以 hadoop 用户身份启动 YARN。

```
[root@slave1 ~]# su – hadoop                        # 从 root 用户切换为 hadoop 用户
[hadoop@slave1 ~]$                                  # 已经切换为 hadoop 用户
[hadoop@slave1 ~]$ start-yarn.sh                    # 启动 YARN
[hadoop@slave1 ~]$
```

(3) 在所有节点（即 master、slave1、slave2）上检查 HDFS、YARN 进程启动情况。

```
[hadoop@master ~]$ jps                              # 在 master 节点检查进程启动情况
3057 Jps
1877 DataNode
1672 NameNode
2748 NodeManager
[hadoop@master ~]$
```

(4) 在 master 节点上，改变到 HBase 安装目录，运行 bin/start-hbase.sh，启动 HBase 服务。

```
[root@master ~]# su-hadoop                          # 从 root 用户切换为 hadoop 用户
[hadoop@master ~]$                                  # 已经切换为 hadoop 用户
[hadoop@master ~]$ cd /opt/hbase-2.4.14             # 改变到 HBase 安装目录
[hadoop@master hbase-2.4.14]$ bin/start-hbase.sh    # 启动 HBase 服务
SLF4J: Class path contains multiple SLF4J bindings.
SLF4J: Found binding in [jar:file:/opt/hbase-2.4.14/lib/slf4j-reload4j-1.7.36.jar!/org/slf4j/impl/
StaticLoggerBinder.class]
SLF4J: Found binding in [jar:file:/opt/hbase-2.4.14/lib/client-facing-thirdparty/slf4j-reload4j-1.7.33.jar!/
org/slf4j/impl/StaticLoggerBinder.class]
SLF4J: See http://www.slf4j.org/codes.html#multiple_bindings for an explanation.
SLF4J: Actual binding is of type [org.slf4j.impl.Reload4jLoggerFactory]
SLF4J: Class path contains multiple SLF4J bindings.
```

（余下略）

(5) 如果 HBase 启动失败，分析故障原因并排除故障。

注意：必要时删除 WALs 文件，输入命令：

```
$ hdfs dfs -rm -R /hbase/WALs/*                     # 必要时删除 WALs 文件
$ rm –rf /opt/hbase-2.4.14/tmp                      # 必要时删除 HBase 临时文件
$ hdfs namenode –format                            # 必要时重新格式化 namenode
```

（五）验证 HBase 集群

在确定 HBase 集群正常成功启动后，按以下步骤验证 HBase：

• 在所有节点（即 master、slave1、slave2）上，以 hadoop 用户身份登录，或者从 root 用户切换到 hadoop 用户身份，检查 HBase 进程启动情况。

• 在宿主物理主机的浏览器中，查看 HBase Web 管理页面（http://192.168.5.129:16010）。输入以下命令完成以上验证 HBase 的各个步骤：

(1) 在所有节点 (即 master、slave1、slave2) 上，以 hadoop 用户身份登录，或者从 root 用户切换到 hadoop 用户身份，检查 HBase 进程启动情况。

以下操作是在 master 节点进行

[**root**@master ~]# **su-hadoop**	# 从 root 用户切换为 hadoop 用户
[**hadoop**@master ~]$	# 已经切换为 hadoop 用户
[hadoop@master ~]$ **jps**	# 在 master 节点上查看 HBase 进程启动情况
30864 DataNode	
30576 NameNode	
33745 HRegionServer	
33281 QuorumPeerMain	
33523 HMaster	
34805 Jps	

以下操作是在 slave1 节点进行

[hadoop@ slave1 ~]$ **jps**	# 在 slave1 节点上查看 HBase 进程启动情况
30338 DataNode	
31286 HRegionServer	
31118 QuorumPeerMain	
31663 Jps [hadoop@slave1 ~]$	

以下操作是在 slave2 节点进行

[hadoop@ slave2 ~]$ **jps**	# 在 slave1 节点上查看 HBase 进程启动情况
29154 Jps	
27733 SecondaryNameNode	
27530 DataNode	
28571 QuorumPeerMain	
28734 HRegionServer	
[hadoop@slave2 ~]$	

(2) 在宿主物理主机的浏览器中，查看 HDFS Web 管理页面 (http://192.168.5.129:16010)，如图 3-9 所示。

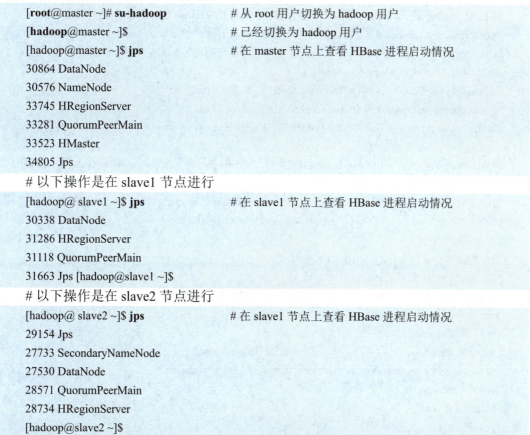

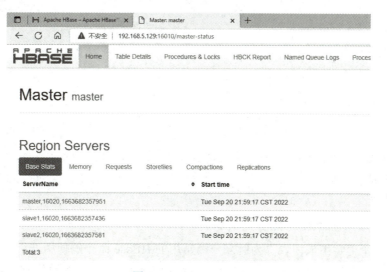

图 3-9 HBase Web UI

二、HBase 的基本使用

(一) 进入 HBase Shell

执行以下命令进入 HBase Shell，然后就可以使用 HBase Shell 命令操作数据库了。

```
[root@master ~]# su-hadoop              # 从 root 用户切换为 hadoop 用户
[hadoop@master ~]$                      # 已经切换为 hadoop 用户
[hadoop@master ~]$ cd /opt/hbase-2.4.14 # 改变到 HBase 安装目录
[hadoop@master hbase-2.4.14]$ bin/hbase shell # 进入 HBase Shell
SLF4J: Class path contains multiple SLF4J bindings.
SLF4J: Found binding in [jar:file:/opt/hadoop-3.3.4/share/hadoop/common/lib/slf4j-reload4j-1.7.36.jar!/
org/slf4j/impl/StaticLoggerBinder.class]
SLF4J: Found binding in [jar:file:/opt/hbase-2.4.14/lib/client-facing-thirdparty/slf4j-reload4j-1.7.33.jar!/
org/slf4j/impl/StaticLoggerBinder.class]
SLF4J: See http://www.slf4j.org/codes.html#multiple_bindings for an explanation.
SLF4J: Actual binding is of type [org.slf4j.impl.Reload4jLoggerFactory]
HBase Shell
Use "help" to get list of supported commands.
Use "exit" to quit this interactive shell.
For Reference, please visit: http://hbase.apache.org/2.0/book.html#shell
Version 2.4.14, r2e7d75a892000071a7479b2f668c4db7a241be3f, Tue Aug 23 23:33:09 UTC 2022
Took 0.0015 seconds
hbase:001:0> status                     # 查询 HBase 服务状态
1 active master, 0 backup masters, 3 servers, 0 dead, 0.3333 average load
Took 0.4749 seconds
hbase:002:0> list                       # 查询 HBase 数据库中存在的所有表
TABLE
0 row(s)
Took 0.0189 seconds
=> []
hbase:003:0> list_namespace             # 查询 HBase 数据库中命名空间
NAMESPACE
default
hbase
2 row(s)
Took 0.0486 seconds
hbase:004:0> version                    # 查询 HBase 的版本
2.4.14, r2e7d75a892000071a7479b2f668c4db7a241be3f, Tue Aug 23 23:33:09 UTC 2022
Took 0.0002 seconds
hbase:005:0>
```

(二) HBase 操作表实例

下面以一个 "学生成绩表" 为例来介绍常用的 HBase 命令的使用方法。

表 3-4 是一张学生成绩单，其中，name 是行键；grade 是一个特殊列族，只有一列并

且没有名字 (列族下面的列可以没有名字)；course 是一个列族，由 3 个列组成 (Chinese、Math 和 English)。用户可以根据需要在 course 中建立更多的列，如 Computing、Physics 等。

表3-4 学 生 成 绩 单

name	grade	course		
		Chinese	Math	English
ZhangSan	1	90	85	85
LiSi	2	97	100	92

按以下步骤输入命令来建立一个 HBase 的表。

(1) 建立一个表 scores，包含两个列族：grade 和 course。

```
hbase:001:0> create 'scores','grade','course'        # 创建表 scores，包含两个列族
Created table scores
Took 1.0720 seconds
=> Hbase::Table - scores
hbase:002:0> list                                    # 列出 HBase 中所有表
TABLE
scores
1 row(s)
Took 0.0041 seconds
=> ["scores"]
hbase:008:0>
hbase:008:0> desc 'scores'                           # 查询 scores 表的结构
Table scores is ENABLED
scores
COLUMN FAMILIES DESCRIPTION
{NAME => 'course', BLOOMFILTER => 'ROW', IN_MEMORY => 'false', VERSIONS => '1', KEEP_
DELETED_CELLS => 'FALSE', DATA_BLOC
K_ENCODING => 'NONE', COMPRESSION => 'NONE', TTL => 'FOREVER', MIN_VERSIONS => '0',
BLOCKCACHE => 'true', BLOCKSIZE => '
65536', REPLICATION_SCOPE => '0'}

{NAME => 'grade', BLOOMFILTER => 'ROW', IN_MEMORY => 'false', VERSIONS => '1', KEEP_
DELETED_CELLS => 'FALSE', DATA_BLOCK
_ENCODING => 'NONE', COMPRESSION => 'NONE', TTL => 'FOREVER', MIN_VERSIONS => '0',
BLOCKCACHE => 'true', BLOCKSIZE => '6
5536', REPLICATION_SCOPE => '0'}

2 row(s)
Quota is disabled
Took 0.0465 seconds
hbase:009:0>
```

(2) 按设计的表结构添加值。

```
# 按设计的表结构添加值
hbase:009:0> put 'scores','ZhangSan','grade','1'        # 往 scores 表中添加值，行键值 ZhangSan
Took 0.0974 seconds
hbase:010:0> put 'scores','ZhangSan','course:Chinese','90'    # 往 scores 表中添加值，列族扩展新列
Took 0.0135 seconds
hbase:011:0> put 'scores','ZhangSan','course:Math','85'
Took 0.0074 seconds
hbase:012:0> put 'scores','ZhangSan','course:English','85'
Took 0.0053 seconds
hbase:013:0> put 'scores','LiSi','grade','2'            # 往 scores 表中添加值，行键值 LiSi
Took 0.0055 seconds
hbase:014:0> put 'scores','LiSi','course:Chinese','97'         # 往 scores 表中添加值，列族扩展新列
Took 0.0059 seconds
hbase:015:0> put 'scores','LiSi','course:Math','100'
Took 0.0060 seconds
hbase:016:0> put 'scores','LiSi','course:English','92'
Took 0.0048 seconds
hbase:017:0>
```

(3) 扫描所有数据。

```
hbase:017:0> scan 'scores'                    # 扫描 scores 表的所有数据
ROW          COLUMN+CELL
 LiSi        column=course:Chinese, timestamp=2022-09-28T07:25:14.624, value=97
 LiSi        column=course:English, timestamp=2022-09-28T07:25:48.805, value=92
 LiSi        column=course:Math, timestamp=2022-09-28T07:25:30.992, value=100
 LiSi        column=grade:, timestamp=2022-09-28T07:24:52.305, value=2
 ZhangSan    column=course:Chinese, timestamp=2022-09-28T07:23:49.454, value=90
 ZhangSan    column=course:English, timestamp=2022-09-28T07:24:37.194, value=85
 ZhangSan    column=course:Math, timestamp=2022-09-28T07:24:05.115, value=85
 ZhangSan    column=grade:, timestamp=2022-09-28T07:23:22.863, value=1
2 row(s)
Took 0.0535 seconds
hbase:018:0>
```

(4) 根据键值查询数据。

```
hbase:018:0> get 'scores','ZhangSan'               # 查询 scores 表中 ZhangSan 行的相关数据
COLUMN                   CELL
 course:Chinese          timestamp=2022-09-28T07:23:49.454, value=90
 course:English          timestamp=2022-09-28T07:24:37.194, value=85
 course:Math             timestamp=2022-09-28T07:24:05.115, value=85
 grade:                  timestamp=2022-09-28T07:23:22.863, value=1
1 row(s)
Took 0.0136 seconds
hbase:021:0> get 'scores', 'ZhangSan', 'course:Math'      # 查询 ZhangSan 行的 course:Math 数据
```

COLUMN	CELL
course:Math	timestamp=2022-09-28T07:24:05.115, value=85

1 row(s)
Took 0.0087 seconds
hbase:022:0>

(5) 添加新的列。

hbase:022:0> **put 'scores','ZhangSan','course:Computing','99'** # 为 ZhangSan 添加 Computing 成绩
Took 0.0196 seconds
hbase:023:0>

任务 2　Hive 的安装部署与基本使用

任 务 目 标

知识目标

(1) 熟悉 Hive 的相关概念。
(2) 熟悉 Hive 的系统架构。
(3) 熟悉 Hive 的安装模式与连接。

能力目标

(1) 能够熟练完成内嵌模式 Hive 的安装与配置。
(2) 能够熟练完成远程模式 Hive 的安装、配置与验证。
(3) 能够熟练通过 Hive 客户端或 Beeline 连接 Hive。
(4) 能够熟练使用 Hive 的常用命令。

知 识 准 备

一、Hive 简介

(一) Hive 的定义

Hive 是基于 Hadoop 构建的一套数据仓库分析系统，它提供了丰富的 SQL 查询方式来分析存储在 Hadoop 分布式文件系统中的数据，可以将结构化的数据文件映射为一张数

据库表，并提供了完整的 SQL 查询功能；也可以将 SQL 语句转换为 MapReduce 任务运行，通过自己的 SQL 查询分析需要的内容。这套 SQL 简称 Hive SQL，即使不熟悉 MapReduce 的用户也能很方便地利用 SQL 语言查询、汇总和分析数据，且 MapReduce 开发人员可以把自己写的 Mapper 类和 Reducer 类作为插件来支持 Hive 做更复杂的数据分析。Hive 的 SQL 与关系型数据库的 SQL 略有不同，它支持绝大多数语句，如 DDL、DML 以及常见的聚合函数、连接查询语句、条件查询语句。Hive 还提供了一系列进行数据提取转化加载的工具，用来存储、查询和分析存储在 Hadoop 中的大规模数据集，并支持 UDF(User-Defined Function)、UDAF(User-Defined Aggregate Function) 和 UDTF(User-Defined Table-generating Function)，也可以实现对 Map 和 Reduce 函数的定制，为数据操作提供了良好的伸缩性和可扩展性。

Hive 不适合用于联机 (Online) 事务处理，也未提供实时查询功能，它最适合用于基于大量不可变数据的批处理作业。Hive 的特点包括可伸缩 (在 Hadoop 的集群上动态添加设备)、可扩展、容错、输入格式的松散耦合。

目前 Hive 支持三种底层计算引擎，包括 MapReduce、Tez 和 Spark，用户可以通过 set hive.execution.engine=mr/tez/spark 来指定具体使用哪一种底层计算引擎。

(二) Hive 的适用场景

Hive 构建在基于静态批处理的 Hadoop 之上，Hadoop 通常延迟较高并且在作业提交和调度的时候需要大量的开销。因此，Hive 并不能够在大规模数据集上实现低延迟的快速查询。例如，Hive 在几百 MB 的数据集上执行查询一般有分钟级的时间延迟。

因此，Hive 并不适合那些需要高实时性的应用，如联机事务处理 (OLTP)。Hive 查询操作过程严格遵守 Hadoop 的 MapReduce 作业执行模型，Hive 将用户的 HiveSQL 语句通过解释器转换为 MapReduce 作业提交到 Hadoop 集群上，Hadoop 监控作业执行过程，然后返回作业执行结果给用户。Hive 并非为联机事务处理而设计，它不提供实时的查询和基于行级的数据更新操作。Hive 的最佳使用场合是大数据集的批处理作业, 如网络日志分析。

(三) Hive 的设计特点

Hive 是一种底层封装了 Hadoop 的数据仓库处理工具，使用类 SQL 的 HiveSQL 语言实现数据查询，所有 Hive 的数据都存储在 Hadoop 兼容的文件系统 (如 Amazon S3、HDFS) 中。Hive 在加载数据过程中不会对数据进行任何修改，只是将数据移动到 HDFS 中 Hive 设定的目录下，因此，Hive 不支持对数据的改写和添加，所有数据都是在加载的时候确定的。Hive 的设计特点如下：

(1) 支持创建索引，优化数据查询。

(2) 具有不同的存储类型，如纯文本文件、HBase 中的文件。

(3) 将元数据保存在关系数据库中，大大缩短了在查询过程中执行语义检查的时间。

(4) 可以直接使用存储在 Hadoop 文件系统中的数据。

(5) 内置大量用户函数 UDF 来操作时间、字符串和其他数据挖掘工具，支持用户扩展 UDF 函数来完成内置函数无法实现的操作。

(6) 采用类 SQL 的查询方式，将 SQL 查询转换为 MapReduce 的 job 在 Hadoop 集群上执行。

二、Hive 系统架构

（一）Hive 系统架构介绍

Hive 系统架构如图 3-10 所示。

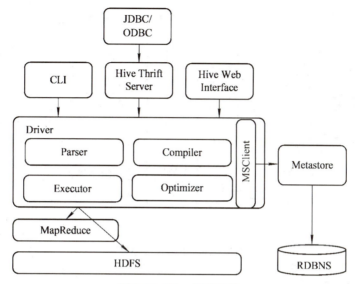

图 3-10　Hive 系统架构

Hive 系统架构包括如下组件：CLI(Command Line Interface)、JDBC/ODBC、Hive Thrift Server、Hive Web Interface(HWI)、Metastore 和 Driver。

(1) Metastore 组件：元数据服务组件，用于存储 Hive 的元数据，包括表名、表所属的数据库、表的拥有者、列/分区字段、表的类型、表的数据所在目录等内容。

Hive 的元数据存储在关系数据库中，支持 Derby、MySQL 两种关系型数据库。元数据对于 Hive 十分重要，因此 Hive 支持把 Metastore 服务独立出来，安装到远程服务器集群中，从而解耦 Hive 服务和 Metastore 服务，保证 Hive 运行的健壮性。

(2) Driver 组件：该组件包括 Parser、Compiler、Optimizer 和 Executor，它的作用是将我们写的 HiveQL(类 SQL) 语句进行解析、编译、优化，生成执行计划，然后调用底层的MapReduce 计算框架。

- 解释器 (Parser)：将 SQL 字符串转化为抽象语法树 AST；
- 编译器 (Compiler)：将 AST 编译成逻辑执行计划；
- 优化器 (Optimizer)：对逻辑执行计划进行优化；
- 执行器 (Executor)：将逻辑执行计划转化成可执行的物理计划，如 MR/Spark。

(3) CLI：命令行接口。

(4) Hive Thrift Server：提供 JDBC 和 ODBC 接入的能力，用来进行可扩展且跨语言的服务的开发。Hive 集成了该服务，能让不同的编程语言调用 Hive 的接口。

(5) Hive Web Interface：Hive 的 Web 网页接口。

（二）Hive 运行原理

Hive 运行原理如图 3-11 所示。

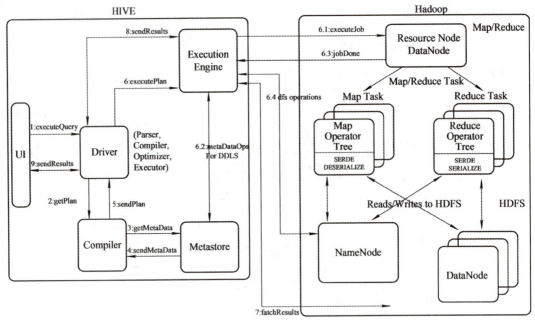

图 3-11　Hive 运行原理

Hive 工作流程如下：

(1) executeQuery(执行查询操作)：命令行或 Web UI 之类的 Hive 接口将查询发送给 Driver(任何数据驱动程序，如 JDBC、ODBC 等) 执行。

(2) getPlan(获取计划任务)：Driver 借助编译器解析查询，检查语法，查询计划或查询需求。

(3) getMetaData(获取元数据信息)：编译器将元数据请求发送到 Metastore(任何数据库)。

(4) sendMetaData(发送元数据)：Metastore 将元数据作为对编译器的响应发送出去。

(5) sendPlan(发送计划任务)：编译器检查需求并将计划重新发送给 Driver。到目前为止，查询的解析和编译已经完成。

(6) executePlan(执行计划任务)：Driver 将执行计划发送到执行引擎。

① executeJob(执行 job 任务)：在内部，执行任务的过程是 MapReduce job。执行引擎将 job 发送到 ResourceManager，ResourceManager 位于 Name 节点中，并将 job 分配给 DataNode 中的 NodeManager。在这里，查询执行 MapReduce 任务。

② metaDataOps(元数据操作)：在执行的同时，执行引擎可以使用 Metastore 执行元数据操作；

③ jobDone(完成任务)：完成 MapReduce job。

④ dfs operations(dfs 操作记录)：向 NameNode 获取操作数据。

(7) fetchResults(获取结果集)：执行引擎将从 DataNode 上获取结果集。

(8) sendResults(发送结果集至 Driver)：执行引擎将这些结果值发送给 Driver。

(9) sendResults (Driver 将 Result 发送至 Interface)：Driver 将结果发送到 Hive 接口 (即 UI)。

(三) Hive 数据存储模型

Hive 中包含以下四类数据存储模型：表 (Table)、外部表 (External Table)、分区 (Partition)、

桶 (Bucket)。

1. 表

Hive 中的表和关系数据库中的表在概念上是类似的。在 Hive 中每一个表都有一个相应的目录存储数据。

2. 外部表

外部表是一个已经存储在 HDFS 中并具有一定格式的数据模型。使用外部表意味着 Hive 表内的数据不在 Hive 的数据仓库内，它会到仓库目录以外的位置访问数据。

外部表和普通表的操作不同，创建普通表的操作分为两个步骤，即表的创建步骤和数据存入步骤（可以分开也可以同时完成）。在数据的存入过程中，实际数据会移动到数据表所在的 Hive 数据仓库文件目录中，其后对该数据表的访问将直接访问存入对应文件目录中的数据。删除表时，该表的元数据和在数据仓库目录下的实际数据将同时删除。

外部表的创建只有一个步骤，创建表和存入数据同时完成。外部表的实际数据存储在创建语句 LOCATION 参数指定的外部 HDFS 文件路径中，但这个数据并不会移动到 Hive 数据仓库的文件目录中。删除外部表时，仅删除其元数据，保存在外部 HDFS 文件目录中的数据不会被删除。

3. 分区

分区对应于数据库中分区列的密集索引，但是 Hive 中分区的组织方式和数据库中不同。在 Hive 中，表中的一个分区对应于表中的一个目录，所有分区中的数据都存储在对应目录中。

4. 桶

桶是指对指定列的数据进行哈希 (Hash) 计算，并根据哈希值划分数据。每个分区中的数据根据表中某一列的哈希计算值依次划分，又被分割成桶。例如，表 page_views 可以按 userid 分成桶，userid 是表 page_view 的一个列，不同于分区列。这样可以有效地对数据进行采样。

三、Hive 安装模式与连接方式

（一）Hive 安装模式

Hive 安装模式分为元数据内嵌模式、本地元数据模式、远程元数据模式三种。

1. 元数据内嵌模式 (Embedded Metastore)

Hive 元数据内嵌模式如图 3-12 所示。

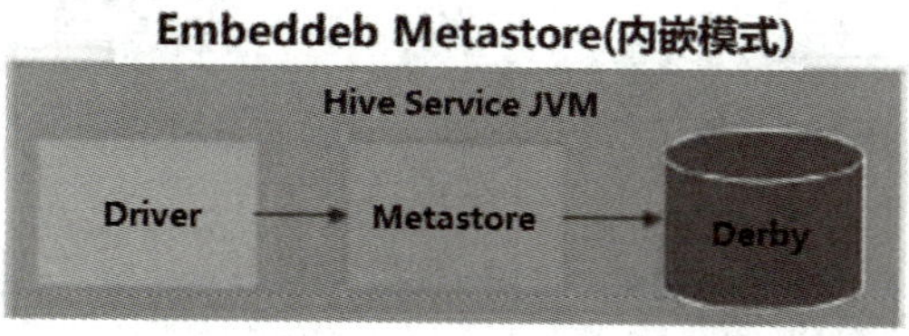

图 3-12　Hive 元数据内嵌模式

此模式连接到一个本地内嵌 (In-memory) 的数据库 Derby，一般用于 Unit Test，内嵌的 Derby 数据库每次只能访问一个数据文件，也就意味着它不支持多会话连接。使用内嵌的 Derby 数据库作为存储元数据，只能接受一个 Hive 会话的访问，不能用于生产环境；Hive 服务、Metastore 服务、Derby 服务运行在同一个进程中。

2. 本地元数据模式 (Local Metastore)

Hive 本地元数据模式如图 3-13 所示。

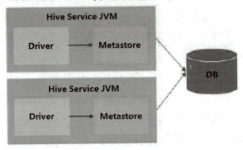

图 3-13　Hive 本地元数据模式

此模式通过网络连接到一个数据库中，是最常用到的模式。本地安装 MySQL，用来替代 Derby 存储元数据，是一个多用户多客户端的模式。Hive 服务和 Metastore 服务运行在同一个进程中；MySQL 数据库则是单独的进程。MySQL 数据库可以和 Hive 服务、Metastore 服务运行在同一台机器上，也可以将 MySQL 部署运行在另一台远程机器上。

当启动一个 Hive 服务时，其内部会启动一个 Metastore 服务。Hive 根据 hive.metastore.uris 参数值来判断，如果该参数为空，则为本地模式。

缺点：每启动一次 Hive 服务，都内置启动一个 Metastore，在 hive-site.xml 中暴露的数据库的连接信息。

优点：配置较简单，在本地模式下 Hive 的配置中指定 MySQL 的相关信息即可。

3. 远程元数据模式 (Remote Metastore)

远程元数据模式如图 3-14 所示。

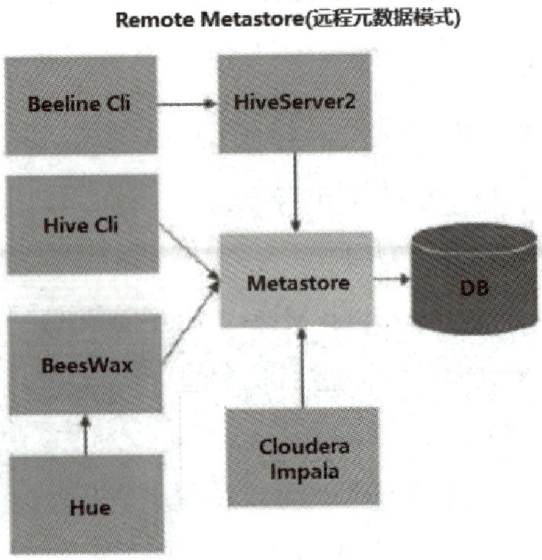

图 3-14　Hive 远程元数据模式

此模式用于非 Java 客户端访问元数据库，在服务端启动 Metastore 服务，客户端利用 Thrift 协议通过 Metastore 服务可访问元数据库。

远程安装 MySQL 替代 Derby 存储元数据；Hive 服务和 Metastore 服务可运行在不同的进程中，也可能是在不同的机器上；将 Metastore 分离出来，成为一个独立于 Hive 服务的服务，可使 MySQL 数据库层完全置于防火墙后，不再暴露数据库的用户名和密码，从而避免了认证信息发生泄漏。

远程模式下，需要单独运行 Metastore 服务，每个客户端都要在配置文件中配置连接到该 Metastore 服务。远程模式下的 Metastore 服务和 Hive 服务运行在不同的进程中。

在生产环境中，建议用远程模式来配置 Hive Metastore。

在远程模式下，其他依赖 Hive 的软件都可以通过 Metastore 访问 Hive。此时需要配置 hive.metastore.uris 参数来指定 Metastore 服务运行的机器 IP 和端口，并且需要单独手动启动 Metastore 服务。Metastore 服务可以配置在多个节点上，以避免单节点故障导致整个集群的 Hive Client 不可用。同时 Hive Client 配置多个 Metastore 地址，会自动选择可用节点。

（二）Hive 连接方式

Hive 连接方式有两种：通过 Hive Cli 客户端和通过 HiveServer2/Beeline。

1. 通过 Hive Cli 客户端

进入 Hive 的 bin 目录下，直接输入命令：hive，启动成功便可以执行 Hive 相关操作。

2. 通过 HiveServer2/Beeline

分两个步骤进行：

(1) 启动 HiveServer2 服务，假设在 master 节点上，启动完成后会多出一个进程。

(2) 启动 Beeline 客户端，可先执行 Beeline 命令，然后输入 !connect jdbc:hive2://master:10000，按回车；也可直接带参数运行 Beeline 命令，如：.beeline -u jdbc:hive2://master:10000，按回车。

四、Hive 常用命令

（一）Hive 常用命令

Hive 的操作命令与 SQL 语法极为相似，Hive 常用命令如表 3-5 所示。

表 3-5　Hive 常用命令

功　能　说　明	命　　令
一、启动类	
启动HiveServer2服务	bin/hiveserver2
启动Beeline	bin/beeline
连接HiveServer2	beeline> !connect jdbc:hive2://hadoop102:10000
启动Metastroe服务	bin/hive --service metastore
二、常用交互命令	
Hive命令帮助	bin/hive -help

续表一

功 能 说 明	命 令
不进入Hive的交互窗口执行SQL	bin/hive -e "sql语句"
执行脚本中SQL语句	bin/hive -f hive.sql
退出Hive交互窗口	exit 或 quit
命令窗口中查看HDFS文件系统	dfs -ls /
命令窗口中查看Linux文件系统	! ls /data/h
三、DDL(Data Definition Language，数据定义语言)	
查看所有数据库	show databases
切换数据库(选择数据库)	use 数据库名
查看所有表(已选择的数据库)	show tables
创建数据库	CREATE [REMOTE] (DATABASE|SCHEMA) [IF NOT EXISTS] database_name 　[COMMENT database_comment] 　[LOCATION hdfs_path] 　[MANAGEDLOCATION hdfs_path] 　[WITH DBPROPERTIES (property_name=property_value, ...)];
修改数据库	ALTER (DATABASE|SCHEMA) database_name SET DBPROPERTIES (property_name=property_value, ...) 　ALTER (DATABASE|SCHEMA) database_name SET OWNER [USER|ROLE] user_or_role 　ALTER (DATABASE|SCHEMA) database_name SET LOCATION hdfs_path 　ALTER(DATABASE|SCHEMA) database_name SET MANAGEDLOCATION hdfs_path
删除数据库	DROP (DATABASE|SCHEMA) [IF EXISTS] database_name [RESTRICT|CASCADE];
创建管理表(内部表)/ 创建外部表	CREATE [TEMPORARY] [EXTERNAL] TABLE [IF NOT EXISTS] [db_name.]table_name 　[(col_name data_type [column_constraint_specification] [COMMENT col_comment], ... [constraint_specification])] 　[COMMENT table_comment] 　[PARTITIONED BY (col_name data_type [COMMENT col_comment], ...)] 　[CLUSTERED BY (col_name, col_name, ...) [SORTED BY (col_name [ASC|DESC], ...)] INTO num_buckets BUCKETS] 　[SKEWED BY (col_name, col_name, ...) 　ON ((col_value, col_value, ...), (col_value, col_value, ...), ...) 　　[STORED AS DIRECTORIES] 　[　[ROW FORMAT row_format] 　[STORED AS file_format] 　| STORED BY ‹storage.handler.class.name› [WITH SERDEPROPERTIES (...)]

功 能 说 明	命　　　令
创建可管理表(内部表) / 创建外部表	] [LOCATION hdfs_path] [TBLPROPERTIES (property_name=property_value, ...)] [AS select_statement]; CREATE [TEMPORARY] [EXTERNAL] TABLE [IF NOT EXISTS] [db_name.]table_name 　LIKE existing_table_or_view_name 　[LOCATION hdfs_path];
创建外部表	CREATE EXTERNAL TABLE page_view(viewTime INT, userid BIGINT, 　page_url STRING'referrer_url STRING' 　ip STRING COMMENT 'IP Address of the User', 　country STRING COMMENT 'country of origination') COMMENT 'This is the staging page view table' ROW FORMAT DELIMITED FIELDS TERMINATED BY '\054' STORED AS TEXTFILE LOCATION '<hdfs_location>';
查询表信息	DESC table_name
删除表	DROP TABLE [IF EXISTS] table_name [PURGE];
截断表(清空表)	TRUNCATE [TABLE] table_name [PARTITION partition_spec];
创建索引	CREATE INDEX index_name 　ON TABLE base_table_name (col_name, ...) 　AS index_type 　[WITH DEFERRED REBUILD] 　[IDXPROPERTIES (property_name=property_value, ...)] 　[IN TABLE index_table_name] 　[　　[ROW FORMAT ...] STORED AS ... 	STORED BY ... 　] 　[LOCATION hdfs_path] 　[TBLPROPERTIES (...)] 　[COMMENT "index comment"];
删除索引	DROP INDEX [IF EXISTS] index_name ON table_name;
修改索引	ALTER INDEX index_name ON table_name [PARTITION partition_spec] REBUILD;
四、DML(Data Manipulation Language，数据操纵语言)	
向表中装载数据	LOAD DATA [LOCAL] INPATH 'filepath' [OVERWRITE] INTO TABLE tablename [PARTITION (partcol1=val1, partcol2=val2 ...)]

续表三

功 能 说 明	命　　令
通过查询语句向表中插入数据	INSERT OVERWRITE TABLE tablename1 [PARTITION (partcol1=val1, partcol2=val2 ...) [IF NOT EXISTS]] select_statement1 FROM from_statement; 　　INSERT INTO TABLE tablename1 [PARTITION (partcol1=val1, partcol2=val2 ...)] select_statement1 FROM from_statement;
查询语句中创建表并加载数据	CREATE TABLE [IF NOT EXISTS] [db_name.]table_name AS select_statement
使用SQL语句插入数据	INSERT INTO TABLE tablename [PARTITION (partcol1[=val1], partcol2[=val2] ...)] VALUES values_row [, values_row ...]
使用SQL语句更新数据	UPDATE tablename SET column = value [, column = value ...] [WHERE expression]
使用SQL语句删除数据	DELETE FROM tablename [WHERE expression]
合并数据	MERGE INTO <target table> AS T USING <source expression/table> AS S ON <boolean expression1> 　　WHEN MATCHED [AND <boolean expression2>] THEN UPDATE SET <set clause list> 　　WHEN MATCHED [AND <boolean expression3>] THEN DELETE 　　WHEN NOT MATCHED [AND <boolean expression4>] THEN INSERT VALUES<value list>
五、数据导出	
将查询结果导出到本地或HDFS	INSERT OVERWRITE [LOCAL] DIRECTORY directory1 　[ROW FORMAT row_format] [STORED AS file_format] 　SELECT ... FROM ...
Hive Shell命令导出到本地	bin/hive –e 'SELECT···FROM···' > 本地file
Export导出到HDFS	EXPORT table [db_name.]table_name to hdfs_file

（二）Hive 内嵌模式安装

按以下步骤可完成 Hive 内嵌模式安装：

· 将 Hive 离线安装包上传到 slave1 节点服务器 /opt 目录。

· 以 hadoop 用户身份在 /opt 目录下解压 Hive 安装包。

· 以 hadoop 用户身份进入解压后的 Hive 目录中，以内嵌 Derby 数据库初始化 metadata。

· 以 hadoop 用户身份使用 Hive CLI 启动 Hive 服务，并进入 Hive 交互窗口。

注意：在启动 Hive 服务之前，要确保 Hadoop 的 HDFS、YARN 等进程均已经正常启动。

输入以下命令完成以上 Hive 内嵌模式安装：

(1) 通过 SecureCRT 上传 Hive 离线安装包到 slave1 节点服务器 /opt 目录。

```
[root@slave1 opt]# cd /opt/              # 改变到 /opt 目录
[root@ slave1 opt]# ll                   # 查看上传成功的 Hive 离线安装包
```

```
总用量 312M
-rw-r--r--   1 root   root   312M  9 月 28 20:56 apache-hive-3.1.3-bin.tar.gz
drwxr-xr-x  11 hadoop hadoop 4.0K  8 月 25 15:00 hadoop-3.3.4
drwxr-xr-x   9 hadoop hadoop 4.0K  9 月 27 21:25 hbase-2.4.14
drwxr-xr-x   8 root   root   4.0K  8 月  9 21:49 jdk1.8.0_341
-rw-r--r--.  1 root   root   1.7K  1 月 29 2022 openEuler.repo
drwxr-xr-x   8 hadoop hadoop 4.0K  9 月 27 21:15 ZooKeeper-3.7.1
[root@slave1 opt]#
```

(2) 切换到 hadoop 用户，以 hadoop 用户身份解压缩 Zookeeper 离线安装包文件。

```
[root@slave1 ~]# su-hadoop                              # 从 root 用户切换为 hadoop 用户
[hadoop@slave1 ~]$                                      # 已经切换为 hadoop 用户
[hadoop@slave1 ~]$ cd /opt                              # 改变到 /opt 目录
[hadoop@ slave1 opt]$ tar -zxvf apache-hive-3.1.3-bin.tar.gz    # 解压 Hive 离线安装包
[hadoop@slave1 opt]$ mv apache-hive-3.1.3-bin hive-3.1.3        # 修改 Hive 目录名
[hadoop@slave1 opt]$ ll                                 # 查看改名后的 Hive 目录
总用量 312M
-rw-r--r--   1 root   root   312M  9 月 28 20:56 apache-hive-3.1.3-bin.tar.gz
drwxr-xr-x  11 hadoop hadoop 4.0K  8 月 25 15:00 hadoop-3.3.4
drwxr-xr-x   9 hadoop hadoop 4.0K  9 月 27 21:25 hbase-2.4.14
drwxr-xr-x  10 hadoop hadoop 4.0K 10 月  2 19:22 hive-3.1.3
drwxr-xr-x   8 root   root   4.0K  8 月  9 21:49 jdk1.8.0_341
-rw-r--r--.  1 root   root   1.7K  1 月 29 2022 openEuler.repo
drwxr-xr-x   8 hadoop hadoop 4.0K  9 月 27 21:15 ZooKeeper-3.7.1
```

(3) 以 hadoop 用户身份进入解压后的 hive 目录中，以内嵌 Derby 数据库初始化 metadata。

```
[hadoop@slave1 hive-3.1.3]$ cd /opt/hive-3.1.3/              # 以 hadoop 身份进入 Hive 目录
[hadoop@slave1 hive-3.1.3]$ bin/schematool -dbType derby –initSchema # 初始化 Hive metadata
SLF4J: Class path contains multiple SLF4J bindings.
SLF4J: Found binding in [jar:file:/opt/hive-3.1.3/lib/log4j-slf4j-impl-2.17.1.jar!/org/slf4j/impl/
StaticLoggerBinder.class]
SLF4J: Found binding in [jar:file:/opt/hadoop-3.3.4/share/hadoop/common/lib/slf4j-reload4j-1.7.36.jar!/
org/slf4j/impl/StaticLoggerBinder.class]
SLF4J: See http://www.slf4j.org/codes.html#multiple_bindings for an explanation.
SLF4J: Actual binding is of type [org.apache.logging.slf4j.Log4jLoggerFactory]
Metastore connection URL:      jdbc:derby:;databaseName=metastore_db;create=true
Metastore Connection Driver :  org.apache.derby.jdbc.EmbeddedDriver
Metastore connection User:     APP
Starting metastore schema initialization to 3.1.0
Initialization script hive-schema-3.1.0.derby.sql
Initialization script completed
schemaTool completed
```

(4) 以 hadoop 用户身份使用 Hive CLI 启动 Hive 服务，并进入 Hive 交互窗口。

注意：在启动 Hive 服务之前，要确保 Hadoop 的 HDFS、YARN 等进程均已经正常启动。

[hadoop@slave1 hive-3.1.3]$ **bin/hive**　　　　　　　　　# 使用 Hive CLI 启动 Hive 服务

which: no hbase in (/home/hadoop/.local/bin:/home/hadoop/bin:/usr/local/bin:/usr/bin:/usr/local/sbin:/usr/sbin:/opt/jdk1.8.0_341//bin:/opt/hadoop-3.3.4/bin:/opt/hadoop-3.3.4/sbin)

SLF4J: Class path contains multiple SLF4J bindings.

SLF4J: Found binding in [jar:file:/opt/hive-3.1.3/lib/log4j-slf4j-impl-2.17.1.jar!/org/slf4j/impl/StaticLoggerBinder.class]

SLF4J: Found binding in [jar:file:/opt/hadoop-3.3.4/share/hadoop/common/lib/slf4j-reload4j-1.7.36.jar!/org/slf4j/impl/StaticLoggerBinder.class]

SLF4J: See http://www.slf4j.org/codes.html#multiple_bindings for an explanation.

SLF4J: Actual binding is of type [org.apache.logging.slf4j.Log4jLoggerFactory]

Hive Session ID = c558b523-82e4-469d-b9d2-7b8b5276d5ff

Logging initialized using configuration in jar:file:/opt/hive-3.1.3/lib/hive-common-3.1.3.jar!/hive-log4j2.properties Async: true

Hive-on-MR is deprecated in Hive 2 and may not be available in the future versions. Consider using a different execution engine (i.e. spark, tez) or using Hive 1.X releases.

Hive Session ID = fe8eb60a-b4e9-4bf3-8f38-4fbd315b75f6

hive> **show databases**;　　　　　　　　　　# 显示 Hive 中的所有数据库

OK

default

Time taken: 0.526 seconds, Fetched: 1 row(s)

hive> **show tables**;　　　　　　　　　　# 显示 Hive 中 default 数据库中的所有表

OK

Time taken: 0.042 seconds

（三）Hive 操作示例

1. 数据库操作

1) 创建数据库

为避免要创建的数据库已经存在错误，可增加 if not exists 判断。

hive> **create database if not exists myhivebook**;　　# 创建数据库 myhivebook

OK

Time taken: 0.113 seconds

hive> **show databases**;　　　　　　　　　　# 查看 Hive 中的所有数据库

OK

default

myhivebook

Time taken: 0.016 seconds, Fetched: 2 row(s)

hive> **desc database myhivebook**;　　　　　　　　# 查询数据库 myhivebook 的属性

OK

myhivebook　　　hdfs://master:8020/user/hive/warehouse/myhivebook.db　　hadoop　USER

Time taken: 0.02 seconds, Fetched: 1 row(s)

2) 使用数据库

```
hive> use myhivebook;                          # 切换并使用数据库 myhivebook
OK
Time taken: 0.018 seconds
hive> select current_database();               # 查询当前使用的数据库
OK
myhivebook
Time taken: 1.954 seconds, Fetched: 1 row(s)
```

3) 修改数据库

用户可以使用 alter database 命令为某个数据库的 dbproperties 设置键 - 值对属性值，来描述这个数据库的属性信息。数据库的其他元数据信息都是不可更改的，包括数据库名和数据库所在的目录位置。

```
hive> alter database myhivebook set dbproperties('createtime'='20221003');  # 修改数据库属性
OK
Time taken: 0.045 seconds
hive> desc database extended myhivebook;                # 显示数据库属性
OK
myhivebook        hdfs://master:8020/user/hive/warehouse/myhivebook.db    hadoop  USER
{createtime=20221003}
Time taken: 0.024 seconds, Fetched: 1 row(s)
```

4) 查询数据库

(1) 显示数据库：

```
hive> show databases;                          # 显示 Hive 中的所有数据库
OK
default
myhivebook
Time taken: 0.016 seconds, Fetched: 2 row(s)
hive> show databases like 'myhive*';           # 过滤显示查询的数据库
OK
myhivebook
Time taken: 0.028 seconds, Fetched: 1 row(s)
```

(2) 查看数据库详情：

```
hive> desc database myhivebook;                # 显示数据库信息
OK
myhivebook        hdfs://master:8020/user/hive/warehouse/myhivebook.db    hadoop  USER
Time taken: 0.018 seconds, Fetched: 1 row(s)
hive> desc database extended myhivebook;       # 显示数据库详细信息
OK
myhivebook        hdfs://master:8020/user/hive/warehouse/myhivebook.db    hadoop  USER
{createtime=20221003}
Time taken: 0.024 seconds, Fetched: 1 row(s)
```

5) 删除数据库

(1) 删除空数据库：

hive> **drop database myhivebook**;　　　　　　　　　　# 删除空数据库

OK

Time taken: 0.218 seconds

(2) 如果删除的数据库不存在，最好采用 if exists 判断数据库是否存在。

drop database if exists myhivebook;

hive> **drop database myhivebook**;　　　　　　　　# 删除空数据库，数据库不存在时报错

FAILED: SemanticException [Error 10072]: Database does not exist: myhivebook

hive> **drop database if exists myhivebook**;　　　# 如果删除的数据库不存在，则采用 if exists 判断

OK

Time taken: 0.018 seconds

(3) 如果数据库不为空，可以采用 cascade 命令，强制删除

hive> **drop database if exists myhivebook cascade**;　# 如果数据库不为空，则采用 cascade 强制删除

OK

Time taken: 0.016 seconds

2. 数据表操作

1) 内部表

(1) 创建内部表：

hive> **create database myhivebook**;　　　　　　　# 重新创建数据库 myhivebook

OK

Time taken: 0.036 seconds

hive> **show databases**;　　　　　　　　　　　　# 显示 Hive 所有数据库

OK

default

myhivebook

Time taken: 0.019 seconds, Fetched: 2 row(s)

hive> **create table if not exists student(id int, name string)**　# 创建内部表 (可管理表)

　> **row format delimited fields terminated by '\t'**　　# 指定行数据分隔符

　> **stored as textfile**　　　　　　　　　　　　# 指定存储文件格式

　> **location '/user/hive/warehouse/myhivebook'**;　　# 指定 HDFS 存放路径目录

OK

Time taken: 0.605 seconds

hive> **desc extended student**;　　　　　　　　　# 查询 student 表信息

OK

id　　　　　int

name　　　　string

Detailed Table Information　Table(tableName:student, dbName:myhivebook, owner:hadoop, createTime:
1664787305, lastAccessTime:0, retention:0, sd:StorageDescriptor(cols:[FieldSchema(name:id, type:int, comment:
null), FieldSchema(name:name, type:string, comment:null)], location:hdfs://master:8020/user/hive/
warehouse/myhivebook, inputFormat:org.apache.hadoop.mapred.TextInputFormat, outputFormat:org.
apache.hadoop.hive.ql.io.HiveIgnoreKeyTextOutputFormat, compressed:false, numBuckets:-1, serdeInfo:

SerDeInfo(name:null, serializationLib:org.apache.hadoop.hive.serde2.lazy.LazySimpleSerDe, parameters:
{serialization.format=\t, field.delim=\t}), bucketCols:[], sortCols:[], parameters:{}, skewedInfo:SkewedInfo
(skewedColNames:[], skewedColValues:[], skewedColValueLocationMaps:{}), storedAsSubDirectories:false),
partitionKeys:[], parameters:{totalSize=0, numRows=0, rawDataSize=0, COLUMN_STATS_ACCURATE=
{\"BASIC_STATS\":\"true\",\"COLUMN_STATS\":{\"id\":\"true\",\"name\":\"true\"}}, numFiles=0,
transient_lastDdlTime=1664787305, bucketing_version=2}, viewOriginalText:null, viewExpandedText:null,
tableType:MANAGED_TABLE, rewriteEnabled:false, catName:hive, ownerType:USER)
Time taken: 0.084 seconds, Fetched: 4 row(s)

hive> **dfs -ls /user/hive/warehouse**;　　　　　　　　# 查询表在 HDFS 中的存放路径目录
Found 2 items
drwxr-xr-x - hadoop supergroup　 0 2022-10-03 16:55 /user/hive/warehouse/myhivebook
drwxr-xr-x - hadoop supergroup　 0 2022-10-03 16:52 /user/hive/warehouse/myhivebook.db

(2) 查询表的类型：

hive> **desc formatted student**;　　　　　　　　# 查询表 student 信息 (格式化输出)
OK
col_name　　　　data_type　　　comment
id　　　　　　　　int
name　　　　　　string

Detailed Table Information
Database:　　　　　myhivebook
OwnerType:　　　　USER
Owner:　　　　　　hadoop
CreateTime:　　　　Mon Oct 03 16:55:05 CST 2022
LastAccessTime:　　UNKNOWN
Retention:　　　　　0
Location:　　　　　hdfs://master:8020/user/hive/warehouse/myhivebook
Table Type:　　　　MANAGED_TABLE
Table Parameters
　　COLUMN_STATS_ACCURATE　{\"BASIC_STATS\":\"true\",\"COLUMN_STATS\":{\"i
d\":\"true\",\"name\":\"true\"}}
　　bucketing_version　2
　　numFiles　　　　　0
　　numRows　　　　　0
　　rawDataSize　　　0
　　totalSize　　　　　0
　　transient_lastDdlTime　1664787305
Storage Information
SerDe Library:　　　org.apache.hadoop.hive.serde2.lazy.LazySimpleSerDe
InputFormat:　　　　org.apache.hadoop.mapred.TextInputFormat
OutputFormat:　　　org.apache.hadoop.hive.ql.io.HiveIgnoreKeyTextOutputFormat
Compressed:　　　　No
Num Buckets:　　　　-1

```
Bucket Columns:         []
Sort Columns:           []
Storage Desc Params:
    field.delim                \t
    serialization.format    \t
Time taken: 0.065 seconds, Fetched: 33 row(s)
hive>
```

2) 外部表

(1) 创建外部表 (可以用来连接 HDFS):

```
hive> create external table if not exists emp(empno int, ename string, job string, mgr int, hiredate
string, sal double, comm double, deptno int)                # 创建外部表 emp
   > row format delimited fields terminated by ','          # 指定行数据分隔符
   > location '/user/hive/warehouse/emp';                   # 指定表 HDFS 存放路径目录
OK
Time taken: 0.696 seconds
hive> dfs -ls /user/hive/warehouse;                         # 查询 HDFS 中表存放目录
Found 3 items
drwxr-xr-x   - hadoop supergroup      0 2022-10-03 17:24 /user/hive/warehouse/emp
drwxr-xr-x   - hadoop supergroup      0 2022-10-03 16:55 /user/hive/warehouse/myhivebook
drwxr-xr-x   - hadoop supergroup      0 2022-10-03 16:52 /user/hive/warehouse/myhivebook.db
hive>
```

emp.csv 测试数据如下 :

```
7369,SMITH,CLERK,7902,1980/12/17,800,0,20
7499,ALLEN,SALESMAN,7698,1981/2/20,1600,300,30
7521,WARD,SALESMAN,7698,1981/2/22,1250,500,30
7566,JONES,MANAGER,7839,1981/4/2,2975,0,20
7654,MARTIN,SALESMAN,7698,1981/9/28,1250,1400,30
7698,BLAKE,MANAGER,7839,1981/5/1,2850,0,30
7782,CLARK,MANAGER,7839,1981/6/9,2450,0,10
7788,SCOTT,ANALYST,7566,1987/4/19/,3000,0,20
```

emp.txt 测试数据如下 :

```
7839,KING,PERSIDENT,-1,1981/11/17,5000,0,30
7844,TURNER,SALESMAN,7698,1981/9/8,1500,0,30
7876,ADAMS,CLERK,7788,1987/5/23,1100,0,20
7900,JAMES,CLERK,7698,1981/12/3,950,0,30
7902,FORD,ANALYST,7566,1981/12/3,3000,0,20
7934,MILLER,CLERK,7782,1982/1/23,1300,0,10
```

(2) 创建表结构用 load data 从 HDFS 上导入数据到 Hive(该方法将使 HDFS 上的文件会消失)。

```
[hadoop@slave1 ~]$ hdfs dfs -put emp.csv /          # 上传 emp.csv 测试数据到 HDFS
[hadoop@slave1 ~]$ hdfs dfs -ls /                   # 查看 HDFS 根目录文件列表
Found 4 items
-rw-r--r--  3 hadoop supergroup      358 2022-10-03 17:42 /emp.csv
```

```
drwxr-xr-x   - hadoop supergroup          0 2022-09-27 22:35 /hbase
drwxrwx---   - hadoop supergroup          0 2022-10-02 19:32 /tmp
drwxr-xr-x   - hadoop supergroup          0 2022-10-03 15:37 /user
[hadoop@slave1 ~]$ hdfs dfs -cat /emp.csv        # 查看 HDFS 下 /emp.csv 测试数据内容
7369,SMITH,CLERK,7902,1980/12/17,800,0,20
7499,ALLEN,SALESMAN,7698,1981/2/20,1600,300,30
7521,WARD,SALESMAN,7698,1981/2/22,1250,500,30
7566,JONES,MANAGER,7839,1981/4/2,2975,0,20
7654,MARTIN,SALESMAN,7698,1981/9/28,1250,1400,30
7698,BLAKE,MANAGER,7839,1981/5/1,2850,0,30
7782,CLARK,MANAGER,7839,1981/6/9,2450,0,10
7788,SCOTT,ANALYST,7566,1987/4/19/,3000,0,20
[hadoop@slave1 ~]$ cd /opt/hive-3.1.3/            # 改变到 Hive 目录
[hadoop@slave1 hive-3.1.3]$ bin/hive              # 运行 Hive CLI
hive> select * from emp;                          # 查询 emp 表数据
OK
hive> load data inpath '/emp.csv' overwrite into table emp;   # 从 HDFS 导入数据到 emp 表中
Loading data to table default.emp
OK
Time taken: 0.668 seconds
hive> select * from emp;                          # 查询 emp 表数据 (8 条记录)
OK
7369    SMITH    CLERK       7902    1980/12/17    800.0   0.0     20
7499    ALLEN    SALESMAN    7698    1981/2/20     1600.0  300.0   30
7521    WARD     SALESMAN    7698    1981/2/22     1250.0  500.0   30
7566    JONES    MANAGER     7839    1981/4/2      2975.0  0.0     20
7654    MARTIN   SALESMAN    7698    1981/9/28     1250.0  1400.0  30
7698    BLAKE    MANAGER     7839    1981/5/1      2850.0  0.0     30
7782    CLARK    MANAGER     7839    1981/6/9      2450.0  0.0     10
7788    SCOTT    ANALYST     7566    1987/4/19/    3000.0  0.0     20
Time taken: 0.099 seconds, Fetched: 8 row(s)
hive> dfs -ls /;                    # 显示 HDFS 根目录文件列表, 发现 emp.csv 已消失
Found 3 items
drwxr-xr-x   - hadoop supergroup          0 2022-09-27 22:35 /hbase
drwxrwx---   - hadoop supergroup          0 2022-10-02 19:32 /tmp
drwxr-xr-x   - hadoop supergroup          0 2022-10-03 15:37 /user
hive>
```

(3) 由本地向外部表中导入数据。

```
load data local inpath '/opt/datas/emp.txt' into table emp;
hive> ! ls -l /home/hadoop;                # 查看本地系统文件列表
总用量 24
drwxr-xr-x 4 hadoop hadoop 4096  9 月 27 22:31 data
-rw-r--r-- 1 hadoop hadoop  358 10 月  3 17:40 emp.csv
```

```
-rw-r--r-- 1 hadoop hadoop  258 10 月  3 17:41 emp.txt
drwxrwxr-x 4 hadoop hadoop 4096  9 月 15 23:01 tmp
-rw-r--r-- 1 hadoop hadoop   70  8 月 31 22:36 wc.input
drwxr-xr-x 3 hadoop hadoop 4096  9 月 25 21:31 ZooKeeper
hive> ! cat /home/hadoop/emp.txt;              # 显示测试数据 emp.txt 文件内容
7839,KING,PERSIDENT,-1,1981/11/17,5000,0,30
7844,TURNER,SALESMAN,7698,1981/9/8,1500,0,30
7876,ADAMS,CLERK,7788,1987/5/23,1100,0,20
7900,JAMES,CLERK,7698,1981/12/3,950,0,30
7902,FORD,ANALYST,7566,1981/12/3,3000,0,20
7934,MILLER,CLERK,7782,1982/1/23,1300,0,10
hive> load data local inpath '/home/hadoop/emp.txt' into table emp;  # 从本地文件导入 emp 表
Loading data to table default.emp
OK
Time taken: 0.258 seconds
hive> select * from emp;                        # 查询 emp 表数据 (14 条记录 )
OK
7369    SMITH    CLERK      7902   1980/12/17   800.0    0.0     20
7499    ALLEN    SALESMAN   7698   1981/2/20    1600.0   300.0   30
7521    WARD     SALESMAN   7698   1981/2/22    1250.0   500.0   30
7566    JONES    MANAGER    7839   1981/4/2     2975.0   0.0     20
7654    MARTIN   SALESMAN   7698   1981/9/28    1250.0   1400.0  30
7698    BLAKE    MANAGER    7839   1981/5/1     2850.0   0.0     30
7782    CLARK    MANAGER    7839   1981/6/9     2450.0   0.0     10
7788    SCOTT    ANALYST    7566   1987/4/19/   3000.0   0.0     20
7839    KING     PERSIDENT  -1     1981/11/17   5000.0   0.0     30
7844    TURNER   SALESMAN   7698   1981/9/8     1500.0   0.0     30
7876    ADAMS    CLERK      7788   1987/5/23    1100.0   0.0     20
7900    JAMES    CLERK      7698   1981/12/3    950.0    0.0     30
7902    FORD     ANALYST    7566   1981/12/3    3000.0   0.0     20
7934    MILLER   CLERK      7782   1982/1/23    1300.0   0.0     10
Time taken: 0.111 seconds, Fetched: 14 row(s)
hive>
```

(4) 将外部表数据导出至本地文件。

```
hive> insert overwrite local directory '/home/hadoop/emp' select * from emp;  # 导出到本地文件
hive> ! cat /home/hadoop/emp/000000_0;          # 查看数据库导出的本地文件内容
7369SMITHCLERK79021980/12/17800.00.020
7499ALLENSALESMAN76981981/2/201600.0300.030
7521WARDSALESMAN76981981/2/221250.0500.030
7566JONESMANAGER78391981/4/22975.00.020
7654MARTINSALESMAN76981981/9/281250.01400.030
7698BLAKEMANAGER78391981/5/12850.00.030
7782CLARKMANAGER78391981/6/92450.00.010
7788SCOTTANALYST75661987/4/19/3000.00.020
```

```
7839KINGPERSIDENT-11981/11/175000.00.030
7844TURNERSALESMAN76981981/9/81500.00.030
7876ADAMSCLERK77881987/5/231100.00.020
7900JAMESCLERK76981981/12/3950.00.030
7902FORDANALYST75661981/12/33000.00.020
7934MILLERCLERK77821982/1/231300.00.010
hive>
```

(5) 将外部表数据导出至 HDFS 文件。

```
hive> dfs -ls /tmp;                                # 查看 HDFS 目录文件列表
Found 2 items
drwxrwx---   - hadoop supergroup        0 2022-10-02 19:31 /tmp/hadoop-yarn
drwx-wx-wx   - hadoop supergroup        0 2022-10-03 15:41 /tmp/hive
hive> insert overwrite directory '/tmp/emp'        # 导出到 HDFS 文件
   > row format delimited fields terminated by ','  # 指定行数据分隔符
   > stored as textfile
   > select * from emp;
hive> dfs -ls /tmp/emp;                            # 查看 HDFS 目录文件列表
Found 1 items
-rw-r--r--  3 hadoop supergroup       672 2022-10-03 18:10  /tmp/emp/000000_0
hive> dfs -cat /tmp/emp/000000_0;                  # 查看数据库导出的 HDFS 文件内容
7369,SMITH,CLERK,7902,1980/12/17,800.0,0.0,20
7499,ALLEN,SALESMAN,7698,1981/2/20,1600.0,300.0,30
7521,WARD,SALESMAN,7698,1981/2/22,1250.0,500.0,30
7566,JONES,MANAGER,7839,1981/4/2,2975.0,0.0,20
7654,MARTIN,SALESMAN,7698,1981/9/28,1250.0,1400.0,30
7698,BLAKE,MANAGER,7839,1981/5/1,2850.0,0.0,30
7782,CLARK,MANAGER,7839,1981/6/9,2450.0,0.0,10
7788,SCOTT,ANALYST,7566,1987/4/19/,3000.0,0.0,20
7839,KING,PERSIDENT,-1,1981/11/17,5000.0,0.0,30
7844,TURNER,SALESMAN,7698,1981/9/8,1500.0,0.0,30
7876,ADAMS,CLERK,7788,1987/5/23,1100.0,0.0,20
7900,JAMES,CLERK,7698,1981/12/3,950.0,0.0,30
7902,FORD,ANALYST,7566,1981/12/3,3000.0,0.0,20
7934,MILLER,CLERK,7782,1982/1/23,1300.0,0.0,10
```

3) 其他建表方式

(1) CREATE TABLE AS SELECT(CTAS)。

可以通过选择语句 (CTAS) 创建表，并通过查询结果进行填充。CTAS 有两部分，SELECT 部分可以是 HiveQL 支持的任何 SELECT 语句。CTAS 的 CREATE 部分从 SELECT 部分获取结果模式，并使用其他表属性 (如 SerDe 和存储格式) 创建目标表。

```
CREATE TABLE ctas_employee as SELECT * FROM employee;
hive> CREATE TABLE employee_ctas as SELECT * FROM emp;        # 通过查询语句创建表
hive> SELECT * FROM employee_ctas;                 # 查看表 employee_ctas 的所有数据行
```

```
OK
7369   SMITH   CLERK   7902   1980/12/17   800.0   0.0   20
7499   ALLEN   SALESMAN   7698   1981/2/20   1600.0 300.0   30
7521   WARD   SALESMAN   7698   1981/2/22   1250.0 500.0   30
7566   JONES   MANAGER 7839   1981/4/2   2975.0   0.0   20
7654   MARTIN  SALESMAN   7698   1981/9/28   1250.0 1400.0 30
7698   BLAKE   MANAGER 7839   1981/5/1   2850.0   0.0   30
7782   CLARK   MANAGER 7839   1981/6/9   2450.0   0.0   10
7788   SCOTT   ANALYST 7566   1987/4/19/   3000.0   0.0   20
7839   KING    PERSIDENT   -1   1981/11/17   5000.0   0.0   30
7844   TURNER  SALESMAN   7698   1981/9/8   1500.0   0.0   30
7876   ADAMS   CLERK   7788   1987/5/23   1100.0   0.0   20
7900   JAMES   CLERK   7698   1981/12/3   950.0   0.0   30
7902   FORD    ANALYST 7566   1981/12/3   3000.0   0.0   20
7934   MILLER  CLERK   7782   1982/1/23   1300.0   0.0   10
Time taken: 0.087 seconds, Fetched: 14 row(s)
```

(2) CREATE TABLE LIKE。

CREATE TABLE LIKE 形式允许精确复制现有表定义 (无须复制其数据)。与 CTAS 相反，下面的语句创建了一个新的 empty_key_value_store 表，其定义与除表名以外的所有细节中的现表完全匹配。新表不包含任何行。

CREATE TABLE employee_like LIKE employee;

```
hive> CREATE TABLE employee_ctas as SELECT * FROM emp;        # 通过 LIKE 创建空表结构
hive> SELECT * FROM employee_like;                # LIKE 的空表不包含任何数据
OK
Time taken: 0.108 seconds
hive> DESC employee_like;                # 查看表结构信息
OK
empno         int
ename         string
job           string
mgr           int
hiredate      string
sal           double
comm          double
deptno        int
Time taken: 0.03 seconds, Fetched: 8 row(s)
```

4) 创建临时表

临时表是应用程序自动管理在复杂查询期间生成的中间数据的方法。已创建为临时表的表仅对当前会话可见，临时表中的数据将存储在用户的暂存目录中，并在会话结束时删除。

如果使用数据库中已存在的永久表的数据库 / 表名创建临时表，则在该会话中，对该表的任何引用都将解析为临时表，而不是永久表。如果不删除临时表或将其重命名为不冲突的名称，用户将无法访问该会话中的原始表。

临时表具有以下限制：不支持分区列，不支持创建索引。

```
hive> CREATE TEMPORARY TABLE list_bucket_multiple (col1 STRING, col2 int, col3 STRING);
OK
Time taken: 0.031 seconds
hive> DESC list_bucket_multiple;              #查看创建的临时表结构信息
OK
col1              string
col2              int
col3              string
Time taken: 0.027 seconds, Fetched: 3 row(s)
```

5) 修改表 (ALTER 命令针对元数据)

(1) 重命名表名：

```
hive> ALTER TABLE employee_ctas RENAME TO employee_new;       #重命名表名
OK
Time taken: 0.082 seconds
hive> show tables;                            #查看当前数据库的所有表
OK
emp
employee_like
emplyoee_new
list_bucket_multiple
Time taken: 0.015 seconds, Fetched: 4 row(s)
```

(2) 修改列名 (字段名)：

```
ALTER TABLE employee_internal CHANGE old_name new_name STRING;
hive> DESC employee_new;                      #查看表结构信息
OK
empno             int
ename             string
job               string
mgr               int
hiredate          string
sal               double
comm              double
deptno            int
Time taken: 0.026 seconds, Fetched: 8 row(s)
hive> ALTER TABLE employee_new CHANGE ename empName STRING;    #修改表字段名称
OK
Time taken: 0.104 seconds
hive> DESC employee_new;                       #查看表结构信息
OK
empno             int
empname           string
```

```
job                 string
mgr                 int
hiredate            string
sal                 double
comm                    double
deptno              int
Time taken: 0.027 seconds, Fetched: 8 row(s)
```

(3) 增加列 (字段)：

ALTER TABLE c_employee ADD COLUMNS (work string);

```
hive> ALTER TABLE employee_new ADD COLUMNS (work string);       # 表增加列 ( 字段 )
OK
Time taken: 0.065 seconds
hive> DESC employee_new;                          # 查看表结构信息
OK
empno               int
empname             string
job                 string
mgr                 int
hiredate            string
sal                 double
comm                    double
deptno              int
work                string
Time taken: 0.025 seconds, Fetched: 9 row(s)
```

6) 删除表
(1) 直接删除表：

```
hive> show tables;                           # 查看当前数据库的所有表
OK
emp
employee_like
employee_new
list_bucket_multiple
Time taken: 0.019 seconds, Fetched: 4 row(s)
hive> DROP TABLE IF EXISTS employee_like;           # 直接删除表 employee_like
OK
Time taken: 0.333 seconds
hive> show tables;                           # 查看当前数据库的所有表
OK
emp
employee_ new
list_bucket_multiple
Time taken: 0.019 seconds, Fetched: 3 row(s)
```

(2) 清空表数据：

```
hive> TRUNCATE TABLE emp;                          #清空外部表（非管理表）出错
FAILED: SemanticException [Error 10146]: Cannot truncate non-managed table emp.
hive> SELECT * FROM employee_new;                  #查询表数据
OK
7369    SMITH    CLERK       7902    1980/12/17    800.0     0.0       20
7499    ALLEN    SALESMAN    7698    1981/2/20     1600.0    300.0     30
7521    WARD     SALESMAN    7698    1981/2/22     1250.0    500.0     30
7566    JONES    MANAGER     7839    1981/4/2      2975.0    0.0       20
7654    MARTIN   SALESMAN    7698    1981/9/28     1250.0    1400.0    30
7698    BLAKE    MANAGER     7839    1981/5/1      2850.0    0.0       30
7782    CLARK    MANAGER     7839    1981/6/9      2450.0    0.0       10
7788    SCOTT    ANALYST     7566    1987/4/19/    3000.0    0.0       20
7839    KING     PERSIDENT   -1      1981/11/17    5000.0    0.0       30
7844    TURNER   SALESMAN    7698    1981/9/8      1500.0    0.0       30
7876    ADAMS    CLERK       7788    1987/5/23     1100.0    0.0       20
7900    JAMES    CLERK       7698    1981/12/3     950.0     0.0       30
7902    FORD     ANALYST     7566    1981/12/3     3000.0    0.0       20
7934    MILLER   CLERK       7782    1982/1/23     1300.0    0.0       10
Time taken: 0.075 seconds, Fetched: 14 row(s)
hive> TRUNCATE TABLE employee_new;                 #清空表数据
OK
Time taken: 0.118 seconds
hive> SELECT * FROM employee_new;                  #查询表数据
OK
Time taken: 0.072 seconds
```

任务实施

一、Hive 远程模式安装、配置与验证

（一）Hive 远程模式安装的服务器角色规划

Hive 远程模式安装的服务器角色规划如表 3-6 所示。

表 3-6　Hive 远程模式安装的服务器角色规划

master (IP：192.168.5.129)	slave1 (IP：192.168.5.130)	slave2 (IP：192.168.5.131)
Metastore服务	HiveServer2服务	MySQL服务
Hive CLI客户端	Hive CLI客户端	Hive CLI客户端
Beeline客户端	Beeline客户端	Beeline客户端

从表 3-6 可以看出，安装 Hive 远程模式时，需将 MySQL 服务、Metastore 服务、HiveServer2 服务分别安装在不同的服务器节点上，可以通过 Beeline 客户端连接 HiveServer2 服务来连接访问 Hive 数据仓库，也可以通过 Hive CLI 客户端连接 Metastore 服务来连接访问 Hive 数据仓库。

（二）Hive 远程模式安装所需软件包下载

Hive 远程模式安装所需要的软件下载清单及官方下载网址如表 3-7 所示。

表 3-7　Hive 远程模式安装所需要的软件下载清单及官方下载网址

任务名称	所需软件	官方下载网址
Hive远程模式安装	MySQL 8.0.28	https://downloads.mysql.com/archives/community/
	MySQL JDBC Driver	https://www.mysql.com/products/connector/ https://dev.mysql.com/downloads/connector/j/ https://mvnrepository.com/artifact/mysql
	HUE	https://gethue.com//
	Hive-3.1.3	https://hive.apache.org/ https://dlcdn.apache.org/hive/

（三）Hive 远程模式安装与配置

Hive 远程模式安装与配置按以下步骤进行：

• 借助前面章节安装的 vsFTP 服务上的 openEuler 完整版，在 slave2 上联机安装 MySQL 80 数据库。

• 通过 SecureCRT 上传 Hive 离线安装包到 master 节点虚拟机 /opt 目录。

• 切换到 hadoop 用户，以 hadoop 用户身份解压缩 Hive 离线安装包文件。

• 以 root 用户身份，在环境变量配置文件 /etc/profile 中添加 Hive 环境变量。

• 上传 MySQL JDBC Driver 驱动程序 mysql-connector-java-8.0.29.jar 到 Hive 的 lib 目录中。

• 切换到 hadoop 用户身份，创建或修改 Hive 配置文件。Hive 安装共需要配置两个文件，分别为 hive-env.sh、hive-site.xml。

• 在 HDFS 上创建 Hive 存储目录。

• 从 master 节点分发安装配置好的 Hive 软件到其他节点 (包含 slave1、slave2)。

输入以下命令完成 Hive 远程模式安装与配置的各个步骤：

(1) 借助前面章节安装的 vsFTP 服务上的 openEuler 完整版，在 slave2 节点上，使用 root 用户身份联机方式安装 MySQL 8.0 数据库，软件源指向内网中的 vsFTP 服务。

```
# 在 slave2 节点，联机方式安装 MySQL-Server
[root@slave2 ~]# cat /etc/yum.repos.d/192.168.5.128.repo        # 显示软件包安装源配置内容
[192.168.5.128]
name=created by dnf config-manager from ftp://192.168.5.128
baseurl=ftp://192.168.5.128
enabled=1
gpgcheck=0
```

```
[root@slave2 ~]# dnf install -y mysql-server.x86_64          # 安装 MySQL -server
[root@slave2 ~]# systemctl enable mysqld                     # 设置开机启动 MySQL 数据库服务
Created symlink /etc/systemd/system/multi-user.target.wants/mysqld.service → /usr/lib/systemd/system/
mysqld.service.
[root@slave2 ~]# systemctl start mysqld                      # 启动 MySQL 数据库服务
[root@slave2 ~]# systemctl status mysqld                     # 查看 MySQL 数据库服务运行状态
  mysqld.service - MySQL 8.0 database server
   Loaded: loaded (/usr/lib/systemd/system/mysqld.service; disabled; vendor preset: disabled)
   Active: active (running) since Tue 2022-10-04 13:35:07 CST; 4s ago
  Process: 11777 ExecStartPre=/usr/libexec/mysql-check-socket (code=exited, status=0/SUCCESS)
  Process: 11800 ExecStartPre=/usr/libexec/mysql-prepare-db-dir mysqld.service (code=exited, status=0/
SUCCESS)
 Main PID: 11880 (mysqld)
   Status: "Server is operational"
    Tasks: 38 (limit: 8950)
   Memory: 436.1M
   CGroup: /system.slice/mysqld.service
           └─11880 /usr/libexec/mysqld --basedir=/usr


10 月 04 13:35:03 slave2 systemd[1]: Starting MySQL 8.0 database server...
10 月 04 13:35:03 slave2 mysql-prepare-db-dir[11800]: Initializing MySQL database
10 月 04 13:35:07 slave2 systemd[1]: Started MySQL 8.0 database server.
[root@slave2 ~]#
[root@slave2 ~]# mysql_secure_installation          # 设置 MySQL 的 root 用户初始密码
# 假设 MySQL 数据库 root 用户初始密码设置为：Abc123456!


# 本地测试登录 MySQL 数据库服务
[root@slave2 lib64]# mysql -u root-p               # 本地测试登录 MySQL 数据库服务
Enter password:
Welcome to the MySQL monitor.  Commands end with ; or \g.
Your MySQL connection id is 14
Server version: 8.0.28 Source distribution
mysql> use mysql;                                  # 切换选择使用 MySQL 数据库
mysql> update user set host='%' where user='root';  # 更新 root 用户，允许远程访问
mysql> flush privileges;                            # 刷新权限，立即生效
Query OK, 0 rows affected (0.00 sec)


mysql>
# 测试从 master 等其他节点远程访问 slave2 上的 MySQL 服务
[root@master ~]# dnf install -y mysql               # 在 master 节点上安装 MySQL 客户端
[root@master ~]# mysql -h 192.168.5.131 -u root-p   # 远程测试登录 MySQL 数据库服务
Enter password:
Welcome to the MySQL monitor.  Commands end with; or \g.
```

```
Your MySQL connection id is 15
Server version: 8.0.28 Source distribution
mysql> show databases;                              # 显示 MySQL 中所有数据库列表
+--------------------+
| Database           |
+--------------------+
| information_schema |
| mysql              |
| performance_schema |
| sys                |
+--------------------+
4 rows in set (0.00 sec)
mysql>
```

(2) 通过 SecureCRT 上传 Hive 离线安装包到 master 节点虚拟机 /opt 目录。

```
[root@master opt]# cd /opt                          # 在 master 节点上，改变目录到 /opt
[root@master opt]# ll                               # 查看上传到 /opt 目录的 hive 安装包
总用量 1.3G
-rw-r--r-- 1 root  root  312M 9 月 28 20:56 apache-hive-3.1.3-bin.tar.gz
-rw-r--r-- 1 root  root  13M 9 月 26 22:10 apache-ZooKeeper-3.7.1-bin.tar.gz
（其余略）
```

(3) 切换到 hadoop 用户，以 hadoop 用户身份解压缩 Hive 离线安装包文件。

```
[root@master opt]# su-hadoop                         # 切换为 hadoop 用户身份
[hadoop@master ~]$ cd /opt                           # 改变到 /opt 目录
[hadoop@master opt]$ tar -zxvf apache-hive-3.1.3-bin.tar.gz    # 解压 Hive 安装包
[hadoop@master opt]$ mv apache-hive-3.1.3-bin hive-3.1.3       # 更改 Hive 目录名为 hive-3.1.3
```

(4) 以 root 用户身份，在环境变量配置文件 /etc/profile 中添加 Hive 环境变量。

```
[hadoop@master opt]$ exit                            # 退出当前会话，回到 root 用户
注销
[root@master opt]# cd hive-3.1.3/                    # 改变到 Hive 目录
[root@master hive-3.1.3]# pwd                        # 显示 Hive 目录物理路径
/opt/hive-3.1.3
[root@master hive-3.1.3]# vi /etc/profile            # 编辑环境变量配置文件
（其余略）在文件末尾，添加以下 HIVE 环境变量
# HIVE 环境变量
export HIVE_HOME=/opt/hive-3.1.3
export PATH=$PATH:$HIVE_HOME/bin
[root@master hive-3.1.3]# source /etc/profile        # 使得环境变量立即生效
```

(5) 上传 MySQL JDBC Driver 驱动程序 mysql-connector-java-8.0.29.jar 到 Hive 的 lib 目录。

```
[hadoop@master opt]$ cp mysql-connector-java-8.0.29.jar /opt/hive-3.1.3/lib  # 上传驱动程序
[hadoop@master opt]$
```

(6) 切换为 hadoop 身份，创建或修改 Hive 配置文件。Hive 安装共需要配置两个文件，分别为 hive-env.sh、hive-site.xml。

```
[root@master opt]# su-hadoop                    # 切换为 hadoop 用户身份
[hadoop@master ~]$ cd /opt/hive-3.1.3/conf      # 改变到 Hive 的配置文件目录
[hadoop@master conf]$ vi hive-env.sh            # 新建 Hive 环境变量配置文件
( 其余略 ) 直接在文件末尾，添加以下环境变量
export HADOOP_HOME=/opt/hadoop-3.3.4
export HIVE_CONF_DIR=/opt/hive-3.1.3/conf
export HIVE_AUX_JARS_PATH=/opt/hive-3.1.3/lib
[hadoop@master conf]$ tail hive-env.sh          # 查看环境变量配置文件末尾内容
# Set HADOOP_HOME to point to a specific hadoop install directory
# HADOOP_HOME=${bin}/../../Hadoop
# Hive Configuration Directory can be controlled by:
# export HIVE_CONF_DIR=
# Folder containing extra libraries required for hive compilation/execution can be controlled by:
# export HIVE_AUX_JARS_PATH=
export HADOOP_HOME=/opt/hadoop-3.3.4
export HIVE_CONF_DIR=/opt/hive-3.1.3/conf
export HIVE_AUX_JARS_PATH=/opt/hive-3.1.3/lib
[hadoop@master conf]$
[hadoop@master conf]$ vi hive-site.xml          # 新建 Hive 参数配置文件
[hadoop@master conf]$ cat hive-site.xml         # 显示编辑完成后参数配置文件内容
<?xml version="1.0" encoding="UTF-8"?>
<?xml-stylesheet type="text/xsl"href="configuration.xsl"?>
<configuration>
<!-- 存储元数据 mysql 相关配置 -->
<property>
    <name>javax.jdo.option.ConnectionURL</name>    <value>jdbc:mysql://slave2:3306/hive?createDatab
aseIfNotExist=true&amp;useSSL=false&amp;useUnicode=true&amp;characterEncoding=UTF-8</value>
    <description>mysql 链接地址 </description>
</property>

<property>
    <name>javax.jdo.option.ConnectionDriverName</name>
    <value>com.mysql.jdbc.Driver</value>
    <description>mysql 驱动 </description>
</property>

<property>
    <name>javax.jdo.option.ConnectionUserName</name>
    <value>root</value>
    <description>mysql 用户名 </description>
</property>
```

```
<property>
  <name>javax.jdo.option.ConnectionPassword</name>
  <value>Abc123456!</value>
  <description>mysql 密码 </description>
</property>

<!-- 远程模式部署 metastore metastore 地址 -->
<property>
  <name>hive.metastore.uris</name>
  <value>thrift://master:9083</value>
</property>

<property>
  <name>hive.metastore.warehouse.dir</name>
  <value>/user/hive/warehouse</value>
  <description>location of default database for the warehouse</description>
</property>

<!-- 关闭元数据存储授权 -->
<property>
  <name>hive.metastore.event.db.notification.api.auth</name>
  <value>false</value>
</property>

<!-- HiverServer2 运行绑定 host -->
<property>
  <name>hive.server2.thrift.bind.host</name>
  <value>slave1</value>
  <description>HiveServer2 主机 </description>
</property>
<!-- yarn 作业获取到的 hiveserver2 用户都为 hive 用户，设置成 true 则为实际的用户名 -->

<property>
  <name>hive.server2.enable.doAs</name>
  <value>false</value>
</property>

<property>
  <name>dfs.permissions.enabled</name>
  <value>false</value>
</property>
```

```
<property>
  <name>hadoop.proxyuser.hadoop.hosts</name>
  <value>*</value>
</property>


<property>
  <name>hadoop.proxyuser.hadoop.groups</name>
  <value>*</value>
</property>


# 需要重启 hadoop


</configuration>
[hadoop@master conf]$
```

(7) 在 HDFS 创建 Hive 存储目录。

```
[hadoop@master conf]$ hadoop fs -mkdir /tmp
mkdir: `/tmp': File exists
[hadoop@master conf]$ hadoop fs -mkdir /user/hive/warehouse
mkdir: `/user/hive/warehouse': File exists
[hadoop@master conf]$ hadoop fs -chmod g+x /tmp
[hadoop@master conf]$ hadoop fs -chmod g+x /user/hive/warehouse
[hadoop@master conf]$
```

(8) 从 master 节点分发安装配置好的 Hive 软件到其他节点 (包含 slave1、slave2)。

```
# 以 root 用户身份分发 /etc/profile 到 slave1、slave2
[root@master ~]# scp /etc/profile root@slave1://etc/profile            # 使用 root 身份分发 /etc/profile
Authorized users only. All activities may be monitored and reported.
root@slave1's password:
profile   100% 2318    1.6MB/s   00:00
[root@master ~]# scp /etc/profile root@slave2://etc/profile            # 使用 root 身份分发 /etc/profile
Authorized users only. All activities may be monitored and reported.
root@slave2's password:
profile   100% 2318    1.1MB/s   00:00
[root@master ~]#


# 以 hadoop 用户身份分发 /opt/hive-3.1.3 到 slave1、slave2
[root@master ~]# su – hadoop                                          # 切换到 hadoop 用户
[hadoop@master ~]$ cd /opt/                                           # 改变到 /opt 目录
[hadoop@master opt]$ scp -r hive-3.1.3/  hadoop@slave1:/opt/          # 分发 Hive 到 slave1
[hadoop@master opt]$ scp -r hive-3.1.3/  hadoop@slave2:/opt/          # 分发 Hive 到 slave2
```

(四) Hive 启动与连接验证

注意：启动与使用 Hive 前，需要确保 HDFS 和 YARN 已经启动。

(1) 在 slave2 节点上，以 hadoop 用户身份初始化 Hive 元数据。

```
[hadoop@slave2 opt]$ schematool -dbType mysql –initSchema        # 初始化 Hive 元数据
Initialization script completed
schemaTool completed
[hadoop@slave2 opt]$ mysql -u root -p                            # 登录 MySQL 数据库
Enter password:
Welcome to the MySQL monitor.  Commands end with; or \g.
Your MySQL connection id is 18
Server version: 8.0.28 Source distribution
mysql> show databases;                                          # 显示所有数据库
+--------------------+
| Database           |
+--------------------+
| hive               |
| information_schema |
| mysql              |
| performance_schema |
| sys                |
+--------------------+
5 rows in set (0.01 sec)
mysql> show tables in hive;                                     # 显示创建的 Hive 元数据库表
+-------------------------------+
| Tables_in_hive                |
+-------------------------------+
| AUX_TABLE                     |
| BUCKETING_COLS                |
| CDS                           |
| COLUMNS_V2                    |
（其余略）
mysql> quit;
Bye
```

（2）在 master 节点上，以 hadoop 身份启动 Metastore 服务，使用 Hive CLI 客户端连接验证。

```
# 在 master 节点上，以 hadoop 身份启动 Metastore 服务
[hadoop@master opt]$ nohup hive --service metastore &   # 在 master 节点上启动 Metastore 服务

# 接下来，可以在任何一个节点（包含 master、slave1、slave2）上使用 Hive CLI 客户端连接 Hive。
[hadoop@slave2 opt]$ hive                               # 使用 Hive CLI 客户端连接 Hive 服务
hive> create database myRemotedHive;                    # 创建 Hive 数据库 myRemotedHive
OK
Time taken: 0.247 seconds
hive> show databases;                                   # 显示 Hive 所有数据库列表
OK
default
```

myremotedhive

Time taken: 0.039 seconds, Fetched: 2 row(s)

（3）在 slave1 节点上，以 hadoop 身份启动 HiveServer2 服务，使用 Hive Beeline 客户端连接验证。

```
# 在 slave1 节点上，以 hadoop 身份启动 HiveServer2 服务
[hadoop@slave1 opt]$ nohup hive --service hiveserver2 &   # 在 slave1 节点上启动 HiveServer2 服务
[1] 16795

# 接下来，可以在任何一个节点（包含 master、slave1、slave2）上使用 Hive Beeline 客户端连接 Hive
[hadoop@master opt]$ beeline -u jdbc:hive2://slave1:10000   # 在 master 节点上使用 Beeline 客户端
SLF4J: Class path contains multiple SLF4J bindings.
SLF4J: See http://www.slf4j.org/codes.html#multiple_bindings for an explanation.
SLF4J: Actual binding is of type [org.apache.logging.slf4j.Log4jLoggerFactory]
Connecting to jdbc:hive2://slave1:10000
Connected to: Apache Hive (version 3.1.3)
Driver: Hive JDBC (version 3.1.3)
Transaction isolation: TRANSACTION_REPEATABLE_READ
Beeline version 3.1.3 by Apache Hive
0: jdbc:hive2://slave1:10000> show databases;          # 显示 Hive 所有数据库列表
+----------------+
| database_name  |
+----------------+
| default        |
| myremotedhive  |
+----------------+
2 rows selected (1 seconds)
0: jdbc:hive2://slave1:10000> !quit          # 退出 Beeline
Closing: 0: jdbc:hive2://slave1:10000
```

二、Hive 基本使用

（一）Hive 创建表

1. 建表语句

Hive 创建表可使用下列语句：

```
CREATE [EXTERNAL] TABLE [IF NOT EXISTS] table_name
[(col_name data_type [COMMENT col_comment], ...)] [COMMENT table_comment]
[PARTITIONED BY (col_name data_type [COMMENT col_comment], ...)] [CLUSTERED BY (col_
name, col_name, ...)
[SORTED BY (col_name [ASC|DESC], ...)] INTO num_buckets BUCKETS] [ROW FORMAT row_
format]
[STORED AS file_format] [LOCATION hdfs_path]
```

2. 创建内部表

首先通过 Hive CLI 或 Beeline 进入 Hive 互动窗口，输入以下命令创建内部表 (如果多人共用一套环境，建议每个人命名表名时带上自己姓名拼音作为前缀，以示区分)：

```
create table fang_stu01(name string,gender string ,age int) row format delimited fields terminated by ','
stored as textfile ;
[hadoop@master opt]$ beeline -u jdbc:hive2://slave1:10000        # 通过 Beeline 客户端进入 Hive
0: jdbc:hive2://slave1:10000> create table fang_stu01(name string,gender string ,age int) row format
delimited fields terminated by ',' stored as textfile ;          # 创建内部表
0: jdbc:hive2://slave1:10000> show tables;                       # 显示所有表
+-------------+
| tab_name  |
+-------------+
| fang_stu01 |
+-------------+
1 row selected (0.052 seconds)
0: jdbc:hive2://slave1:10000>
```

3. 创建外部表

执行以下命令创建外部表：

```
create external table fang_stu02(name string,gender string ,age int)row format delimited fields terminated
by ',' stored as textfile ;
0: jdbc:hive2://slave1:10000> create external table fang_stu02(name string, gender string, age int) row
format delimited fields terminated by ',' stored as textfile ;   # 创建外部表
0: jdbc:hive2://slave1:10000> show tables;                       # 显示所有表
+-------------+
| tab_name  |
+-------------+
| fang_stu01 |
| fang_stu02 |
+-------------+
2 rows selected (0.053 seconds)
0: jdbc:hive2://slave1:10000> !quit                              # 退出 Beeline
Closing: 0: jdbc:hive2://slave1:10000
```

4. 载入 HDFS 数据

退出 Beeline，在 Linux 本地编辑数据文件 fang_stu02.txt。

```
[hadoop@master ~]$ vi fang_stu02.txt                             # 新建文本文件 fang_stu02.txt
[hadoop@master ~]$ cat fang_stu02.txt                            # 显示文本文件内容
tom,male,19
hanmeimei,female,20
jack,female,22
lilei,female,18
Lily,male,23
[hadoop@master ~]$
```

执行 HDFS 的 put 命令，将数据文件上传到 HDFS 的 /user 目录中。

```
[hadoop@master ~]$ hdfs dfs -put fang_stu02.txt /user/        #上传数据文件到 HDFS
[hadoop@master ~]$ hdfs dfs  -ls  /user                    #显示 HDFS 的 /user 目录文件
Found 2 items
-rw-r--r--   3 hadoop supergroup        76 2022-10-05 11:18 /user/fang_stu02.txt
drwxr-xr-x   - hadoop supergroup         0 2022-10-03 15:37 /user/hive
```

再通过 Beeline 客户端进入 Hive，执行数据加载命令，将数据导入外部表中：

load data inpath '/user/stu01/fang_stu02.txt' into table fang_stu02;

```
[hadoop@master ~]$ beeline -u jdbc:hive2://slave1:10000     #通过 Beeline 客户端进入 Hive
0: jdbc:hive2://slave1:10000> load data inpath '/user/fang_stu02.txt' into table fang_stu02;
No rows affected (0.517 seconds)
0: jdbc:hive2://slave1:10000> select * from fang_stu02;        #查询外部表 fang_stu02 数据
+------------------+--------------------+-----------------+
| fang_stu02.name | fang_stu02.gender | fang_stu02.age |
+------------------+--------------------+-----------------+
| tom             | male              | 19             |
| hanmeimei       | female            | 20             |
| jack            | female            | 22             |
| lilei           | female            | 18             |
| Lily            | male              | 23             |
+------------------+--------------------+-----------------+
5 rows selected (1.199 seconds)
```

（二）Hive 基本查询

1. 模糊查询表

执行模糊查询语句：

```
show tables like 'fang_stu*';
0: jdbc:hive2://slave1:10000> show tables like 'fang_stu*';        #模糊查询表
+--------------+
| tab_name |
+--------------+
| fang_stu01 |
| fang_stu02 |
+--------------+
2 rows selected (0.049 seconds)
```

2. 简单查询

1) Limit

执行语句：select * from fang_stu02 limit 2;

```
0: jdbc:hive2://slave1:10000> select * from fang_stu02 limit 2;        #简单查询，限制 2 条记录
+------------------+--------------------+-----------------+
| fang_stu02.name | fang_stu02.gender | fang_stu02.age |
+------------------+--------------------+-----------------+
```

```
| tom               | male                | 19               |
| hanmeimei         | female              | 20               |
+------------------+--------------------+-----------------+
```
2 rows selected (0.204 seconds)

2) Where

执行语句：select * from fang_stu02 where gender='male' limit 2;

0: jdbc:hive2://slave1:10000> **select * from fang_stu02 where gender='male' limit 2**；# 条件查询

```
+------------------+--------------------+-----------------+
| fang_stu02.name  | fang_stu02.gender  | fang_stu02.age  |
+------------------+--------------------+-----------------+
| tom              | male               | 19              |
| Lily             | male               | 23              |
+------------------+--------------------+-----------------+
```
2 rows selected (0.46 seconds)

3) Order

执行语句：select * from fang_stu02 where gender='female' order by age limit 2;

0: jdbc:hive2://slave1:10000> select * from fang_stu02 where gender='female' order by age limit 2;

INFO : 2022-10-05 15:46:11,639 Stage-1 map = 0%, reduce = 0%

INFO : 2022-10-05 15:46:23,039 Stage-1 map = 100%, reduce = 0%, Cumulative CPU 1.84 sec

INFO : 2022-10-05 15:46:33,345 Stage-1 map = 100%, reduce = 100%, Cumulative CPU 3.21 sec

INFO : MapReduce Total cumulative CPU time: 3 seconds 210 msec

INFO : Ended Job = job_1664884871683_0001

INFO : MapReduce Jobs Launched:

```
+------------------+--------------------+-----------------+
| fang_stu02.name  | fang_stu02.gender  | fang_stu02.age  |
+------------------+--------------------+-----------------+
| lilei            | female             | 18              |
| hanmeimei        | female             | 20              |
+------------------+--------------------+-----------------+
```
2 rows selected (49.761 seconds)

3. 复杂查询

(1) 在 Linux 本地使用 vi 编辑器编辑数据文本文件 fang_stu03.txt。

[hadoop@master ~]$ **vi fang_stu03.txt**   # 编辑数据文本文件

[hadoop@master ~]$ **cat fang_stu03.txt**   # 查看数据文本文件内容

1001,Jack,Chinese,78

1002,Jack,English,82

1003,Jack,Math,87

1004,Mark,Chinese,69

1005,Mark,English,89

1006,Mark,Math,73

1007,Hanke,Chinese,89

1008,Hanke,English,85

```
1009,Hanke,Math,75
[hadoop@master ~]$
```

（2）上传数据文本文件到 HDFS。

```
[hadoop@master ~]$ hdfs dfs -put fang_stu03.txt /user/        # 上传数据文本文件到 HDFS
[hadoop@master ~]$ hdfs dfs -ls /user                         # 显示 HDFS 的 /user 目录文件
Found 2 items
-rw-r--r--   3 hadoop supergroup     183 2022-10-06 10:48 /user/fang_stu03.txt
drwxr-xr-x   - hadoop supergroup       0 2022-10-03 15:37 /user/hive
[hadoop@master ~]$
```

（3）创建表并导入数据。

使用 Beeline 命令，进入 Hive，输入建表语句：

create external table fang_stu03(id int,name string ,subject string,score float)　row format delimited fields terminated by ',' stored as textfile ;

导入数据，输入命令：

load data inpath '/user/fang_stu03.txt' into table fang_stu03;

```
0: jdbc:hive2://slave1:10000> create external table fang_stu03(id int,name string ,subject string,score
float)  row format delimited fields terminated by ',' stored as textfile ; # 创建表
0: jdbc:hive2://slave1:10000> show tables;                 # 显示当前数据库的所有表
+-------------+
| tab_name    |
+-------------+
| fang_stu01  |
| fang_stu02  |
| fang_stu03  |
+-------------+
0: jdbc:hive2://slave1:10000> dfs -ls /user;               # 显示 HDFS 的 /user 目录下文件
+-------------------------------------------------+
|                DFS Output                       |
+-------------------------------------------------+
| Found 2 items                                   |
| -rw-r--r--   3 hadoop supergroup     183 2022-10-06 10:48 /user/fang_stu03.txt |
| drwxr-xr-x   - hadoop supergroup       0 2022-10-03 15:37 /user/hive |
+-------------------------------------------------+
0: jdbc:hive2://slave1:10000> load data inpath '/user/fang_stu03.txt' into table fang_stu03;
0: jdbc:hive2://slave1:10000> select * from fang_stu03;    # 查询表 fang_stu03 的数据
+---------------+------------------+--------------------+------------------+
| fang_stu03.id | fang_stu03.name  | fang_stu03.subject | fang_stu03.score |
+---------------+------------------+--------------------+------------------+
| 1001          | Jack             | Chinese            | 78.0             |
| 1002          | Jack             | English            | 82.0             |
| 1003          | Jack             | Math               | 87.0             |
| 1004          | Mark             | Chinese            | 69.0             |
```

1005	Mark	English	89.0	
1006	Mark	Math	73.0	
1007	Hanke	Chinese	89.0	
1008	Hanke	English	85.0	
1009	Hanke	Math	75.0	

9 rows selected (0.186 seconds)

(4) sum 操作。

求每个学生的总成绩，执行语句：

select name, sum(score) total_score from fang_stu03 group by name;

0: jdbc:hive2://slave1:10000> **select name, sum(score) total_score from fang_stu03 group by name;**

name	total_score
Hanke	249.0
Jack	247.0
Mark	231.0

3 rows selected (41.628 seconds)

求每个学生的总成绩，过滤出总分大于 235 分的学生，执行语句：

select name, sum(score) total_score from fang_stu03 group by name having total_score > 235;

0: jdbc:hive2://slave1:10000> **select name, sum(score) total_score from fang_stu03 group by name having total_score > 235;**

name	total_score
Hanke	249.0
Jack	247.0

2 rows selected (35.533 seconds)

(5) max 操作。

查看每门课的最高分，执行语句：

select subject, max(score) from fang_stu03 group by subject;

0: jdbc:hive2://slave1:10000> **select subject, max(score) from fang_stu03 group by subject;**

subject	_c1
Chinese	89.0
English	89.0
Math	87.0

3 rows selected (36.518 seconds)

(6) count 操作。

统计每门课有多少人参加考试，执行语句：

select subject, count(1) from fang_stu03 group by subject;

```
0: jdbc:hive2://slave1:10000> select subject, count(1) from fang_stu03 group by subject;
+----------+------+
| subject  | _c1  |
+----------+------+
| Chinese  | 3    |
| English  | 3    |
| Math     | 3    |
+----------+------+
3 rows selected (36.957 seconds)
```

（三）Hive Join 操作

Hive 支持常用的 SQL Join 语句，例如：内连接、外连接、右外连接以及 Hive 独有的 Map 端连接。

1. 建表并导入数据

首先创建三张表：fang_employee(员工表)、fang_department(部门表)、fang_salary (薪资表)。

创建员工表，执行语句：

create table if not exists fang_employee(user_id int, username string, dept_id int) row format delimited fields terminated by ',' stored as textfile;

创建部门表，执行语句：

create table if not exists fang_deparment(dept_id int, dept_name string) row format delimited fields terminated by ',' stored as textfile;

创建薪资表，执行语句：

create table if not exists fang_salary(user_id int, dept_id int, salarys double) row format delimited fields terminated by ',' stored as textfile;

```
0: jdbc:hive2://slave1:10000> create table if not exists fang_employee(user_id int, username string,
dept_id int) row format delimited fields terminated by ',' stored as textfile;
No rows affected (0.277 seconds)
0: jdbc:hive2://slave1:10000> create table if not exists fang_department(dept_id int, dept_name string)
row format delimited fields terminated by ',' stored as textfile;
No rows affected (0.093 seconds)
0: jdbc:hive2://slave1:10000> create table if not exists fang_salary(user_id int, dept_id int, salarys
double) row format delimited fields terminated by ',' stored as textfile;
No rows affected (0.108 seconds)
0: jdbc:hive2://slave1:10000> show tables;                    # 显示当前数据库所有表
+----------------+
|    tab_name    |
+----------------+
```

```
| fang_department |
| fang_employee  |
| fang_salary    |
| fang_stu01     |
| fang_stu02     |
| fang_stu03     |
+----------------+
6 rows selected (0.074 seconds)
0: jdbc:hive2://slave1:10000> !quit                    # 退出 Beeline
Closing: 0: jdbc:hive2://slave1:10000
[hadoop@master ~]$
```

在 Linux 系统创建三张表的数据文本文件，分别为：fang_employee.txt、fang_department.txt、fang_salary.txt，内容分别如下：

```
[hadoop@master ~]$ vi fang_employee.txt                # 编辑数据文本文件
[hadoop@master ~]$ cat fang_employee.txt               # 显示文本文件内容
1,zhangsan,1
2,lisi,2
3,wangwu,3
4,tom,1
5,lily,2
6,amy,3
7,lilei,1
8,hanmeimei,2
9,poly,3
[hadoop@master ~]$ vi fang_department.txt              # 编辑数据文本文件
[hadoop@master ~]$ cat fang_department.txt             # 显示文本文件内容
1,Technical
2,Sales
3,HR
4,Marketing
[hadoop@master ~]$ vi fang_salary.txt                  # 编辑数据文本文件
[hadoop@master ~]$ cat fang_salary.txt                 # 显示文本文件内容
1,1,20000
2,2,16000
3,3,20000
4,1,50000
5,2,18900
6,3,12098
7,1,21900
```

将三个数据文本文件上传到 HDFS，并用 Beeline 客户端将数据分别导入到相应的表中。

```
[hadoop@master ~]$ hdfs dfs -put fang_employee.txt /user/    # 上传文本文件到 HDFS
```

```
[hadoop@master ~]$ hdfs dfs -put fang_department.txt /user/          #上传文本文件到 HDFS
[hadoop@master ~]$ hdfs dfs -put fang_salary.txt /user/              # 上传文本文件到 HDFS
[hadoop@master ~]$ hdfs dfs -ls /user          # 显示 HDFS 的 /user 目录下文件列表
Found 4 items
-rw-r--r--   3 hadoop supergroup          37 2022-10-06 11:46 /user/fang_department.txt
-rw-r--r--   3 hadoop supergroup          91 2022-10-06 11:46 /user/fang_employee.txt
-rw-r--r--   3 hadoop supergroup          70 2022-10-06 11:46 /user/fang_salary.txt
drwxr-xr-x   - hadoop supergroup           0 2022-10-03 15:37 /user/hive
[hadoop@master ~]$ beeline -u jdbc:hive2://slave1:10000          # 用 Beeline 客户端进入 Hive
0: jdbc:hive2://slave1:10000> load data inpath '/user/fang_employee.txt' into table fang_employee;
No rows affected (0.229 seconds)
0: jdbc:hive2://slave1:10000> load data inpath '/user/fang_department.txt' into table fang_department;
No rows affected (0.224 seconds)
0: jdbc:hive2://slave1:10000> load data inpath '/user/fang_salary.txt' into table fang_salary;
No rows affected (0.774 seconds)
0: jdbc:hive2://slave1:10000> select * from fang_employee;
+----------------------+------------------------+----------------------+
| fang_employee.user_id | fang_employee.username | fang_employee.dept_id |
+----------------------+------------------------+----------------------+
| 1                    | zhangsan               | 1                    |
| 2                    | lisi                   | 2                    |
| 3                    | wangwu                 | 3                    |
| 4                    | tom                    | 1                    |
| 5                    | lily                   | 2                    |
| 6                    | amy                    | 3                    |
| 7                    | lilei                  | 1                    |
| 8                    | hanmeimei              | 2                    |
| 9                    | poly                   | 3                    |
+----------------------+------------------------+----------------------+
9 rows selected (0.163 seconds)
0: jdbc:hive2://slave1:10000> select * from fang_department;
+------------------------+--------------------------+
| fang_department.dept_id | fang_department.dept_name |
+------------------------+--------------------------+
| 1                      | Technical                |
| 2                      | Sales                    |
| 3                      | HR                       |
| 4                      | Marketing                |
+------------------------+--------------------------+
4 rows selected (0.101 seconds)
0: jdbc:hive2://slave1:10000> select * from fang_salary;
+----------------------+----------------------+--------------------+
```

```
| fang_salary.user_id | fang_salary.dept_id | fang_salary.salarys |
+---------------------+---------------------+---------------------+
| 1                   | 1                   | 20000.0             |
| 2                   | 2                   | 16000.0             |
| 3                   | 3                   | 20000.0             |
| 4                   | 1                   | 50000.0             |
| 5                   | 2                   | 18900.0             |
| 6                   | 3                   | 12098.0             |
| 7                   | 1                   | 21900.0             |
+---------------------+---------------------+---------------------+
7 rows selected (0.146 seconds)
0: jdbc:hive2://slave1:10000>
```

2. 内连接

多张表进行内连接操作时，只有所有表中与 on 条件中相匹配的数据才会显示。例如下面的 SQL 语句实现了每个员工所在的部门，employee 表和 dept 表连接，on 条件是dept_id，只有同 dept_id 一样的数据才会匹配并显示出来。

select e.username,e.dept_id,d.dept_name,d.dept_id from fang_employee e join fang_department d on e.dept_id = d.dept_id;

```
0: jdbc:hive2://slave1:10000> select e.username,e.dept_id,d.dept_name,d.dept_id from fang_employee e
join fang_department d on e.dept_id = d.dept_id;
+-------------+-----------+-------------+-----------+
| e.username  | e.dept_id | d.dept_name | d.dept_id |
+-------------+-----------+-------------+-----------+
| zhangsan    | 1         | Technical   | 1         |
| lisi        | 2         | Sales       | 2         |
| wangwu      | 3         | HR          | 3         |
| tom         | 1         | Technical   | 1         |
| lily        | 2         | Sales       | 2         |
| amy         | 3         | HR          | 3         |
| lilei       | 1         | Technical   | 1         |
| hanmeimei   | 2         | Sales       | 2         |
| poly        | 3         | HR          | 3         |
+-------------+-----------+-------------+-----------+
9 rows selected (30.52 seconds)
```

可以对两张以上的表进行连接操作，下面的 SQL 语句查询员工的名字、部门名字及薪水：

select e.username,d.dept_name,s.salarys from fang_employee e join fang_department d on e.dept_id = d.dept_id join fang_salary s on e.user_id = s.user_id;

```
0: jdbc:hive2://slave1:10000> select e.username,d.dept_name,s.salarys from fang_employee e join
fang_department d on e.dept_id = d.dept_id join fang_salary s on e.user_id = s.user_id;
+-------------+-------------+-----------+
```

```
| e.username | d.dept_name | s.salarys |
+------------+-------------+-----------+
| zhangsan   | Technical   | 20000.0   |
| lisi       | Sales       | 16000.0   |
| wangwu     | HR          | 20000.0   |
| tom        | Technical   | 50000.0   |
| lily       | Sales       | 18900.0   |
| amy        | HR          | 12098.0   |
| lilei      | Technical   | 21900.0   |
+------------+-------------+-----------+
7 rows selected (33.01 seconds)
```

　　一般情况下，一个 join 连接会生成一个 MapReduce job 任务，如果 Join 连接超过 2 张表，Hive 会按从左到右的顺序对表进行关联操作，上面的 SQL，先启动一个 MapReduce job 任务对表 employee 和 dept 进行连接操作，然后再启动第二个 MapReduce job 对第一个 MapReduce job 输出的结果和表 salary 进行连接操作。这和标准 SQL 刚好相反，标准 SQL 是按从右向左的顺序进行 Join 连接的。因此在 Hive SQL 中，我们都是把小表写在左边，这样可以提高执行效率。

　　Hive 支持使用 /*+STREAMTALBE*/ 语法指定哪张表是大表，例如下面的 SQL 语句指定了 dept 为大表。如果不使用 /+STREAMTALBE/ 语法，Hive 认为最右边的表是大表。

select /*+STREAMTABlE(d)*/ e.username,e.dept_id,d.dept_name,d.dept_id from fang_employee e join fang_department d on e.dept_id = d.dept_id;

```
0: jdbc:hive2://slave1:10000> select /*+STREAMTABlE(d)*/ e.username,e.dept_id,d.dept_name,d.dept_id
from fang_employee e join fang_department d on e.dept_id = d.dept_id;
+------------+------------+-------------+------------+
| e.username | e.dept_id  | d.dept_name | d.dept_id  |
+------------+------------+-------------+------------+
| zhangsan   | 1          | Technical   | 1          |
| lisi       | 2          | Sales       | 2          |
| wangwu     | 3          | HR          | 3          |
| tom        | 1          | Technical   | 1          |
| lily       | 2          | Sales       | 2          |
| amy        | 3          | HR          | 3          |
| lilei      | 1          | Technical   | 1          |
| hanmeimei  | 2          | Sales       | 2          |
| poly       | 3          | HR          | 3          |
+------------+------------+-------------+------------+
9 rows selected (30.104 seconds)
```

　　一般情况下有多少张表进行 Join 连接操作，就会启动多少个 MapReduce 任务，但是如果 on 条件的连接键都是一样的，那么只会启动一个 MapReduce 任务。

3. 左外连接

　　左外连接和标准 SQL 语句一样，以左边表为基准，右边表和 on 条件匹配的数据将显示出来，否则显示 NULL。

执行语句：

select e.user_id,e.username,s.salarys from fang_employee e left outer join fang_salary s on e.user_id = s.user_id;

```
0: jdbc:hive2://slave1:10000> select e.user_id,e.username,s.salarys from fang_employee e left outer
join fang_salary s on e.user_id = s.user_id;
+------------+------------+------------+
| e.user_id  | e.username | s.salarys  |
+------------+------------+------------+
| 1          | zhangsan   | 20000.0    |
| 2          | lisi       | 16000.0    |
| 3          | wangwu     | 20000.0    |
| 4          | tom        | 50000.0    |
| 5          | lily       | 18900.0    |
| 6          | amy        | 12098.0    |
| 7          | lilei      | 21900.0    |
| 8          | hanmeimei  | NULL       |
| 9          | poly       | NULL       |
+------------+------------+------------+
9 rows selected (30.908 seconds)
```

从上面的结果可以看到，employee 员工表的记录全部都显示，salary 薪水表符合 on 条件的数据也显示出来，不符合条件的数据显示 NULL。

4. 右外连接

右外连接和左外连接正好相反，右外连接以右边的表为基准，左边表和 on 条件匹配的数据将显示出现，不匹配的数据显示 NULL。

Hive 是处理大数据的组件，因此在编写 SQL 语句时尽量用 where 条件过滤掉不符合条件的数据，以减少数据处理量。但是对于左外连接和右外连接，where 条件是在 on 条件执行之后才会执行，因此为了优化 Hive SQL 执行的效率，在需要使用外链接的场景，尽量使用子查询，然后在子查询中使用 where 条件过滤掉不符合条件的数据。

执行语句：

select e1.user_id,e1.username,s.salarys from (select e.* from fang_employee e where e.user_id < 8) e1 left outer join fang_salary s on e1.user_id = s.user_id;

```
0: jdbc:hive2://slave1:10000> select e1.user_id,e1.username,s.salarys from (select e.* from fang_
employee e where e.user_id < 8) e1 left outer join fang_salary s on e1.user_id = s.user_id;
+-------------+-------------+------------+
| e1.user_id  | e1.username | s.salarys  |
+-------------+-------------+------------+
| 1           | zhangsan    | 20000.0    |
| 2           | lisi        | 16000.0    |
| 3           | wangwu      | 20000.0    |
| 4           | tom         | 50000.0    |
```

```
|5          | lily         | 18900.0   |
|6          | amy          | 12098.0   |
|7          | lilei        | 21900.0   |
+-----------+--------------+-----------+
```
7 rows selected (27.198 seconds)

上面的 SQL 语句通过子查询将 user_id>=8 的数据过滤掉。

5. 全外连接

全外连接返回所有表中满足 where 条件的数据，不满足条件的数据以 NULL 代替。

执行语句：

select e.user_id,e.username,s.salarys from fang_employee e full outer join fang_salary s on e.user_id = s.user_id where e.user_id > 0;

0: jdbc:hive2://slave1:10000> **select e.user_id,e.username,s.salarys from fang_employee e full outer join fang_salary s on e.user_id = s.user_id where e.user_id > 0**;

```
+-----------+--------------+-----------+
| e.user_id | e.username   | s.salarys |
+-----------+--------------+-----------+
|1          | zhangsan     | 20000.0   |
|2          | lisi         | 16000.0   |
|3          | wangwu       | 20000.0   |
|4          | tom          | 50000.0   |
|5          | lily         | 18900.0   |
|6          | amy          | 12098.0   |
|7          | lilei        | 21900.0   |
|8          | hanmeimei    | NULL      |
|9          | poly         | NULL      |
+-----------+--------------+-----------+
```
9 rows selected (27.6 seconds)

全外连接和左外连接的结果是一致的。

6. 左半开连接

左半开连接就是只查询出满足左边表的数据。

执行语句：

select e.* from fang_employee e LEFT SEMI JOIN fang_salary s on e.user_id=s.user_id;

0: jdbc:hive2://slave1:10000> **select e.* from fang_employee e LEFT SEMI JOIN fang_salary s on e.user_id=s.user_id**;

```
+-----------+--------------+-----------+
| e.user_id | e.username   | e.dept_id |
+-----------+--------------+-----------+
|1          | zhangsan     | 1         |
|2          | lisi         | 2         |
|3          | wangwu       | 3         |
|4          | tom          | 1         |
```

```
|5         | lily        | 2          |
|6         | amy         | 3          |
|7         | lilei       | 1          |
+----------+-------------+------------+
```
7 rows selected (29.83 seconds)

左半开连接就是只查询出满足左边表的数据，半开连接是内连接的优化，当左边表的一条数据在右边表中存在时，Hive 就停止扫描，因此效率比 Join 连接高。但是左半开连接的 select 和 where 关键字后面只能出现左边表的字段，不能出现右边表的字段。Hive 不支持右半开连接。

7. 笛卡尔积连接

笛卡尔积连接的结果是将左边表的数据乘以右边表的数据。

执行语句：

select e.user_id,e.username,s.salarys from fang_employee e join fang_salary s;

0: jdbc:hive2://slave1:10000> **select e.user_id,e.username,s.salarys from fang_employee e join fang_salary s;**

```
+----------+-------------+------------+
| e.user_id | e.username | s.salarys |
+----------+-------------+------------+
| 1        | zhangsan    | 20000.0    |
| 1        | zhangsan    | 16000.0    |
| 1        | zhangsan    | 20000.0    |
| 1        | zhangsan    | 50000.0    |
| 1        | zhangsan    | 18900.0    |
| 1        | zhangsan    | 12098.0    |
| 1        | zhangsan    | 21900.0    |
| 2        | lisi        | 20000.0    |
| 2        | lisi        | 16000.0    |
( 其余略 )
| 9        | poly        | 12098.0    |
| 9        | poly        | 21900.0    |
+----------+-------------+------------+
```
63 rows selected (29.838 seconds)

上面 SQL 语句执行的结果就是 employee 表的记录乘以 salary 表的记录。

8. Map 端连接

Map 端连接是对 Hive SQL 的优化，Hive 是将 SQL 转化为 MpaReduce job，因此 Map 端连接对应的就是 Hadoop Join 连接中的 Map 端连接。通过将小表加载到内存中，可提高 Hive SQL 的执行速度。可以通过下面两种方式使用 Hive SQL Map 端连接：

(1) 使用 /*+ MAPJOIN*/ 标记。

执行语句：

select /*+ MAPJOIN(d)*/ e.username,e.dept_id,d.dept_name,d.dept_id from fang_employee e join fang_department d on e.dept_id = d.dept_id;

```
0: jdbc:hive2://slave1:10000> select /*+ MAPJOIN(d)*/ e.username,e.dept_id,d.dept_name,d.dept_id
from fang_employee e join fang_department d on e.dept_id = d.dept_id;
+-------------+------------+--------------+------------+
| e.username  | e.dept_id  | d.dept_name  | d.dept_id  |
+-------------+------------+--------------+------------+
| zhangsan    | 1          | Technical    | 1          |
| lisi        | 2          | Sales        | 2          |
| wangwu      | 3          | HR           | 3          |
| tom         | 1          | Technical    | 1          |
| lily        | 2          | Sales        | 2          |
| amy         | 3          | HR           | 3          |
| lilei       | 1          | Technical    | 1          |
| hanmeimei   | 2          | Sales        | 2          |
| poly        | 3          | HR           | 3          |
+-------------+------------+--------------+------------+
9 rows selected (32.504 seconds)
```

(2) 设置 hive.auto,convert.JOIN 的值为 true。

任务 3　Spark 的安装部署与基本使用

任 务 目 标

知识目标

(1) 了解 Spark 相关概念。

(2) 了解 Spark 集群运行架构。

(3) 了解 Spark 运行模式与提交模式。

能力目标

(1) 能够熟练完成 Spark Local 模式安装。

(2) 能够熟练完成 Spark Standalone 模式安装。

(3) 能够熟练完成 Spark on YARN 模式安装。

(4) 能够熟练使用 Spark SQL CLI。

知 识 准 备

一、Spark 简介

（一）Spark 的定义

Spark 于 2009 年诞生于加州大学伯克利分校 AMPLab，2013 年被捐赠给 Apache 软件基金会，2014 年 2 月成为 Apache 的顶级项目。相对于 MapReduce 的批处理计算，Spark 可以带来上百倍的性能提升，因此它成为继 MapReduce 之后最为广泛使用的分布式计算框架。

Spark 最早源于一篇论文 *Resilient Distributed Datasets: A Fault-Tolerant Abstraction for In-Memory Cluster Computing*，该论文是由加州大学伯克利分校的 Matei Zaharia 等人发表的。论文中提出了一种弹性分布式数据集（即 RDD）的概念。RDD 是一种分布式内存抽象，其使得程序员能够在大规模集群中做内存运算，并且有一定的容错方式。这也是整个 Spark 的核心数据结构，Spark 整个平台都围绕着 RDD 进行。

简而言之，Spark 借鉴了 MapReduce 思想发展而来，保留了其分布式并行计算的优点并改进了其明显的缺陷，它将中间数据存储在内存中，从而提高了运行速度，并提供了丰富的用来操作数据流的 API，提高了开发速度。

Spark 是一款分布式内存计算的统一分析引擎，用于对任意类型的数据进行自定义计算。Spark 可以计算结构化、半结构化、非结构化等各种类型的数据结构，同时也支持使用 Python、Java、Scala、R 以及 SQL 语言去开发应用程序计算数据。

（二）Spark 的特点

Spark 具有以下特点：

(1) 使用先进的 DAG 调度程序、查询优化器和物理执行引擎；

(2) 支持多语言，目前支持的语言有 Java、Scala、Python 和 R；

(3) 提供了 80 多个高级 API，可以轻松地构建应用程序；

(4) 支持批处理、流处理和复杂的业务分析；

(5) 支持丰富的类库，包括 SQL、MLlib、GraphX 和 Spark Streaming 等库，并且可以将它们无缝地进行组合；

(6) 支持丰富的部署模式，不仅支持本地模式和自带的集群模式，也支持在 Hadoop、Mesos、Kubernetes 上运行；

(7) 支持多数据源，支持访问 HDFS、Alluxio、Cassandra、HBase、Hive 以及数百个其他数据源中的数据。

Spark 的生态系统主要包含了 Spark Core、DataFrame API、Spark SQL、Spark Streaming、MLLib 和 GraphX 等核心组件，以及第三方数据源组件 Hadoop、Cassandra、HBase、PostgreSQL、MySQL、Elasticsearch 等，并且支持 Scala、Java、Python 等开发语言，如图 3-15 所示。

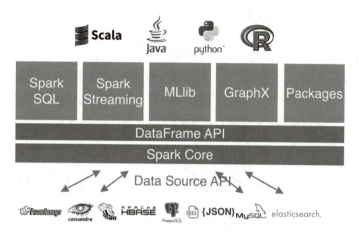

图 3-15　Spark 生态系统

（三）Spark 离线安装包软件下载

Spark 离线安装所需要的软件下载清单及官方下载网址如表 3-8 所示。

表 3-8　Spark 离线安装所需要的软件下载清单及官方下载网址

任务名称	所需软件	官方下载网址
Spark离线安装	Spark-3.3.0	https://spark.apache.org/ https://spark.apache.org/downloads.html

二、Spark 集群运行架构

（一）Spark 集群运行架构介绍

1. 运行架构

Spark 框架的核心是一个计算引擎，从整体来说，它采用了标准 master-slave 的结构。

如图 3-16 所示为 Spark 集群运行架构。图中的 Driver Program 表示 master，负责管理整个集群中的作业任务调度；Executor 则是 slave，负责执行实际任务。

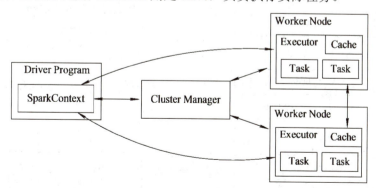

图 3-16　Spark 集群运行架构

Spark 运行架构主要由 SparkContext、Cluster Manager 和 Worker Node(节点) 组成，其中 Cluster Manager 负责整个集群的统一资源管理，Worker 节点中的 Executor 是应用执行

的主要进程，内部含有多个 Task 线程以及内存空间。

　　Spark 应用程序在集群上运行时，包括了多个独立的进程，这些进程之间通过驱动器程序 (Driver Program) 中的 SparkContext 对象进行协调，SparkContext 对象能够与多种集群资源管理器 (Cluster Manager) 通信，一旦与集群资源管理器连接，Spark 会为该应用在各个集群节点上申请执行器 (Executor)，用于执行计算任务和存储数据。Spark 将应用程序代码发送给所申请到的执行器，SparkContext 对象将分割出的任务 (Task) 发送给各个执行器去运行。

　　需要注意的是，每个 Spark 应用程序都有其对应的多个执行器进程，执行器进程可以隔离每个 Spark 应用程序。从调度角度来看，每个驱动器可以独立调度本应用程序的内部任务。从执行器角度来看，不同 Spark 应用程序对应的任务将会在不同的 JVM 中运行。然而这样的架构也有缺点，多个 Spark 应用程序之间无法共享数据，除非把数据写到外部存储结构中。

　　Spark 对底层的集群管理器一无所知，只要 Spark 能够申请到执行器进程并与之通信即可。这种实现方式可以使 Spark 比较容易地在多种集群管理器上运行，如 Mesos、YARN。

　　驱动器程序在整个生命周期内必须监听并接受其对应的各个执行器的连接请求，因此驱动器程序必须能够被所有 Worker 节点访问到。

　　因为集群上的任务是由驱动器来调度的，所以驱动器应该和 Worker 节点距离更近一些，最好在同一个本地局域网中，如果需要远程对集群发起请求，最好还是在驱动器节点上启动 RPC 服务响应这些远程请求，同时把驱动器本身放在离集群 Worker 节点比较近的机器上。

2. Spark 集群运行基本流程

　　Spark 集群运行基本流程如图 3-17 所示。

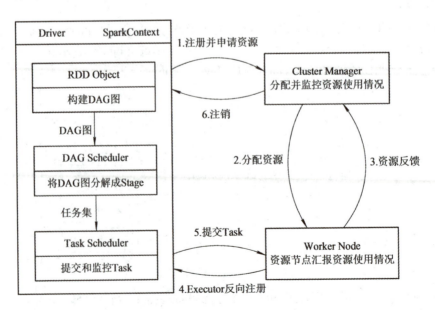

图 3-17　Spark 集群运行基本流程

Spark 集群运行基本流程如下：

(1) 当一个 Spark 应用程序被提交时，根据提交参数在相应的位置创建 Driver 进程，Driver 进程根据配置参数信息初始化 SparkContext 对象，即 Spark 运行环境，由 SparkContext 负责和 Cluster Manager 的通信以及资源的申请、任务的分配和监控等。SparkContext 启动后，创建 DAG Scheduler(将 DAG 图分解成 Stage) 和 Task Scheduler(提交和监控 Task) 两个调度模块。

(2) Driver 进程根据配置参数向 Cluster Manager 申请资源 (主要是用来执行 Executor)，Cluster Manager 接收到应用 (Application) 的注册请求后，会使用自己的资源调度算法，在 Spark 集群的 Worker 节点上，通知 Worker 节点为应用启动多个 Executor。

(3) Executor 创建后，会向 Cluster Manager 进行资源及状态的反馈，便于 Cluster Manager 对 Executor 进行状态监控，如果监控到 Executor 失败，则会立刻重新创建。

(4) Executor 会向 SparkContext 反向注册申请 Task。

(5) Task Scheduler 将 Task 发送给 Worker 进程中的 Executor 运行并提供应用程序代码。

(6) 当程序执行完毕后写入数据，Driver 向 Cluster Manager 注销申请的资源。

(二) Spark 核心组件

Spark 基于 Spark Core 扩展了四个核心组件，分别用于满足不同领域的计算需求，如图 3-18 所示。

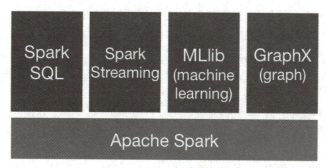

图 3-18　Spark 核心组件

1. Spark SQL

Spark SQL 主要用于结构化数据的处理，其具有以下特点：

· 能将 SQL 查询与 Spark 程序无缝混合，允许使用 SQL 或 DataFrame API 对结构化数据进行查询；

· 支持多种数据源，包括 Hive、Avro、Parquet、ORC、JSON 和 JDBC；

· 支持 HiveQL 语法以及用户自定义函数 (UDF)，允许访问现有的 Hive 仓库；

· 支持标准的 JDBC 和 ODBC 连接；

· 支持优化器、列式存储和代码生成等特性，以提高查询效率。

2. Spark Streaming

Spark Streaming 主要用于快速构建可扩展、高吞吐量、高容错的流处理程序。它支持从 HDFS、Flume、Kafka、Twitter 读取数据并进行处理，如图 3-19 所示。

图 3-19　Spark Streaming 示意图

Spark Streaming 的本质是微批处理，它将数据流进行极小粒度的拆分，拆分为多个批处理，从而达到接近于流处理的效果。

3. MLlib

MLlib 是 Spark 的机器学习库，其设计目标是使得机器学习变得简单且可扩展。它提供了以下工具：

- 常见的机器学习算法，如分类、回归、聚类和协同过滤；
- 特征化：特征提取、转换、降维和选择工具；
- 管道：用于构建、评估和调整 ML 管道的工具；
- 持久性：保存和加载算法、模型、管道数据的工具；
- 实用工具：线性代数、统计、数据处理等。

4. GraphX

GraphX 是 Spark 中用于图形计算和图形并行计算的新组件。在高层次上，GraphX 通过引入一个新的图形抽象来扩展 RDD(一种具有附加到每个顶点和边缘的属性的定向多重图形)。为了支持图计算，GraphX 提供了一组基本运算符 (如 subgraph、joinVertices 和 aggregateMessages) 以及优化后的 Pregel API。此外，GraphX 还包括越来越多的图形算法和构建器，以简化图形分析任务。

三、Spark 运行模式

（一）Local 本地模式（单机模式）

所谓的 Local 本地模式，就是不需要其他任何节点资源就可以在本地执行 Spark 代码的环境，一般用于教学、调试、演示等。

（二）Standalone 独立模式

在 Spark Standalone 独立模式中，资源调度是由 Spark 自己实现的。Spark Standalone 模式是 Master-Slaves 架构的集群模式，和大部分的 Master-Slaves 结构的集群一样，存在着 Master 单点故障的问题。对于单点故障的问题，Spark 提供了两种方案：

(1) 基于文件系统的单点恢复 (Single-Node Recovery with Local File System)。将 Application 和 Worker 的注册信息写入文件中，当 Master 宕机时，可以重新启动 Master 进程恢复工作。该方式只适用于开发或测试环境。

(2) 基于 Zookeeper 的 Standby Masters(Standby Masters with ZooKeeper)。ZooKeeper 提供了一个 Leader Election 机制，利用这个机制可以保证虽然集群存在多个 Master，但是只有一个是 Active，其他的都是 Standby。当 Active 的 Master 出现故障时，另外的一个

Standby Master 会被选取出来，对于恢复期间正在运行的应用程序，由于 Application 在运行前已经向 Master 申请了资源，运行时 Driver 负责与 Executor 进行通信，管理整个 Application，因此 Master 的故障对 Application 的运行不会造成影响，但是会影响新的 Application 的提交。

（三）On YARN 模式

独立部署 (Standalone) 模式由 Spark 提供计算资源，无须其他框架提供资源。这种方式降低了和其他第三方资源框架的耦合性，独立性非常强。但是 Spark 主要是计算框架，而不是资源调度框架，本身提供的资源调度并不是它的强项，所以还是和其他专业资源调度框架集成会更好一些。

Spark On YARN 模式的搭建比较简单，仅需要在 YARN 集群的一个节点上安装 Spark 客户端即可，该节点可以作为提交 Spark 应用程序到 YARN 集群的客户端。Spark 本身的 Master 节点和 Worker 节点不需要启动。

Spark on YARN 有两种应用提交模式：

YARN-Client 模式：适用于交互和调试，客户端能看到 Application 的输出。YARN-Client 模式下，Application Master 仅仅向 YARN 请求 Executor，Client 会和请求的 Container 通信来调度它们工作。

YARN-Cluster 模式：通常用于生产环境，job 直接调度在 YARN 上执行，客户端无法感知。YARN-Cluster 模式下，Driver 运行在 AM(Application Master) 中，它负责向 YARN 申请资源，并监督作业的运行状况。当用户提交了作业之后，就可以关掉 Client，作业会继续在 YARN 上运行。

（四）Mesos & On K8S 模式

Mesos 是 Apache 下的开源分布式资源管理框架，它被称为是分布式系统的内核，在 Twitter 中得到了广泛使用国内依然使用传统的 Hadoop 大数据框架，使用 Mesos 框架的并不多，但是原理其实都差不多。

容器化部署是目前业界很流行的一项技术，基于 Docker 镜像运行能够让用户更加方便地对应用进行管理和运维。容器管理工具中最为流行的就是 Kubernetes(K8s)，而 Spark 也在最近的版本中支持了 K8s 部署模式。

四、Spark 应用程序提交模式

根据应用程序提交模式的不同，Driver 在集群中的位置也有所不同，应用程序提交模式主要有两种：Client 模式和 Cluster 模式，默认是 Client 模式，可以在向 Spark 集群提交应用程序时使用 --deploy-mode 参数指定提交模式。

（一）Client 模式

(1) Client 模式下 Driver 进程运行在 Master 节点上，不在 Worker 节点上，所以相对于参与实际计算的 Worker 集群而言，Driver 就相当于一个第三方的 "Client"。

(2) 因为 Driver 进程不在 Worker 节点上，所以 Driver 进程是独立的，不会消耗 Worker 集群的资源。

(3) Client 模式下 Master 和 Worker 节点必须处于同一片局域网内，因为 Driver 要和

Executor 通信。例如 Driver 需要将 Jar 包通过 Netty HTTP 分发到 Executor，Driver 要给 Executor 分配任务等。

(4) Client 模式下没有监督重启机制，Driver 进程如果挂了，需要额外的程序重启。

（二）Cluster 模式

(1) Driver 程序在 Worker 集群中的某个节点上，而非 Master 节点，但是这个节点由 Master 指定。

(2) Driver 程序占据 Worker 的资源。

(3) Cluster 模式下 Master 节点可以使用 –supervise 对 Driver 进行监控，一旦 Driver 挂了可自动重启。

(4) Cluster 模式下 Master 节点和 Worker 节点一般不在同一局域网内，因此无法将 Jar 包分发到各个 Worker 节点，所以 Cluster 模式要求必须提前把 Jar 包存放到各个 Worker 节点对应的目录下。

（三）Client 和 Cluster 模式的选择

一般来说，如果提交任务的节点（即 Master）和 Worker 集群在同一个网络内，那么采用 Client 模式比较合适。

如果提交任务的节点和 Worker 集群相隔比较远，就会采用 Cluster 模式来最小化 Driver 和 Executor 之间的网络延迟。

（四）Spark 运行方式

用户在提交任务给 Spark 处理时，以下两个参数共同决定了 Spark 的运行方式。

• --master MASTER_URL：MASTER_URL 决定了 Spark 任务提交给哪种集群进行处理。

• --deploy-mode DEPLOY_MODE：决定了 Driver 的运行方式，根据 Driver 运行在哪里，可选值为 Client(Driver 运行在本地客户端) 或者 Cluster(Driver 运行在 Worker 节点)。

MASTER_URL 代表的含义如表 3-9 所示。

表 3-9　Master_URL 代表的含义

Master_URL	含　　义
local	在本地运行，只有一个工作进程，无并行计算能力
local[K]	在本地运行，有K个工作进程，通常设置K为机器的CPU 核心数量
local[*]	在本地运行，工作进程数量等于机器的CPU核心数量
spark://HOST:PORT	以 Standalone模式运行，这是Spark自身提供的集群运行模式，默认端口号：7077
spark://HOST1:PORT1, HOST2:PORT2	以Standalone HA模式运行，主机列表必须是由Zookeeper设置并包含HA集群所有的Master主机，默认端口号：7077
mesos://HOST:PORT	运行在Mesos集群，提交任务时由参数--deploy-mode DEPLOY_MODE指定是Client模式还是Cluster模式
yarn	运行在YARN集群，提交任务时由参数--deploy-mode DEPLOY_MODE指定是Client模式还是Cluster模式，YARN集群地址必须由HADOOP_CONF_DIR或YARN_CONF_DIR定义。 • Client模式：Driver进程在本地，Work进程在YARN集群上。 • Cluster模式：Driver和Work进程都在YARN集群上

任　务　实　施

一、Spark Local 模式安装

（一）Spark Local 模式安装与验证

所谓的 Local 模式，就是不需要其他任何节点资源就可以在本地执行 Spark 代码的环境。

按以下步骤完成 Spark Local 模式的安装部署：

• 将 spark-3.3.0-bin-hadoop3.tgz 包上传至 master 节点，并且以 hadoop 用户身份解压到指定目录，如 /opt 目录。重命名解压后的 spark 目录名为 spark-3.3.0。

• 以 root 身份，编辑 /etc/profile 文件，添加环境变量 SPARK_HOME，修改环境变量 PATH，并使环境变量生效。

• 以 hadoop 用户身份，改变到 spark 目录，执行命令 bin/spark-shell 进入 Spark Shell 交互命令环境。

• Spark Shell 启动成功后，查看 Spark Web UI 网址，在宿主物理机上打开浏览器访问 Web UI 页面。

可以在任何一个节点虚拟机，输入以下命令完成 Sparck Local 模式的安装部署：

（1）将 spark-3.3.0-bin-hadoop3.tgz 包上传至 master 节点，并且以 hadoop 用户身份解压到指定目录，如 /opt 目录。重命名解压后的 spark 目录名为 spark-3.3.0。

```
[root@master ~]# su-hadoop                              # 切换为 hadoop 用户
[hadoop@master ~]$ cd /opt/                             # 改变到 /opt 目录
[hadoop@master opt]$ ll *spark*                         # 显示 /opt 目录下文件列表
-rw-r--r-- 1 root root 286M 10 月  7 11:00 apache-spark-3.3.0-bin-hadoop3.tgz
[hadoop@master opt]$ tar -zxvf apache-spark-3.3.0-bin-hadoop3.tgz    # 解压缩 spark 安装包
[hadoop@master opt]$ mv spark-3.3.0-bin-hadoop3 spark-3.3.0          # 重命名 spark 目录名
[hadoop@master opt]$
```

（2）以 root 身份，编辑 /etc/profile 文件，添加环境变量 SPARK_HOME，修改环境变量 PATH，并使环境变量生效。

```
[hadoop@master opt]$ exit                     # 注销当前会话，从 hadoop 用户退回 root 用户身份
注销
[root@master ~]# vi /etc/profile              # 编辑 /etc/profile 文件
（其余略）
# JDK 环境变量
export JAVA_HOME=/opt/jdk1.8.0_341/
export PATH=$PATH:$JAVA_HOME/bin
export CLASSPATH=$JAVA_HOME/jre/rt.jar:$JAVA_HOME/lib/dt.jar:$JAVA_HOME/lib/tools.jar

# HADOOP 环境变量
```

```
export HADOOP_HOME=/opt/hadoop-3.3.4
export PATH=$PATH:$HADOOP_HOME/bin:$HADOOP_HOME/sbin

# HIVE 环境变量
export HIVE_HOME=/opt/hive-3.1.3
export PATH=$PATH:$HIVE_HOME/bin

# SPARK 环境变量
export SPARK_HOME=/opt/spark-3.3.0/
export PATH=$PATH:$SPARK_HOME
[root@master ~]# source /etc/profile            # 使得环境变量立即生效
```

(3) 以 hadoop 用户身份，改变到 spark 目录，执行命令 bin/spark-shell 进入 Spark Shell 交互命令环境。

```
[root@master ~]# su-hadoop                       # 切换为 hadoop 用户
[hadoop@master ~]$ cd /opt/spark-3.3.0/          # 改变到 /opt/spark-3.3.0 目录
[hadoop@master spark-3.3.0]$ bin/spark-shell     # 进入 Spark Shell 交互命令环境
Setting default log level to "WARN".
To adjust logging level use sc.setLogLevel(newLevel). For SparkR, use setLogLevel(newLevel).
22/10/10 10:37:41 WARN NativeCodeLoader: Unable to load native-hadoop library for your platform...
using builtin-java classes where applicable
Spark context Web UI available at http://master:4040
Spark context available as 'sc' (master = local[*], app id = local-1665369462375).
Spark session available as 'spark'.
Welcome to
      ____              __
     / __/__  ___ _____/ /__
    _\ \/ _ \/ _ `/ __/  '_/
   /___/ .__/\_,_/_/ /_/\_\   version 3.3.0
      /_/

Using Scala version 2.12.15 (Java HotSpot(TM) 64-Bit Server VM, Java 1.8.0_341)
Type in expressions to have them evaluated.
Type :help for more information.
scala> val textFile = spark.read.textFile("README.md")        # 尝试简单的 scala 编程
textFile: org.apache.spark.sql.Dataset[String] = [value: string]
scala> textFile.count()
res0: Long = 124
scala> :quit                                 # 退出 Spark Shell 交互命令环境
[hadoop@master spark-3.3.0]$
```

注意：Spark Shell 启动成功后，注意查看进入 Shell 时输出的 Spark context Web UI 地址。

(4) Spark Shell 启动成功后，查看 Spark Web UI 网址，在宿主物理机上打开浏览器访问 Web UI 页面。

Spark context Web UI 默认地址为 http://master:4040，在 Spark-Shell 运行的情况下，宿

主物理机上打开浏览器，输入 Spark context Web UI 的地址，如图 3-20 所示。

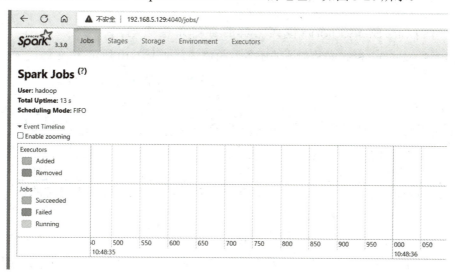

图 3-20　Spark context Web UI

(二) 提交应用示例

在 Local 模式下，以 hadoop 用户身份，输入以下命令提交 Spark 示例应用：

[hadoop@master spark-3.3.0]$ bin/spark-submit \
> --master local[*] \
> --class org.apache.spark.examples.SparkPi \
> ./examples/jars/spark-examples_2.12-3.3.0.jar \
> 10

参数说明：

• --master local[*]：部署模式，默认为 Local 模式，数字表示分配的虚拟 CPU 核心数量。

• --class org.apache.spark.examples.SparkPi：表示要执行程序的主类。

• spark-examples_2.12-3.3.0.jar：表示运行的应用类所在的 jar 包。

• 10：表示程序的入口参数，用于设定当前应用的任务数量。

```
[hadoop@master spark-3.3.0]$ bin/spark-submit \          # 提交 Spark 示例应用
> --master local[*] \                                    # 连接到 Spark Local 模式
> --class org.apache.spark.examples.SparkPi \
> ./examples/jars/spark-examples_2.12-3.3.0.jar \
> 10
22/10/10 10:53:47 INFO SparkContext: Running Spark version 3.3.0
（其余略）
22/10/10 10:53:50 INFO TaskSchedulerImpl: Killing all running tasks in stage 0: Stage finished
22/10/10 10:53:50 INFO DAGScheduler: Job 0 finished: reduce at SparkPi.scala:38, took 0.850604 s
Pi is roughly 3.143755143755144                          # 计算出来的 Pi 的近似值
22/10/10 10:53:50 INFO SparkUI: Stopped Spark web UI at http://master:4040
[hadoop@master spark-3.3.0]$
```

二、Spark Standalone 模式安装

(一) Spark Standalone 模式集群服务器角色规划

Spark Standalone 模式安装部署的服务器角色规划如表 3-10 所示。

表 3-10　Spark Standalone 模式安装部署的服务器角色规划

master (IP：192.168.5.129)	slave1 (IP：192.168.5.130)	slave2 (IP：192.168.5.131)
master		
worker	worker	worker

从表中可以看出，Spark Standalone 模式安装部署时，使用 Spark 自带的资源可构建一个由 master + worker 组成的 Spark 集群。

(二) Standalone 模式安装与验证

Spark Standalone 模式安装部署是在前面完成的 Local 模式基础上进行的，即已经完成了 Spark 离线安装包的上传与解压、环境变量的配置。

在 master 主节点上，按以下步骤完成 Spark Standalone 模式部署安装：

• 复制 Spark 模板文件生成配置文件，分别为 spark-env.sh、spark-defaults.conf、workers。

• 修改 Spark 环境变量配置文件 spark-env.sh，添加 JAVA_HOME 环境变量和对应的 master 节点。

• 修改 workers 文件，删除 localhost，添加 worker 的三个节点主机名。

• 以 root 用户身份，从 master 节点分发系统环境变量配置文件 /etc/profile 到其他节点。

• 以 hadoop 用户身份，从 master 节点分发已经配置好的 spark 到其他节点。

• 以 hadoop 用户身份，在 master 主节点上，改变到 spark 目录下，启动 spark standalone 模式集群。

• 在 spark 集群的三个节点上，查看运行的进程。

• 以 hadoop 用户身份，改变到 spark 目录，执行命令：bin/spark-shell –master spark://master:7077 连接到 Spark Standalone 部署模式的集群，进入 Spark Shell 交互命令环境。

• 在宿主物理机上的浏览器中打开 Spark Standalone 模式的 Web UI 监控页面。

在 master 主节点上，输入以下命令完成 Spark Standalone 模式部署安装：

(1) 复制 Spark 模板文件生成配置文件，分别为 spark-env.sh、spark-defaults.conf、workers。

```
[hadoop@master conf]$ cd /opt/spark-3.3.0/conf/     # 以 hadoop 身份改变到 Spark 的 conf 目录
[hadoop@master conf]$ ll                            # 查看 Spark 的 conf 目录下文件列表
总用量 36K
-rw-r--r-- 1 hadoop hadoop 1.1K  6 月 10 04:37 fairscheduler.xml.template
-rw-r--r-- 1 hadoop hadoop 3.3K  6 月 10 04:37 log4j2.properties.template
-rw-r--r-- 1 hadoop hadoop 9.0K  6 月 10 04:37 metrics.properties.template
-rw-r--r-- 1 hadoop hadoop 1.3K  6 月 10 04:37 spark-defaults.conf.template
-rwxr-xr-x 1 hadoop hadoop 4.5K  6 月 10 04:37 spark-env.sh.template
-rw-r--r-- 1 hadoop hadoop  865  6 月 10 04:37 workers.template
[hadoop@master conf]$ cp spark-defaults.conf.template spark-defaults.conf   # 从模板复制文件
```

```
[hadoop@master conf]$ cp spark-env.sh.template spark-env.sh        # 从模板复制文件
[hadoop@master conf]$ cp workers.template workers                  # 从模板复制文件
```

(2) 修改 Spark 环境变量配置文件 spark-env.sh，添加 JAVA_HOME 环境变量和对应的 master 节点。

```
[hadoop@master conf]$ vi spark-env.sh  # 编辑 Spark 环境变量配置文件，文件末尾添加以下内容
（其余略）
export JAVA_HOME=/opt/jdk1.8.0_341/
export SPARK_MASTER_HOST=master
export SPARK_MASTER_PORT=7077
-- INSERT --
```

(3) 修改 workers 文件，删除 localhost，添加 worker 的三个节点主机名。

```
[hadoop@master conf]$ vi workers                    # 编辑 workers 文件
# A Spark Worker will be started on each of the machines listed below.
master
slave1
slave2
```

(4) 以 root 用户身份，从 master 节点分发系统环境变量配置文件 /etc/profile 到其他节点。

```
[hadoop@master conf]$ exit                   # 注销 hadoop 会话，退回到 root 用户身份
注销
[root@master ~]# scp /etc/profile root@slave1:/etc/     # 以 root 用户，分发 /etc/profile 到 slave1
[root@master ~]# scp /etc/profile root@slave2:/etc/     # 以 root 用户，分发 /etc/profile 到 slave2
```

(5) 以 hadoop 用户身份，从 master 节点分发已经配置好的 spark 到其他节点。

```
[root@master ~]# su-hadoop                    # 切换到 hadoop 用户身份
[hadoop@master ~]$ cd /opt/                   # 改变到 /opt 目录
[hadoop@master opt]$ scp -r spark-3.3.0/ hadoop@slave1:/opt/   # 分发已经配置的 Spark 到 slave1
[hadoop@master opt]$ scp -r spark-3.3.0/ hadoop@slave2:/opt/   # 分发已经配置的 Spark 到 slave2
```

(6) 以 hadoop 用户身份，在 master 主节点上，改变到 spark 目录下，启动 spark standalone 模式集群。

```
[hadoop@master opt]$ cd /opt/spark-3.3.0/          # 改变到 spark 目录
[hadoop@master spark-3.3.0]$ sbin/start-all.sh     # 启动 Spark Standalone 模式部署集群
starting org.apache.spark.deploy.master.Master, logging to /opt/spark-3.3.0//logs/spark-hadoop-org.apache.
spark.deploy.master.Master-1-master.out
slave1: starting org.apache.spark.deploy.worker.Worker, logging to /opt/spark-3.3.0/logs/spark-hadoop-org.
apache.spark.deploy.worker.Worker-1-slave1.out
master: starting org.apache.spark.deploy.worker.Worker, logging to /opt/spark-3.3.0/logs/spark-hadoop-org.
apache.spark.deploy.worker.Worker-1-master.out
slave2: starting org.apache.spark.deploy.worker.Worker, logging to /opt/spark-3.3.0/logs/spark-hadoop-org.
apache.spark.deploy.worker.Worker-1-slave2.out
```

(7) 在 spark 集群的三个节点上，查看运行的进程。

注意：需要分别登录三个节点，查看运行的进程。

```
# 在 master 节点，查看运行的进程
[hadoop@master spark-3.3.0]$ jps              # 在 master 节点上，查看运行的进程
3168 Jps
2914 Master
3033 Worker


# 在 slave1 节点，查看运行的进程
[hadoop@slave1 spark-3.3.0]$ jps              # 在 slave1 节点上，查看运行的进程
2320 Jps
2244 Worker


# 在 slave2 节点，查看运行的进程
[hadoop@slave2 spark-3.3.0]$ jps              # 在 slave2 节点上，查看运行的进程
2467 Worker
2599 Jps
```

从以下各个节点查询到的运行进程可以看出，在 master 节点上运行了 Master、Worker 两个进程，在 slave1、slave2 两个从节点上运行了 Worker 进程，这个与 Spark Standalone 模式规划角色完全一致。

(8) 以 hadoop 用户身份，改变到 spark 目录，执行命令 bin/spark-shell –master spark:// master:7077 连接到 Spark Standalone 部署模式的集群，进入 Spark Shell 交互命令环境。

```
[hadoop@slave2 spark-3.3.0]$ bin/spark-shell --master spark://master:7077
Setting default log level to "WARN".
To adjust logging level use sc.setLogLevel(newLevel). For SparkR, use setLogLevel(newLevel).
22/10/10 21:11:42 WARN NativeCodeLoader: Unable to load native-hadoop library for your platform...
using builtin-java classes where applicable
Spark context Web UI available at http://slave2:4040
Spark context available as 'sc' (master = spark://master:7077, app id = app-20221010211143-0000).
Spark session available as 'spark'.
Welcome to
      ____              __
     / __/__  ___ _____/ /__
    _\ \/ _ \/ _ `/ __/  '_/
   /___/ .__/\_,_/_/ /_/\_\   version 3.3.0
      /_/

Using Scala version 2.12.15 (Java HotSpot(TM) 64-Bit Server VM, Java 1.8.0_341)
Type in expressions to have them evaluated.
Type :help for more information.


scala> val rdd1 = sc.parallelize(List(1,2,3,4))              # Spark 简单编程
rdd1: org.apache.spark.rdd.RDD[Int] = ParallelCollectionRDD[0] at parallelize at <console>:23
scala> val rdd2 = sc.makeRDD(List(1,2,3,4))
rdd2: org.apache.spark.rdd.RDD[Int] = ParallelCollectionRDD[1] at makeRDD at <console>:23
```

```
scala> rdd1.collect().foreach(println)
scala> rdd2.collect().foreach(println)
scala> :quit
[hadoop@slave1 spark-3.3.0-yarn]$
```

（9）在宿主物理机上的浏览器中打开 Spark Standalone 模式的 Web UI 监控页面
(http://192.168.5.129:8080)，如图 3-21 所示。

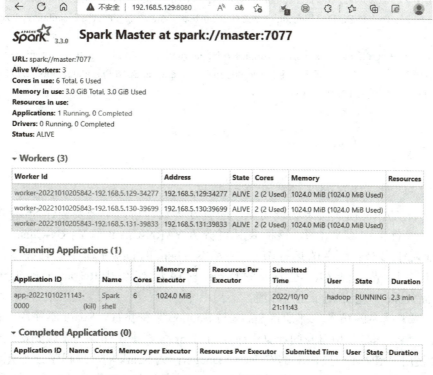

图 3-21　Spark Standalone 模式集群 Web UI

（三）提交应用示例

在 Standalone 模式下，以 hadoop 用户身份，输入以下命令提交 Spark 示例应用：

```
[hadoop@master spark-3.3.0]$ bin/spark-submit \
> --master spark://master:7077 \
> --class org.apache.spark.examples.SparkPi \
> ./examples/jars/spark-examples_2.12-3.3.0.jar \
> 10
```

参数说明：

- --master spark://master:7077：表示连接到 Spark Standalone 部署模式的集群。

- --class org.apache.spark.examples.SparkPi：表示要执行程序的主类。

- spark-examples_2.12-3.3.0.jar：表示运行的应用类所在的 jar 包。

- 10：表示程序的入口参数，用于设定当前应用的任务数量。

```
[hadoop@master spark-3.3.0]$ bin/spark-submit \          # 提交 Spark 示例应用
> --master spark://master:7077 \                          # 连接到 Spark Standalone 模式
> --class org.apache.spark.examples.SparkPi \
> ./examples/jars/spark-examples_2.12-3.3.0.jar \
> 10
22/10/10 21:30:03 INFO SparkContext: Running Spark version 3.3.0
（其余略）
22/10/10 21:30:08 INFO DAGScheduler: ResultStage 0 (reduce at SparkPi.scala:38) finished in 2.251 s
22/10/10 21:30:08 INFO DAGScheduler: Job 0 is finished. Cancelling potential speculative or zombie tasks
for this job
22/10/10 21:30:08 INFO TaskSchedulerImpl: Killing all running tasks in stage 0: Stage finished
22/10/10 21:30:08 INFO DAGScheduler: Job 0 finished: reduce at SparkPi.scala:38, took 2.357442 s
Pi is roughly 3.139131139131139
（其余略）
```

三、Spark on YARN 模式安装

（一）Spark on YARN 模式安装与验证

Spark on YARN 模式安装比较简单，配置好参数即可，不需要构建 Spark 集群，由 Spark 客户端直接连接 YARN。该模式又可分为 YARN-Client 和 YARN-Cluster，它们的主要区别在于 Driver 程序的运行节点。YARN-Client 的 Driver 程序运行在客户端，适用于交互、调试；而 YARN-Cluster 的 Driver 程序运行在由 ResourceManager 启动的 ApplicationMaster 中，适用于生产环境。

现在越来越多的场景，都是将 Spark 与 Hadoop 紧密集成，Spark 不使用 MapReduce 作为计算引擎，而是使用自身的计算引擎在 Hadoop 集群中工作。为了做到资源能够均衡调度，会使用 YARN 作为 Spark 的 Cluster Manager，为 Spark 的应用程序分配资源。

在执行 Spark 应用程序前，需要启动 Hadoop 的各种服务。因为已经有了资源管理器，所以不需要启动 Spark 的 Master、Worker 进程。

利用 Spark 离线安装包解压缩后，还需另外部署一套 Spark on YARN 模式环境，不影响原来部署的 Spark Standalone 模式。

由于 Hadoop 的 Resource Manager 布置在 slave1 节点上，因此需要在 slave1 节点上安装 Spark。

在 slave1 节点上，按以下步骤完成 Spark on YARN 模式部署安装：

• 将 spark-3.3.0-bin-hadoop3.tgz 包上传至 slave1 节点，并且以 hadoop 用户身份，将 Spark 安装包解压到指定目录，如 /opt 目录，重命名解压后的 spark 目录名为 spark-3.3.0-yarn。

• 复制 Spark 模板文件生成配置文件，分别为 spark-env.sh、spark-defaults.conf、log4j2.properties。

• 修改 Spark 配置文件 spark-env.sh，添加环境变量：JAVA_HOME、HADOOP_CONF_DIR、YARN_CONF_DIR。

• 修改 Spark 配置文件 spark-defaults.conf，配置历史服务器的地址参数。

· 修改 Hadoop 中 YARN 配置文件 yarn-site.xml，配置关闭 YARN 内存检查的参数。

· 配置 YARN 依赖的 Spark jar 包，将 Spark 相关的 jar 包上传到 HDFS。

· 启动 HDFS、YARN、JobHistoryServer。

· 在宿主物理机的浏览器中分别打开 HDFS 集群 Web UI 网址 (http://192.168.5.129:9870/) 和 YARN 集群 Web UI 网址 (http://192.168.5.130:8080/)。

· 在 slave1 节点上，进入 Spark on YARN 目录，启动 Spark 的 JobHistoryServer。

· 在宿主物理机的浏览器中打开 Spark 的 JobHistoryServer WebUI 地址 (http://192.168.5.130:18080/)。

在 slave1 节点上，输入以下命令完成 Spark on YARN 模式部署安装：

(1) 将 spark-3.3.0-bin-hadoop3.tgz 包上传至 slave1 节点，并且以 hadoop 用户身份将 Spark 安装包解压到指定目录，如 /opt 目录，重命名解压后的 Spark 目录名为 spark-3.3.0-yarn。

```
[root@slave1 ~]# su-hadoop              # 在 slave1 节点，切换为 hadoop 用户身份
[hadoop@slave1 ~]$ cd /opt/             # 以 hadoop 用户身份，改变到 /opt 目录
[hadoop@slave1 opt]$ ll                 # 查看 /opt 目录下文件列表
总用量 598M
-rw-r--r--  1 root   root  312M  9 月 28 20:56 apache-hive-3.1.3-bin.tar.gz
-rw-r--r--  1 root   root  286M 10 月  7 11:00 apache-spark-3.3.0-bin-hadoop3.tgz
drwxr-xr-x 11 hadoop hadoop 4.0K  8 月 25 15:00 hadoop-3.3.4
drwxr-xr-x  9 hadoop hadoop 4.0K  9 月 27 21:25 hbase-2.4.14
drwxr-xr-x 11 hadoop hadoop 4.0K 10 月  2 19:39 hive-3.1.3
drwxr-xr-x  8 root   root   4.0K  8 月  9 21:49 jdk1.8.0_341
-rw-------  1 hadoop hadoop  44K 10 月  7 10:12 nohup.out
-rw-r--r--. 1 root   root   1.7K  1 月 29 2022 openEuler.repo
drwxr-xr-x 15 hadoop hadoop 4.0K 10 月 10 20:58 spark-3.3.0
drwxr-xr-x  8 hadoop hadoop 4.0K  9 月 27 21:15 ZooKeeper-3.7.1
[hadoop@slave1 opt]$ tar -zxvf apache-spark-3.3.0-bin-hadoop3.tgz  # 解压 Spark 安装包
[hadoop@slave1 opt]$ mv spark-3.3.0-bin-hadoop3 spark-3.3.0-yarn   # 重命名 Spark 目录名
```

(2) 复制 Spark 模板文件生成配置文件，分别为 spark-env.sh、spark-defaults.conf、log4j2.properties。

```
[hadoop@slave1 opt]$ cd /opt/spark-3.3.0-yarn/conf/  # 进入到 Spark on YARN 配置文件目录
[hadoop@slave1 conf]$ ll                             # 显示当前目录下文件列表
总用量 36K
-rw-r--r-- 1 hadoop hadoop 1.1K  6 月 10 04:37 fairscheduler.xml.template
-rw-r--r-- 1 hadoop hadoop 3.3K  6 月 10 04:37 log4j2.properties.template
-rw-r--r-- 1 hadoop hadoop 9.0K  6 月 10 04:37 metrics.properties.template
-rw-r--r-- 1 hadoop hadoop 1.3K  6 月 10 04:37 spark-defaults.conf.template
-rwxr-xr-x 1 hadoop hadoop 4.5K  6 月 10 04:37 spark-env.sh.template
-rw-r--r-- 1 hadoop hadoop  865  6 月 10 04:37 workers.template
[hadoop@slave1 conf]$ mv spark-env.sh.template spark-env.sh               # 复制模板文件
[hadoop@slave1 conf]$ mv spark-defaults.conf.template spark-defaults.conf # 复制模板文件
[hadoop@slave1 conf]$ mv log4j2.properties.template log4j2.properties     # 复制模板文件
```

```
[hadoop@slave1 conf]$ ll                          # 显示当前目录下文件列表
总用量 36K
-rw-r--r-- 1 hadoop hadoop 1.1K  6 月 10 04:37 fairscheduler.xml.template
-rw-r--r-- 1 hadoop hadoop 3.3K  6 月 10 04:37 log4j2.properties
-rw-r--r-- 1 hadoop hadoop 9.0K  6 月 10 04:37 metrics.properties.template
-rw-r--r-- 1 hadoop hadoop 1.3K  6 月 10 04:37 spark-defaults.conf
-rwxr-xr-x 1 hadoop hadoop 4.5K  6 月 10 04:37 spark-env.sh
-rw-r--r-- 1 hadoop hadoop  865  6 月 10 04:37 workers.template
[hadoop@slave1 conf]$
```

(3) 修改 Spark 配置文件 spark-env.sh，添加环境变量：JAVA_HOME、HADOOP_CONF_DIR、YARN_CONF_DIR。

```
[hadoop@slave1 conf]$ vi spark-env.sh           # 编辑配置文件，在文件末尾添加环境变量
（其余略）
# 在文件末尾添加环境变量
export JAVA_HOME=/opt/jdk1.8.0_341/
export HADOOP_CONF_DIR=/opt/hadoop-3.3.4/etc/hadoop/
export YARN_CONF_DIR=/opt/hadoop-3.3.4/etc/hadoop/
```

(4) 修改 Spark 配置文件 spark-defaults.conf，配置历史服务器的地址参数。

```
[hadoop@slave1 conf]$ vi spark-defaults.conf    # 编辑配置文件，配置历史服务器地址参数
（其余略）
# 在文件末尾添加以下内容
spark.eventLog.enabled                true
spark.eventLog.dir                    hdfs://master:8020/sparklog/
spark.eventLog.compress               true
spark.yarn.historyServer.address      slave1:18080
spark.yarn.jars                       hdfs://master:8020/spark/jars/*
spark.history.ui.port                 18080
spark.history.fs.logDirectory         hdfs://master:8020/sparklog/
spark.history.retainedApplications    30
```

(5) 修改 Hadoop 中 YARN 配置文件 yarn-site.xml，配置关闭 YARN 内存检查参数。

```
[hadoop@slave1 conf]$ vi /opt/hadoop-3.3.4/etc/hadoop/yarn-site.xml # 编辑 Hadoop Yarn 配置
（其余略）
# 添加以下配置参数
    <!-- 关闭 yarn 内存检查参数 -->
    <!-- 是否启动一个线程检查每个任务正使用的物理内存量，如果任务超出分配值，则直接将其
杀掉，默认是 true -->
    <property>
        <name>yarn.nodemanager.pmem-check-enabled</name>
        <value>false</value>
    </property>

    <!-- 是否启动一个线程检查每个任务正使用的虚拟内存量，如果任务超出分配值，则直接将其
杀掉，默认是 true -->
```

```
<property>
    <name>yarn.nodemanager.vmem-check-enabled</name>
    <value>false</value>
</property>
```

(6) 配置 YARN 依赖的 Spark jar 包，将 Spark 相关的 jar 包上传到 HDFS。

```
# 进入 Spark on YARN 目录
[hadoop@slave1 spark-3.3.0-yarn]$ hadoop fs -mkdir -p /spark/jars
[hadoop@slave1 spark-3.3.0-yarn]$ hadoop fs -put /opt/spark-3.3.0-yarn/jars/* /spark/jars/
[hadoop@slave1 spark-3.3.0-yarn]$
```

(7) 启动 HDFS、YARN 集群，在 HDFS 上创建 Spark 历史服务器的日志文件目录 /sparklog。

```
# 以 hadoop 用户身份，在 master 节点上启动 HDFS 集群
[hadoop@master ~]$ start-dfs.sh          # 以 hadoop 用户身份，在 master 节点上启动 HDFS 集群

# 以 hadoop 用户身份，在 slave1 节点上启动 YARN 集群
[hadoop@slave1 ~]$ start-yarn.sh          # 以 hadoop 用户身份，在 slave1 节点上启动 YARN 集群

# 以 hadoop 用户身份，在 HDFS 上创建 Spark 历史服务器的日志文件目录 /sparklog
[hadoop@slave1 ~]$ hadoop fs -mkdir /sparklog     # 在 HDFS 上创建目录 /sparklog
[hadoop@slave1 ~]$
```

(8) 在宿主物理机的浏览器中分别打开 HDFS 集群 Web UI 网址 (http://192.168.5.129:9870/) 和 YARN 集群 Web UI 网址 (http://192.168.5.130:8080/)，如图 3-22 和图 3-23 所示。

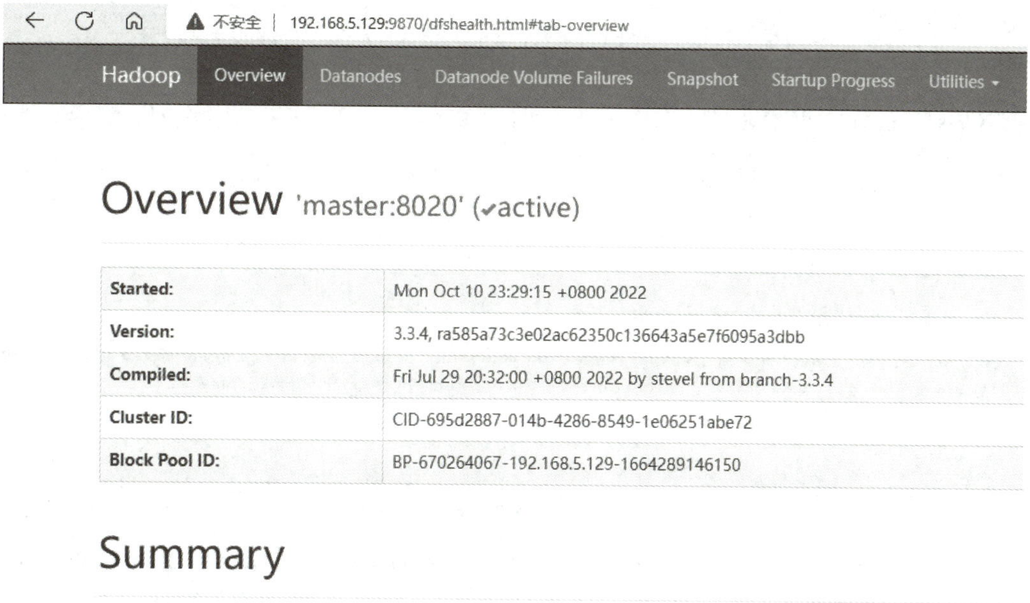

图 3-22　HDFS 集群 Web UI

图 3-23　YARN 集群 Web UI

(9) 在 slave1 节点上，进入 Spark on YARN 目录，启动 Spark 的 JobHistoryServer。

[hadoop@slave1 spark-3.3.0-yarn]$ **sbin/start-history-server.sh**　# 启动 Spark 的 JobHistoryServer
[hadoop@slave1 spark-3.3.0-yarn]

(10) 在宿主物理机的浏览器中打开 Spark 的 JobHistoryServer Web UI 地址 (http://192.168.5.130:18080/)，如图 3-24 所示。

← C ⌂　▲ 不安全 | 192.168.5.130:18080

Spark 3.3.0　**History Server**

Event log directory: hdfs://master:8020/sparklog/

Last updated: 2022-10-10 23:53:21

Client local time zone: Asia/Shanghai

No completed applications found!

Did you specify the correct logging directory? Please verify your setting of *spark.history.fs.logDirectory* listed above and whet
It is also possible that your application did not run to completion or did not stop the SparkContext.

Show incomplete applications

图 3-24　Spark History Server Web UI

(11) 在 slave1 节点上，以 hadoop 用户身份，进入 spark-yarn 目录，执行命令 bin/spark-shell-master yarn-deploy-mode client 连接到 Spark on YARN 模式，进入 Spark Shell 交互命令环境。

```
[hadoop@slave1 ~]$ cd /opt/spark-3.3.0-yarn/        # 在 slave1 节点，进入 spark-yarn 目录
[hadoop@slave1 spark-3.3.0-yarn]$ bin/spark-shell --master yarn   # 提交任务
Setting default log level to "WARN".
To adjust logging level use sc.setLogLevel(newLevel). For SparkR, use setLogLevel(newLevel).
22/10/11 00:00:07 WARN NativeCodeLoader: Unable to load native-hadoop library for your platform...
using builtin-java classes where applicable
Spark context Web UI available at http://slave1:4040
Spark context available as 'sc' (master = yarn, app id = application_1665415939285_0003).
Spark session available as 'spark'.
Welcome to
      ____              __
     / __/__  ___ _____/ /__
    _\ \/ _ \/ _ `/ __/  '_/
   /___/ .__/\_,_/_/ /_/\_\   version 3.3.0
      /_/

Using Scala version 2.12.15 (Java HotSpot(TM) 64-Bit Server VM, Java 1.8.0_341)
Type in expressions to have them evaluated.
Type :help for more information.

scala> val rdd1 = sc.parallelize(List(1,2,3,4))              # Spark 简单编程
rdd1: org.apache.spark.rdd.RDD[Int] = ParallelCollectionRDD[0] at parallelize at <console>:23
scala> val rdd2 = sc.parallelize(List(1,2,3,4))
rdd2: org.apache.spark.rdd.RDD[Int] = ParallelCollectionRDD[1] at parallelize at <console>:23
scala> rdd1.collect().foreach(println)
scala> rdd2.collect().foreach(println)
```

（二）提交应用示例

1. 以 YARN-Client 运行模式提交应用示例

在 Spark on YARN 部署模式下，以 nadoop 用户身份，在 slave1 节点输入以下命令提交 Spark 示例应用：

```
[hadoop@slave1 spark-3.3.0]$ bin/spark-submit \
> --master yarn
> -- deploy-mode client \
> --class org.apache.spark.examples.SparkPi \
> ./examples/jars/spark-examples_2.12-3.3.0.jar \
> 10
```

参数说明：

- --master yarn：表示连接到 Spark on YARN 部署模式的集群。
- -- deploy-mode client：表示 Driver 运行在客户端。
- --class org.apache.spark.examples.SparkPi：表示要执行程序的主类。
- spark-examples_2.12-3.3.0.jar：表示运行的应用类所在的 jar 包。

• 10：表示程序的入口参数，用于设定当前应用的任务数量。

提交应用程序后，各节点会启动相关的 JVM 进程，在 Resource Manager 节点上提交应用程序，会生成 SparkSubmit 进程，该进程执行 Driver 程序。Resource Manager 会在集群中的某个 NodeManager 上启动一个 ExecutorLauncher 进程，来作为 ApplicationMaster；也会在多个 NodeManager 上生成 CoarseGrainedExecutorBackend 进程来并发地执行应用程序。

```
[hadoop@slave1 ~]$ cd /opt/spark-3.3.0-yarn/          # 在 slave1 节点，进入到 spark-yarn 目录
[hadoop@slave1 spark-3.3.0-yarn]$ bin/spark-submit \       # 提交 Spark 示例应用
> --master yarn \                            # 连接到 Spark On YARN 部署模式
> -- deploy-mode client \                    # 表示 Driver 运行在客户端
> --class org.apache.spark.examples.SparkPi \
> ./examples/jars/spark-examples_2.12-3.3.0.jar \
> 10
22/10/11 12:38:23 INFO SparkContext: Running Spark version 3.3.0
（其余略）
22/10/11 12:38:23 INFO DAGScheduler: ResultStage 0 (reduce at SparkPi.scala:38) finished in 1.106 s
22/10/11 12:38:23 INFO DAGScheduler: Job 0 is finished. Cancelling potential speculative or zombie tasks
for this job
22/10/11 12:38:23 INFO YarnScheduler: Killing all running tasks in stage 0: Stage finished
22/10/11 12:38:23 INFO DAGScheduler: Job 0 finished: reduce at SparkPi.scala:38, took 1.194500 s
Pi is roughly 3.1395751395751397
（其余略）
```

2. 以 YARN-Cluster 运行模式提交应用示例

在 Spark on YARN 部署模式下，以 hadoop 用户身份，在 slave1 节点输入以下命令提交 Spark 示例应用：

```
[hadoop@slave1 spark-3.3.0]$ bin/spark-submit \
> --master yarn
> -- deploy-mode cluster \
> --class org.apache.spark.examples.SparkPi \
> ./examples/jars/spark-examples_2.12-3.3.0.jar \
> 10
```

参数说明：

• --master yarn：表示连接到 Spark on YARN 部署模式的集群。

• -- deploy-mode cluster：表示 Driver 运行在 YARN 集群的 NodeManager 节点内。

• --class org.apache.spark.examples.SparkPi：表示要执行程序的主类。

• spark-examples_2.12-3.3.0.jar：表示运行的应用类所在的 jar 包。

• 10：表示程序的入口参数，用于设定当前应用的任务数量。

提交应用程序后，各节点会启动相关的 JVM 进程。在 Resource Manager 节点上提交应用程序，将生成 SparkSubmit 进程，该进程会执行 Driver 程序。Resource Manager 会在集群中的某个 NodeManager 上启动一个 ExecutorLauncher 进程，来作为 ApplicationMaster；

也会在多个 NodeManager 上生成 CoarseGrainedExecutorBackend 进程来并发地执行应用程序。

```
[hadoop@slave1 ~]$ cd /opt/spark-3.3.0-yarn/        # 在 slave1 节点，进入到 spark-yarn 目录
[hadoop@slave1 spark-3.3.0-yarn]$ bin/spark-submit \        # 提交 Spark 示例应用
> --master yarn \                    # 连接到 Spark on YARN 部署模式
> -- deploy-mode cluster \           # 表示 Driver 运行在 YARN 集群的 NodeManager 节点内
> --class org.apache.spark.examples.SparkPi \
> ./examples/jars/spark-examples_2.12-3.3.0.jar \
> 10
（其余略）
22/10/11 12:50:36 INFO Client:
        client token: N/A
        diagnostics: N/A
        ApplicationMaster host: master
        ApplicationMaster RPC port: 42575
        queue: default
        start time: 1665463824433
        final status: SUCCEEDED
        tracking URL: http://slave1:8088/proxy/application_1665415939285_0006/
        user: hadoop
22/10/11 12:50:36 INFO ShutdownHookManager: Shutdown hook called
22/10/11 12:50:36 INFO ShutdownHookManager: Deleting directory /tmp/spark-9aaa5476-13c2-46d0-
a614-bc821d2a0912
22/10/11 12:50:36 INFO ShutdownHookManager: Deleting directory /tmp/spark-598198de-9722-453a-
a73c-14d424938435
```

在 YARN-Cluster 运行模式下，客户端提交应用后，无法在客户端直接查询到任务运行的结果，只能在历史日志服务器中进行查询，如图 3-25 所示。

图 3-25　Spark on YARN cluster 提交应用日志查询

四、Spark SQL CLI 使用

Spark SQL CLI 是一种方便的交互式命令工具，用于与 Hive Metastore 服务通信并从命令行执行 SQL 查询输入。注意，Spark SQL CLI 无法与 Thrift JDBC 服务器通信。

注意：启动 Spark SQL CLI 之前，需要启动 Hive Metastore 服务。

若要启动 Spark SQL CLI，则在"Spark"目录中运行以下命令：./bin/spark-sql。

```
# 首先，在 master 节点上，在 Hive 远程模式部署环境下，以 hadoop 用户身份启动 Metastore 服务
[hadoop@master spark-3.3.0]$ cd /opt/hive-3.1.3/        # 在 master 节点，改变到 hive 目录
[hadoop@master spark-3.3.0]$ nohup hive --service metastore &   # 启动 Hive Metastore 服务
[hadoop@slave1 spark-3.3.0-yarn]$ hive   # 在 Hive 集群任何节点，运行 Hive CLI，进入交互命令
hive> select name, sum(score) from fang_stu03 group by name;   # 执行 SQL 分类汇总命令
OK
Hanke   249.0
Jack    247.0
Mark    231.0
Time taken: 38.397 seconds, Fetched: 3 row(s)              # 花费了 38.397 秒
hive>quit;                                                 # 退出 Hive CLI
[hadoop@slave1 spark-3.3.0-yarn]$
```

```
# 然后，在 slave1 节点上，以 hadoop 用户进入 spark-yarn 目录，在 slave1 节点运行 Spark SQL CLI
[hadoop@slave1 spark-3.3.0-yarn]$ cd /opt/spark-3.3.0-yarn/ # 在 slave1 节点上，改变到 spark 目录
[hadoop@slave1 spark-3.3.0-yarn]$ bin/spark-sql            # 运行 spark-sql，进入交互命令
Setting default log level to "WARN".
To adjust logging level use sc.setLogLevel(newLevel). For SparkR, use setLogLevel(newLevel).
22/10/11 13:04:09 WARN NativeCodeLoader: Unable to load native-hadoop library for your platform...
using builtin-java classes where applicable
22/10/11 13:04:09 WARN HiveConf: HiveConf of name hive.metastore.event.db.notification.api.auth does
not exist
Spark master: local[*], Application Id: local-1665464651334
spark-sql> show tables;                          # 以 spark-sql 交互命令执行 SQL 语句命令
fang_department
fang_employee
fang_salary
fang_stu01
fang_stu02
fang_stu03
Time taken: 2.522 seconds, Fetched 6 row(s)
spark-sql> desc fang_stu03;                       # 查询表结构
id              int
name            string
subject         string
```

```
score                    float
Time taken: 0.248 seconds, Fetched 4 row(s)
spark-sql> select name, sum(score) from fang_stu03 group by name;    # 执行 SQL 分类汇总命令
22/10/11 13:05:02 WARN SessionState: METASTORE_FILTER_HOOK will be ignored, since hive.
security.authorization.manager is set to instance of HiveAuthorizerFactory.
Jack    247.0
Hanke   249.0
Mark    231.0
Time taken: 2.335 seconds, Fetched 3 row(s)      # 只花费了 2.335 秒，相比 Hive CLI 快了近 20 倍
spark-sql>quit;                                  # 退出 spark-sql CLI
```

五、Spark 编程基础

（一）编程环境

前面都是在 slave1 上运行 Spark on YARN，也可切换到 master 节点上运行，具体按以下步骤操作：

```
# 首先将 slave1 上安装配置好的 Spark on YARN 分发到 master 节点上
[hadoop@slave1 ~]$ cd /opt                          # 改变到 /opt 目录
[hadoop@slave1 opt]$ scp -r spark-3.3.0-yarn/ hadoop@master:/opt/     # 分发到 master 节点


# 在 master 上运行 Spark on YARN
 [hadoop@master ~]$ cd /opt/spark-3.3.0-yarn/    # 在 master 节点上，进入 Spark on YARN 目录
# 在 master 上设置两个环境变量，也可以设置到 /etc/profile 系统环境变量配置文件中
[hadoop@master spark-3.3.0-yarn]$ export HADOOP_CONF_DIR=/opt/hadoop-3.3.4/etc/hadoop/
[hadoop@master spark-3.3.0-yarn]$ export YARN_CONF_DIR=/opt/hadoop-3.3.4/etc/hadoop/
[hadoop@master spark-3.3.0-yarn]$ bin/spark-shell --master yarn      # 运行 Spark Shell
Spark context Web UI available at http://master:4040
Spark context available as 'sc' (master = yarn, app id = application_1665415939285_0010).
Spark session available as 'spark'.
Welcome to
```

```
      ____              __
     / __/__  ___ _____/ /__
    _\ \/ _ \/ _ `/ __/  '_/
   /___/ .__/\_,_/_/ /_/\_\   version 3.3.0
      /_/
```

```
Using Scala version 2.12.15 (Java HotSpot(TM) 64-Bit Server VM, Java 1.8.0_341)
Type in expressions to have them evaluated.
Type :help for more information.


scala> :quit                                  # 退出 Spark Shell
[hadoop@master spark-3.3.0-yarn]$
```

Spark RDD 常用的 Transformation 操作如表 3-11 所示。

表 3-11　Spark RDD 常用的 Transformation 操作

Transformation(转换)	Meaning(含义)
map(func)	返回一个新的 RDD，该 RDD 由每一个输入元素经过 func 函数转换后组成
filter(func)	返回一个新的 RDD，该 RDD 由经过 func 函数计算后返回值为 true 的输入元素组成
flatMap(func)	类似于 Map 函数，但是每一个输入元素可以被映射为 0 或多个输出元素 (所以 func 函数应返回一个序列，而不是单一元素)
mapPartitions(func)	类似于 Map 函数，但独立地在 RDD 的每一个分片上运行，因此在类型为 T 的 RDD 上运行时，func 的函数类型必须是 Iterator[T]=> Iterator[U]
mapPartitionsWithIndex(func)	类似于 mapPartitions，但 func 函数带有一个整数参数表示分片的索引值，因此在类型为 T 的 RDD 上运行时，func 的函数类型必须是 (Int, Interator[T]) => Iterator[U]
union(otherDataset)	对源 RDD 和参数 RDD 求并集后返回一个新的 RDD
intersection(otherDataset)	对源 RDD 和参数 RDD 求交集后返回一个新的 RDD
distinct([numTasks]))	对源 RDD 进行去重后返回一个新的 RDD
groupByKey([numTasks])	在一个 (K,V) 的 RDD 调用，返回一个 (K,Iterator[V]) 的 RDD
reduceByKey(func, [numTasks])	在一个 (K,V) 的 RDD 上调用，返回一个 (K,V) 的 RDD，使用指定的 Reduce 函数，将相同 Key 的值聚合到一起，与 groupByKey 类似，Reduce 任务的个数可以通过第二个可选的参数来设置
sortByKey([ascending], [numTasks])	在一个 (K,V) 的 RDD 上调用，K 必须实现 Ordered 接口，返回一个按照 Key 进行排序的 (K,V) 的 RDD
sortBy(func,[ascending], [numTasks])	与 sortByKey 类似，但是更灵活
join(otherDataset, [numTasks])	在类型为 (K,V) 和 (K,W) 的 RDD 上调用，返回一个相同 Key 对应的所有元素对在一起的 (K,(V,W)) 的 RDD
cogroup(otherDataset, [numTasks])	在类型为 (K,V) 和 (K,W) 的 RDD 上调用，返回一个 (K,(Iterable<V>,Iterable<W>)) 类型的 RDD
coalesce(numPartitions)	减少 RDD 的分区数到指定值
repartition(numPartitions)	重新给 RDD 分区
repartitionAndSortWithinPartitions (part itioner)	重新给 RDD 分区，并在每个分区内对记录的 Key 排序

Spark RDD 常用的 Action 操作如表 3-12 所示。

表 3-12　Spark RDD 常用的 Action 操作

Action(动作)	Meaning(含义)
reduce(func)	reduce 将 RDD 中元素前两个传给输入函数，产生一个新的 return 值，新产生的 return 值与 RDD 中下一个元素 (第三个元素) 组成两个元素，再传给输入函数，直到最后只有一个值为止
collect()	在驱动程序中，以数组的形式返回数据集的所有元素
count()	返回 RDD 的元素个数
first()	返回 RDD 的第一个元素 (类似于 take(1))
take(n)	返回一个由数据集前 n 个元素组成的数组
takeOrdered(n, [ordering])	返回自然顺序或者自定义顺序的前 n 个元素
saveAsTextFile(path)	将数据集的元素以 TextFile 的形式保存到 HDFS 文件系统或者其他支持的文件系统，对于每个元素，Spark 将会调用 toString 方法，将它转换为文件中的文本
saveAsSequenceFile(path)	将数据集中的元素以 Hadoop SequenceFile 的形式保存到指定的目录下，可以使 HDFS 或者其他 Hadoop 支持文件系统
saveAsObjectFile(path)	将数据集的元素，以 Java 序列化的方式保存到指定的目录下
countByKey()	针对 (K,V) 类型的 RDD，返回一个 (K,Int) 的 map，表示每一个 Key 对应的元素个数。
foreach(func)	在数据集的每一个元素上，运行 func 函数
foreachPartition(func)	在数据集的每一个分区上，运行 func 函数

(二) Spark RDD 编程

数据源以前面 Hive 任务中的 /home/hadoop/fang_stu03.txt 为例，数据内容如下：

```
[hadoop@master spark-3.3.0-yarn]$ cat /home/hadoop/fang_stu03.txt        # 数据文件内容
1001,Jack,Chinese,78
1002,Jack,English,82
1003,Jack,Math,87
1004,Mark,Chinese,69
1005,Mark,English,89
1006,Mark,Math,73
1007,Hanke,Chinese,89
1008,Hanke,English,85
1009,Hanke,Math,75
[hadoop@master ~]$ hdfs dfs -put /home/hadoop/fang_stu03.txt /spark   # 将文件上传到 HDFS
[hadoop@master ~]$ hdfs dfs -ls /spark                # 查看已上传的数据文件
Found 2 items
-rw-r--r--  3 hadoop supergroup      183 2022-10-13 22:31 /spark/fang_stu03.txt
drwxr-xr-x  - hadoop supergroup       0 2022-10-10 23:58 /spark/jars
```

根据给定的数据，在 spark-shell 中通过编程来计算以下内容：

1. 统计总共有多少学生。

```
scala> val lines = sc.textFile("/spark/fang_stu03.txt")          # 从 HDFS 读取文件
lines: org.apache.spark.rdd.RDD[String] = /spark/fang_stu03.txt MapPartitionsRDD[7] at textFile at
<console>:23
scala> lines.collect                        # RDD 动作：返回数据集的所有元素
res9: Array[String] = Array(1001,Jack,Chinese,78, 1002,Jack,English,82, 1003,Jack,Math,87, 1004,Mark,
Chinese,69, 1005,Mark,English,89, 1006,Mark,Math,73, 1007,Hanke,Chinese,89, 1008,Hanke,English,85,
1009,Hanke,Math,75)
scala> val par = lines.map(row => row.split(",")(1))    # RDD 转换：切分每行数据的第 2 列进行
map
par: org.apache.spark.rdd.RDD[String] = MapPartitionsRDD[8] at map at <console>:23
scala> val distinct_par = par.distinct()               # RDD 转换：去重操作
distinct_par: org.apache.spark.rdd.RDD[String] = MapPartitionsRDD[11] at distinct at <console>:23
scala> distinct_par.count                       # RDD 动作：返回元素个数
res1: Long = 3                                  # 总共有 3 个学生
```

2. 统计总共有多少门课程。

```
scala> val par = lines.map(row => row.split(",")(2))   # RDD 转换：切分每行数据的第 3 列进行
map
par: org.apache.spark.rdd.RDD[String] = MapPartitionsRDD[16] at map at <console>:23
scala> val distinct_par = par.distinct()               # RDD 转换：去重操作
distinct_par: org.apache.spark.rdd.RDD[String] = MapPartitionsRDD[19] at distinct at <console>:23
scala> distinct_par.count                       # RDD 动作：返回元素个数
res1: Long = 3                                  # 总共有 3 门课程
```

3. 计算 Mark 同学的各门课程平均分是多少。

```
scala> val pare = lines.filter(row => row.split(",")(1)=="Mark")# RDD 转换：过滤第 2 列为
Mark 数据
pare: org.apache.spark.rdd.RDD[String] = MapPartitionsRDD[22] at filter at <console>:23
scala> pare.collect                                # RDD 动作：返回数据集的所有元素
res10: Array[String] = Array(1004,Mark,Chinese,69, 1005,Mark,English,89, 1006,Mark,Math,73)
scala> pare.map(row => (row.split(",")(1), row.split(",")(3).toInt)) # RDD 转换：切分第 2、4 列
.mapValues(x=>(x,1))     # mapValues 是不改变 Key 值，只是对值的操作，使数据变成 (Mark,(69,1))
.reduceByKey((x,y) => (x._1+y._1, x._2+y._2))   # 合并操作，成绩累计、课程数量累计
.mapValues(x => (x._1 / x._2))   # mapValues 是不改变 Key 值，只是对值的操作，求平均值
.collect
res20: Array[(String, Int)] = Array((Mark,77))       # Mark 同学各门课程的平均分为 77 分
```

4. 计算每位同学选修的课程门数。

```
scala> val pare = lines.map(row => (row.split(",")(1), row.split(",")(2)))   # 切分第 2、3 列数据
.mapValues(x=>(x,1))   # mapValues 是不改变 key 值，只是对值的操作，使数据变成 (Jack,(Chinese,1))
.reduceByKey((x,y) => (" ",x._2+y._2))        # 合并操作，数值部分累计
```

```
.mapValues(x => x._2)              # mapValues 是不改变 Key 值，只是对值的操作
.collect
pare: Array[(String, Int)] = Array((Mark,3), (Hanke,3), (Jack,3))    # 每位同学选修的课程门数
```

5. 统计 Math 课程有多少人选修。

```
scala> val pare = lines.filter(row => (row.split(",")(2) == "Math")).count    # 过滤出 Math 课程数据
pare: Long = 3
```

6. 统计各门课程的平均分。

```
scala> val pare = lines.map(row => (row.split(",")(2), row.split(",")(3).toInt))    # (Chinese,78)
.mapValues(x=>(x,1))                              # (Chinese,(78,1))
.reduceByKey((x,y) => (x._1+y._1, x._2+y._2))     # (Chinese,(236,3))
.mapValues(x=>(x._1/x._2))                        # (Chinese,78)
.collect
pare: Array[(String, Int)] = Array((Math,78), (English,85), (Chinese,78))    # 各门课程的平均分
```

（三）Spark SQL 的 DataFrame 编程

(1) 继续使用前面已经上传到 HDFS 的数据文件，读取数据，使用列分隔符进行分隔。

```
scala> val lineRDD = sc.textFile("/spark/fang_stu03.txt").map(_.split(","))    # 读取数据文件
lineRDD: org.apache.spark.rdd.RDD[Array[String]] = MapPartitionsRDD[13] at map at <console>:23
scala> lineRDD.collect                           # 显示变量元素
res0: Array[Array[String]] = Array(Array(1001, Jack, Chinese, 78), Array(1002, Jack, English, 82),
Array(1003, Jack, Math, 87), Array(1004, Mark, Chinese, 69), Array(1005, Mark, English, 89), Array(1006,
Mark, Math, 73), Array(1007, Hanke, Chinese, 89), Array(1008, Hanke, English, 85), Array(1009, Hanke,
Math, 75))
```

(2) 定义 case class，class 相当于表的 schema。

```
scala> case class Student(id:Int, name:String, course:String, score:Int)         # 定义 case class
defined class Student
```

(3) 将 RDD 和 case class 关联。

```
scala> val studentRDD = lineRDD.map(x=>Student(x(0).toInt,x(1),x(2),x(3).toInt))    # RDD 关联 class
studentRDD: org.apache.spark.rdd.RDD[Student] = MapPartitionsRDD[15] at map at <console>:25
scala> studentRDD.collect                         # 显示变量元素
res1: Array[Student] = Array(Student(1001,Jack,Chinese,78), Student(1002,Jack,English,82), Student
(1003,Jack,Math,87), Student(1004,Mark,Chinese,69), Student(1005,Mark,English,89), Student(1006,
Mark,Math,73), Student(1007,Hanke,Chinese,89), Student(1008,Hanke,English,85), Student(1009,
Hanke,Math,75))
```

(4) 将 RDD 转换成 DataFrame。

```
scala> val studentDF = studentRDD.toDF            # 将 RDD 转换成 DataFrame
studentDF: org.apache.spark.sql.DataFrame = [id: int, name: string ... 2 more fields]
scala> studentDF.collect                          # 显示变量元素
res2: Array[org.apache.spark.sql.Row] = Array([1001,Jack,Chinese,78], [1002,Jack,English,82],
[1003,Jack,Math,87], [1004,Mark,Chinese,69], [1005,Mark,English,89], [1006,Mark,Math,73],
```

[1007,Hanke,Chinese,89], [1008,Hanke,English,85], [1009,Hanke,Math,75])

(5) 查看 DataFrame 信息。

```
scala> studentDF.show                    # 查看 DataFrame 信息
+----+-----+-------+-----+
| id| name| course|score|
+----+-----+-------+-----+
|1001| Jack|Chinese|   78|
|1002| Jack|English|   82|
|1003| Jack|   Math|   87|
|1004| Mark|Chinese|   69|
|1005| Mark|English|   89|
|1006| Mark|   Math|   73|
|1007|Hanke|Chinese|   89|
|1008|Hanke|English|   85|
|1009|Hanke|   Math|   75|
+----+-----+-------+-----+

scala> studentDF.printSchema             # 查看 DataFrame 结构
root
 |-- id: integer (nullable = false)
 |-- name: string (nullable = true)
 |-- course: string (nullable = true)
 |-- score: integer (nullable = false)
```

(6) 使用 DSL 风格语法操作结构化数据。DataFrame 提供了一个领域特定语言 (DSL) 来操作结构化数据。

```
scala> studentDF.select("name","course").show       # 查询 name、course 字段数据
+-----+-------+
| name| course|
+-----+-------+
| Jack|Chinese|
| Jack|English|
| Jack|   Math|
| Mark|Chinese|
| Mark|English|
| Mark|   Math|
|Hanke|Chinese|
|Hanke|English|
|Hanke|   Math|
+-----+-------+
scala> studentDF.select(col("name"),col("course"),col("score")+1).show    # score+1
+-----+-------+-----------+
```

```
| name| course|(score + 1)|
+-----+-------+-----------+
| Jack|Chinese|         79|
| Jack|English|         83|
| Jack|   Math|         88|
| Mark|Chinese|         70|
| Mark|English|         90|
| Mark|   Math|         74|
|Hanke|Chinese|         90|
|Hanke|English|         86|
|Hanke|   Math|         76|
+-----+-------+-----------+
```

scala> **studentDF.filter(col("score")>=85).show**　　　# 过滤 score 大于等于 85 的记录

```
+----+-----+-------+-----+
|  id| name| course|score|
+----+-----+-------+-----+
|1003| Jack|   Math|   87|
|1005| Mark|English|   89|
|1007|Hanke|Chinese|   89|
|1008|Hanke|English|   85|
+----+-----+-------+-----+
```

（7）使用 SQL 风格语法操作结构化数据。DataFrame 的一个强大之处就是可以将它看作是一个关系型数据表，然后可以在程序中使用 spark.sql() 来执行 SQL 语句进行查询，结果为返回一个 DataFrame。

如果使用 SQL 风格的语法，则需要将 DataFrame 注册成表，采用如下的命令：studentDF.registerTempTable("t_student")。

scala> **studentDF.registerTempTable("t_student")**　　　# 将 DataFrame 注册成表
scala> **spark.sql("desc t_student").show**　　　# 显示表结构 schema 信息

```
+--------+---------+-------+
|col_name|data_type|comment|
+--------+---------+-------+
|      id|      int|   null|
|    name|   string|   null|
|  course|   string|   null|
|   score|      int|   null|
+--------+---------+-------+
```

scala> **spark.sql("select * from t_student order by score desc limit 3").show** # 查询 3 条最高分数

```
+----+-----+-------+-----+
|  id| name| course|score|
+----+-----+-------+-----+
```

```
|1005| Mark|English|  89|
|1007|Hanke|Chinese|  89|
|1003| Jack|  Math|  87|
+----+-----+-------+-----+

scala> spark.sql("select * from t_student where score >= 85").show  # 查询 score 大于等于 85 记录
+----+-----+-------+-----+
| id| name| course|score|
+----+-----+-------+-----+
|1003| Jack|  Math|  87|
|1005| Mark|English|  89|
|1007|Hanke|Chinese|  89|
|1008|Hanke|English|  85|
```

模拟测试试卷

一、选择题

1. HBase 的最小存储单元是什么？（   ）   答案：A

A. Region   B. Column   C. Column Family   D. Cell

2. HBase 集群定时执行 Compaction 的目的是什么？（   ）（多选）   答案：BD

A. 提升数据读取性能

B. 减少同一个 Region 同一 Column Family 下的文件数目

C. 提示数据写入能力

D. 减少同一个 Region 的文件数目

3. 以下哪些是 Hive 适用的场景？（   ）（多选）   答案：ACD

A. 数据挖掘（用户行为分析、兴趣分区、区域展示）

B. 实时的在线数据分析

C. 数据汇总（每天/每周用户点击数，点击排行）

D. 非实时分析（日志分析、统计分析）

4. 以下关于 Hive SQL 基本操作描述正确的是（   ）。   答案：D

A. 创建外部表使用 external 关键字，创建普通表需要指定 internal 关键字

B. 创建外部表必须要指定 location 信息

C. 加载数据到 Hive 时源数据必须是 HDFS 的一个路径

D. 创建表时可以指定列分隔符

5. Spark RDD 的算子分为哪几类？（   ）（多选）   答案：CD

A. Memory   B. Calculate   C. Transformation   D. Action

6. YARN 中资源抽象用什么表示？（   ）   答案：D

A. 内存   B. CPU   C. 磁盘空间   D. Container

7. 下面哪个是 MapReduce 适合做的？（　　）　　　　答案：B

A. 迭代计算　　　　　　　　　　B. 离线计算

C. 实时交互计算　　　　　　　　D. 流式计算

8. 容量调试器有哪些特点？（　　）(多选)　　　　答案：ABCD

A. 容量保证　　　　　　　　　　B. 灵活性

C. 多重租赁　　　　　　　　　　D. 动态更新配置文件

9. HBASE 的底层数据以 (　　) 的形式存在的。　　　　答案：A

A. KeyValue　　　　　　　　　　B. 列存储

C. 行存储　　　　　　　　　　　D. 实时存储

10. 关于 HBASE 存储模型的描述正确的是 (　　)。(多选)　　　答案：ABCD

A. 即使是 Key 值和 Qualifier 均相同的多个 KeyValue 也可能有多个，此时使用时间戳来区分

B. 同一个 Key 值可以关联多个 Value

C. KeyValue 中有时间戳、类型等关键信息

D. 每一个 KeyValue 都有一个 Qualifier 标识

11. Spark 的核心模块是？（　　）　　　　答案：B

A. spark streaming　　　　　　　B. spark core

C. mapreduce　　　　　　　　　D. spark sql

12. HBase 的主要特点有哪些？（　　）(多选)　　　答案：ABCD

A. 面向列　　　　　　　　　　　B. 高性能

C. 可伸缩　　　　　　　　　　　D. 高可靠性

13. HBase 的数据文件 HFile 中一个 KeyValue 格式包含 Key、Value、TimeStamp、KeyType 等内容。(　　)　　　　答案：A

A. TRUE　　　　　　　　　　　B. FALSE

14. Hive 是一种数据仓库处理工具，使用类 SQL 的 HiveQL 语言实现数据查询功能，所有 Hive 的数据都存储在 HDFS 中。(　　)　　　　答案：A

A. TRUE　　　　　　　　　　　B. FALSE

15. 导入数据到 Hive 表时，不会检查数据合法性，只会在读取数据时候检查。(　　)

答案：A

A. TRUE　　　　　　　　　　　B. FALSE

16. HBase 的 Region 是由哪个服务进程来管理的？（　　）　　答案：A

A. HRegionServer　　　　　　　B. ZooKeeper

C. HMaster　　　　　　　　　　D. DataNode

17. 关于 Hive 与 Hadoop 其他组件的关系，以下描述错误的是？（　　）　答案：D

A. Hive 最终将数据存储在 HDFS 中

B. Hive 是 Hadoop 平台的数据仓库工具

C. HQL 可以通过 MapReduce 执行任务

D. Hive 对 HBase 有强依赖

18. HBase 的主 HMaster 是如何选举的？（　　）　　　答案：C

A. 由 RegionServer 进行裁决

B. HMaster 为双主模式，不需要进行裁决

C. 通过 ZooKeeper 进行裁决

D. 随机选举

19. 以下关于 Hive SQL 基本操作描述正确的是？（　　）　　　　　答案：D

A. 创建外部表必须要指定 location 信息

B. 创建外部表使用 external 关键字，创建普通表需要指定 internal 关键字

C. 加载数据到 Hive 时源数据必须是 HDFS 的一个路径

D. 创建表时可以指定列分割符

20. YARN-Client 适合用于生产环境是因为可以更快地看到 APP 的输出。（　　）

答案：B

A. TRUE　　　　　　　　　　B. FALSE

二、简答题

1. HBase 的 Region 在 Split 时可以提供服务吗？

2. HBase 的 Region Split 有何好处？

3. Spark 的特点有哪些？

4. Spark 相对于 MR 的优势是什么？

5. Spark 的应用场景有哪些？

项目四

Hadoop HA 集群部署

任务 1　规划 Hadoop HA 集群

任务目标

知识目标

(1) 了解 Hadoop HA 的基本概念。
(2) 了解 Hadoop HA 的原理。

能力目标

(1) 能够熟练完成 Hadoop HA 服务器角色规划。
(2) 能够熟练完成 Hadoop HA 离线安装所需软件的下载。

知识准备

一、Hadoop HA 简介

（一）HA 的定义

HA 是 High Availability 的简写，即高可用，是指当前工作中的机器宕机后，会自动处理这个异常，并将工作无缝地转移到其他备用机器上去，以保证服务的高可用。

简言之，有两台机器，一台工作，一台备用，当工作机宕机之后，备用机自动接替。

（二）Hadoop HA 的定义

Hadoop HA 集群模式是最常见的生产环境上的安装部署方式。

实现高可用最关键的是消除单点故障，Hadoop HA 严格来说应该分成各个组件的 HA 机制，Hadoop HA 包括 HDFS 的 NameNode HA 和 YARN 的 ResourceManager HA。

DataNode 和 NodeManager 本身就是被设计为高可用的，不用对它们进行特殊的高可用处理。

二、Hadoop HA 原理

（一）Hadoop HDFS HA 原理

Hadoop HDFS HA 通过同时配置两个或多个 NameNode 来解决 HA 问题，分别称为

Active NameNode 和 Standby NameNode。在任何时间点，只有一个 NameNode 节点处于活动状态，而其他 NameNode 处于待机状态。Active NameNode 负责集群中的所有客户端操作，而 Standby NameNode 只是充当辅助角色，在必要时实现快速故障转移。

为了使 Standby NameNode 与 Active NameNode 数据保持同步，两个 NameNode 都与一组 JournalNode 进行通信。当主 NameNode 进行任务的 namespace 操作时，都会确保持久化修改日志到 JournalNode 节点中。Standby NameNode 持续监控这些 Edit 日志，当监测到变化时，将这些修改应用到自己的 namespace。

当进行故障转移时，Standby NameNode 在成为 Active NameNode 之前，会确保自己已经读取了 JournalNode 中的所有 Edit 日志，从而保持数据状态与故障发生前一致。

为了确保故障转移能够快速完成，Standby NameNode 需要维护最新的 Block 位置信息，即每个 Block 副本存放在集群中的哪些节点上。为此，DataNode 同时配置主备两个或多个 NameNode，并同时发送 Block 报告和心跳报文到两台或多台 NameNode。

确保任何时刻只有一个 NameNode 处于 Active 状态非常重要，否则可能出现数据丢失或者数据损坏。当两台 NameNode 都认为自己处于 Active NameNode 时，会同时尝试写入数据 (不会再去检测和同步数据)。为了防止这种现象，JournalNode 只允许一个 NameNode 写入数据，内部通过维护 epoch 数来控制，从而安全地进行故障转移。

(二) Hadoop YARN HA 原理

Hadoop YARN HA 是通过同时配置两个或多个 ResourceManager(RM) 来解决 HA 问题，ResourceManager HA 是通过活动 / 备用体系结构实现的。在任何时候，其中一个 RM 处于活动状态，并且一个或多个 RM 处于待机模式，等待活动 RM 发生故障时自动进行接管。

RM 可以选择嵌入基于 ZooKeeper 的 ActiveStandbyElector(主备选举) 组件，以决定哪个 RM 应该是活动的。当活动 RM 关闭或无响应时，另一个备用 RM 将自动选择为活动，然后接管。注意，不需要像 HDFS 那样运行单独的 ZKFC 守护程序，因为嵌入在 RM 中的 ActiveStandbyElector 充当了故障检测器和领导者选举器，而不是单独的 ZKFC 守护程序。

经过对比就会看到，YARN ResourceManager HA 比 HDFS NameNode HA 要简单得多，没有 ZKFC，没有 QJM 集群，只需要一个 ZooKeeper 集群来负责选举出 Active 的 Resource Manager 就可以了。

＼＼任 务 实 施＼＼

一、Hadoop HA 部署的服务器角色规划

Hadoop 完全分布式部署时，最小规模的 Hadoop 集群需要三台节点服务器。
本项目 Hadoop HA 部署的服务器角色规划如表 4-1 所示。

表 4-1 　Hadoop HA 部署的服务器角色规划

master (IP：192.168.5.129) 配置：2 CPU、2 GB内存、 20 GB硬盘	slave1 (IP：192.168.5.130) 配置：2 CPU、2 GB内存、 20 GB硬盘	slave2 (IP：192.168.5.131) 配置：2 CPU、2 GB内存、 20 GB硬盘
NameNode(Active)	NameNode(StandBy)	
DataNode	DataNode	DataNode
	ResourceManager(Active)	ResourceManager(StandBy)
NodeManager	NodeManager	NodeManager
JobHistoryServer		
ZKFC	ZKFC	
ZooKeeper	ZooKeeper	ZooKeeper
JournalNode	JournalNode	JournalNode

从表 4-1 中，可以看出：

(1) HDFA HA 规划的两台 NameNode 节点服务器分别为 master、slave1。

(2) YARN HA 规划的两台 ResourceManager 节点服务器分别为 slave1、slave2。

(3) ZooKeeper ZKFC 服务器分别为 master、slave1，ZKFC 一般与 NameNode 在相同的节点上。

(4) DataNode、ZooKeeper、JournalNode 节点部署在所有服务器 (master、slave1、slave2) 上。

(5) JobHistoryServer 部署在 master 节点服务器上。

二、Hadoop HA 部署的离线安装所需软件包的下载

Hadoop HA 部署所需要的软件下载清单及官方下载网址如表 4-2 所示。

表 4-2 　Hadoop HA 部署所需要的软件下载清单及官方下载网址

项目	所需软件下载清单	官方下载网址
Hadoop HA 集群部署	openEuler 22.03 LTS (everything完整版)	https://www.openeuler.org/zh/ https://docs.openeuler.org/zh/
	openEuler 22.03 LTS (DVD ISO版本)	https://www.openeuler.org/zh/ https://docs.openeuler.org/zh/
	SecureCRT 8.7.3	https://www.vandyke.com/products/securecrt/
	JDK 8	https://www.oracle.com/java/technologies/downloads https://jdk.java.net/
	Hadoop 3.3.4	https://hadoop.apache.org/ https://hadoop.apache.org/docs/r3.3.4/
	ZooKeeper-3.7.1	https://ZooKeeper.apache.org/ https://ZooKeeper.apache.org/releases.html

任务 2　ZooKeeper 安装与配置

任 务 目 标

知识目标

(1) 了解 ZooKeeper 的相关概念。

(2) 熟悉 ZooKeeper 的架构与工作原理。

能力目标

(1) 能够熟练完成 ZooKeeper 的安装与配置。

(2) 能够熟练完成 ZooKeeper 集群的启动。

(3) 能够熟练完成 ZooKeeper 集群的验证。

知 识 准 备

一、ZooKeeper 简介

（一）ZooKeeper 的定义

ZooKeeper 分布式服务框架是 Apache Hadoop 的一个子项目，它主要是用来解决分布式应用中经常遇到的一些数据管理问题，如：统一命名服务、状态同步服务、集群管理、分布式应用配置项的管理等。

ZooKeeper 作为一个分布式的服务框架，主要用来解决分布式集群中应用系统的一致性问题，它能提供基于类似于文件系统的目录节点树方式的数据存储。ZooKeeper 主要是用来维护和监控存储的数据的状态变化，通过监控这些数据状态的变化，达到基于数据的集群管理目的。

简单地说，ZooKeeper = 文件系统 + 通知机制。

（二）ZooKeeper 的应用场景

1. 命名服务

在 ZooKeeper 的文件系统里创建一个目录，即有唯一的 path。在我们无法确定上游程

序的部署机器时即可与下游程序约定好 path，通过 path 即能互相探索发现。

这里 ZooKeeper 主要是作为分布式命名服务，通过调用 ZooKeeper 的 create node api，能够很容易地创建一个全局唯一的 path，这个 path 就可以作为一个名称。

2. 配置管理

将配置全部放到 ZooKeeper 上，并保存在 ZooKeeper 的某个目录节点中。所有相关应用程序对这个目录节点进行监听，一旦配置信息发生变化，每个应用程序就会收到 ZooKeeper 的通知，然后从 ZooKeeper 获取新的配置信息，将其应用于系统中即可。

3. 集群管理

集群管理包括两项内容：通知机器的退出和加入、选取 master。

(1) Zookeeper 能够实现集群管理的功能，如果有多台机器组成一个服务集群，那么必须要知道当前集群中每台机器的服务状态，一旦有机器不能提供服务，集群中的其他机器必须知道，从而做出调整重新分配服务策略。当增加集群的服务功能时，会增加一台或多台 Server，同样其他机器也必须知道。

(2) 所有机器创建临时顺序编号目录节点，每次选取编号最小的机器作为 master。

4. 负载均衡

把 ZooKeeper 作为一个服务的注册中心，在其中登记每个服务，每台服务器知道自己属于哪个服务，在服务器启动时，自己向所属服务进行登记，这样，一个树形的服务结构就呈现出来了。根据这样一个树形的服务结构，RPC 服务的消费者可以很轻松地找到它所需要的服务信息。同时，在一个 service 节点下可以注册多个业务逻辑相同的服务，以实现负载均衡。

ZooKeeper 实现负载均衡的原理很简单，ZooKeeper 的数据存储类似于 Liunx 的目录结构。首先建立 servers 节点，并建立监听器监视 servers 子节点的状态 (用于在服务器增添时及时同步当前集群中的服务器列表)。在每个服务器启动时，在 servers 节点下建立子节点 worker server(可以用服务器地址命名)，并在对应的子节点下存入服务器的相关信息。这样，我们在 ZooKeeper 服务器上可以获取当前集群中的服务器列表及相关信息，也可以自定义一个负载均衡算法，在每个请求到来时从 ZooKeeper 服务器中获取当前集群服务器列表，根据算法选出其中一个服务器来处理请求。

5. 分布式锁

分布式锁作为 ZooKeeper 的应用功能，是控制分布式系统或不同系统之间共同访问共享资源的一种锁实现，当不同的系统或同一个系统的不同主机之间共享了某个资源时，往往需要互斥来防止彼此干扰来保证一致性。

二、ZooKeeper 集群基本架构

(一) ZooKeeper 集群基本架构介绍

ZooKeeper 基本架构如图 4-1 所示。

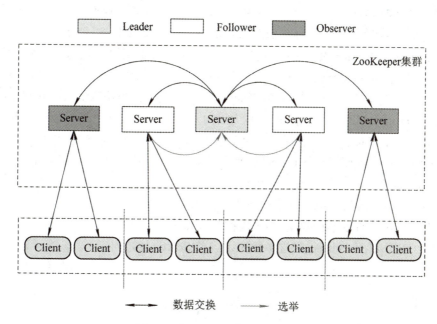

图 4-1　ZooKeeper 集群基本架构

ZooKeeper 集群中的角色分为三种，分别是 Leader、Follower、Observer。

1. Leader 角色

Leader 角色是整个 ZooKeeper 集群的核心，主要完成以下两项工作任务：

(1) 作为事务请求的唯一调度和处理者，保证集群事务处理的顺序性。

(2) 作为集群内部各服务器的调度者。

2. Follower 角色

Follower 角色的主要职责有如下几点：

(1) 处理客户端非事务请求，转发事务请求给 Leader 服务器。

(2) 参与事务请求 Proposal 的投票 (需要半数以上服务器通过才能通知 Leader 提交数据 ；Leader 发起的提案，要求 Follower 投票)。

(3) 参与 Leader 选举的投票。

3. Observer 角色

Observer 是 ZooKeeper 3.3 开始引入的一个全新的服务器角色，从字面来理解，该角色充当了观察者的角色。

Observer 观察 ZooKeeper 集群中的最新状态变化并将这些状态变化同步到 Observer 服务器上。Observer 的工作原理与 Follower 角色基本一致，而它和 Follower 角色唯一的不同在于 Observer 不参与任何形式的投票，包括事务请求 Proposal 的投票和 Leader 选举的投票。简单来说，Observer 服务器只提供非事务请求服务，通常在不影响集群事务处理能力的前提下提升集群非事务处理的能力。

(二) ZooKeeper 的工作原理

ZooKeeper 的核心是原子广播，这个机制保证了各个 Server 之间的同步。实现这个机制的协议叫作 Zab 协议。Zab 协议有两种模式，它们分别是恢复模式 (选主) 和广播模式 (同步)。当服务启动或者在 Leader 崩溃后，Zab 就进入了恢复模式，当 Leader 被选举出来，且大多数 Server 和 Leader 的状态同步以后，恢复模式就结束了。状态同步保证了 Leader 和 Server 具有相同的系统状态。

为了保证事务的顺序一致性，ZooKeeper 采用了递增的事务 id 号 (zxid) 来标识事务。所有的提议 (proposal) 都在被提出的时候加上了 zxid。zxid 是一个 64 位的数字，它的高 32 位是 epoch，用来标识 Leader 关系是否改变，每一个 Leader 被选举出来，它都会有一个新的 epoch，标识当前属于那个 Leader 的统治时期；低 32 位用于递增计数。

每个 Server 在工作过程中有三种状态：

- LOOKING：当前 Server 不知道 Leader 是谁，正在搜寻。
- LEADING：当前 Server 即为选举出来的 Leader。
- FOLLOWING：Leader 已经选举出来，当前 Server 与之同步。

任 务 实 施

一、上传安装包到第 1 个 ZooKeeper 节点 (如 master) 并解压

在 master 节点上，以 hadoop 用户身份，输入以下命令以完成上传的 ZooKeeper 安装包的检查及解压。

```
[root@master ~]# su – hadoop                # 切换为 hadoop 用户身份
[hadoop@master ~]$ cd /opt/                 # 改变到 ZooKeeper 安装文件的上传目录 /opt
[hadoop@master opt]$ tar -zxvf apache-ZooKeeper-3.7.1-bin.tar.gz    # 解压 ZooKeeper
[hadoop@master opt]$ mv apache-ZooKeeper-3.7.1-bin ZooKeeper-3.7.1  # 重命名 ZooKeeper 目录
```

二、配置 ZooKeeper 环境变量

在 master 节点上，以 root 用户身份，修改 /etc/profile 系统环境变量文件，配置 ZooKeeper 环境变量。

```
[root@master ~]# vi /etc/profile                # 编辑环境变量配置文件
( 其余略 )
# 新增以下 ZOOKEEPER 环境变量
# ZooKeeper 环境变量
export ZOOKEEPER_HOME=/opt/ZooKeeper-3.7.1
export PATH=$PATH:$ZOOKEEPER_HOME/bin
[root@master ~]# source /etc/profile           # 运行脚本使环境变量立即生效
```

三、编辑 ZooKeeper 配置文件

在 master 节点上，以 hadoop 用户身份，编辑 ZooKeeper 配置文件，修改或添加配置

参数。

```
[root@master ~]# su-hadoop                              # 切换为 hadoop 用户身份
[hadoop@master opt]$ cd /opt/ZooKeeper-3.7.1/conf       # 进入 ZooKeeper 配置文件目录
[hadoop@master conf]$ cp zoo_sample.cfg zoo.cfg         # 从模板复制出 ZooKeeper 配置文件
[hadoop@master conf]$ vi zoo.cfg                        # 编辑 zoo.cfg 配置文件
（其余略）
# 修改 dataDir 配置参数，注释掉原始的设置：/tmp/ZooKeeper
dataDir=/opt/ZooKeeper-3.7.1/zkData
dataLogDir=/opt/ZooKeeper-3.6.0/zkDataLog


# 在文件末尾添加以下内容
server.1=master:2888:3888
server.2=slave1:2888:3888
server.3=slave2:2888:3888
# 配置参数解读
# server.A=B:C:D。
# A 是一个数字，表示这是第几号服务器；
# 集群模式下配置一个文件 myid，这个文件在 dataDir 目录下，文件中有一个数据就是 A 的值，
ZooKeeper 启动时读取此文件，获得其中的数据与 zoo.cfg 中的配置信息进行比较从而判断到底是
哪个 server。
# B 是服务器的地址；
# C 是服务器 Follower 与集群中的 Leader 服务器交换信息的端口；
# D 是当集群中的 Leader 服务器宕机时，需要一个端口来重新进行选举，选出一个新的 Leader，
而这个端口就是用来执行选举时服务器相互通信的端口。
```

四、创建 zkData 和 zkDataLog 目录

在 master 节点上，以 hadoop 用户身份创建 zkData 和 zkDataLog 目录。

根据 ZooKeeper 的配置文件 zoo.cfg 中设置的参数 dataDir、dataLogDir，需要创建 ZooKeeper 的数据目录 zkData 和 zkDataLog。

```
[hadoop@master opt]$ cd /opt/ZooKeeper-3.7.1/              # 进入 ZooKeeper 目录
[hadoop@master ZooKeeper-3.7.1]$ mkdir zkData zkDataLog  # 创建两个目录 zkData、zkDataLog
```

五、设置 ZooKeeper 节点对应的 ID(myid)

在 master 节点上，以 hadoop 用户身份创建 ZooKeeper 节点对应的 ID(myid) 文件。

```
[root@master ~]# su-hadoop                                    # 切换为 hadoop 用户身份
[hadoop@master ~]$ echo 1 > /opt/ZooKeeper-3.7.1/zkData/myid  # 创建 myid 文件，内容为 1
[hadoop@master ~]$ cat /opt/ZooKeeper-3.7.1/zkData/myid       # 查看 myid 文件内容
1
```

六、分发 ZooKeeper 到其他 ZooKeeper 节点

(1) 在 master 节点上，以 root 用户身份，分发 /etc/profile 系统环境变量配置文件到其他 ZooKeeper 节点。

```
[root@master ~]# scp /etc/profile root@slave1:/etc/   # 分发系统环境变量配置文件到 slave1 节点
Authorized users only. All activities may be monitored and reported.
root@slave1's password:
profile                    100% 2510    3.4MB/s  00:00
[root@master ~]# scp /etc/profile root@slave2:/etc/   # 分发系统环境变量配置文件到 slave 节点
Authorized users only. All activities may be monitored and reported.
root@slave2's password:
profile                    100% 2510    1.8MB/s  00:00
[root@master ~]#
```

(2) 在 master 节点，以 hadoop 用户身份，分发配置好的 ZooKeeper 目录到其他 ZooKeeper 节点。

```
[root@master ~]# su-hadoop                # 切换为 hadoop 用户身份
[hadoop@master ~]$ cd /opt/               # 改变到 /opt 目录
[hadoop@master opt]$ scp -r ZooKeeper-3.7.1/ hadoop@slave1:/opt/  # 分发 ZooKeeper 到 slave1
[hadoop@master opt]$ scp -r ZooKeeper-3.7.1/ hadoop@slave2:/opt/  # 分发 ZooKeeper 到 slave2
```

七、修改其他 ZooKeeper 节点对应的 ID(myid)

分别在其他 ZooKeeper 节点上，修改对应的 myid 文件内容。
在 slave1 节点，以 hadoop 身份，将 ZooKeeper 的 myid 文件内容修改为 2。

```
[root@slave1 ~]# su-hadoop                           # 切换为 hadoop 用户身份
[hadoop@slave1 ~]$ cat /opt/ZooKeeper-3.7.1/zkData/myid       # 查看修改前 myid 文件内容
1
[hadoop@slave1 ~]$ echo 2 > /opt/ZooKeeper-3.7.1/zkData/myid  # 修改 myid 文件内容为 2
[hadoop@slave1 ~]$ cat /opt/ZooKeeper-3.7.1/zkData/myid       # 查看修改后 myid 文件内容
2
```

在 slave2 节点上，以 hadoop 身份，将 ZooKeeper 的 myid 文件内容修改为 3。

```
[root@slave2 ~]# su-hadoop                           # 切换为 hadoop 用户身份
[hadoop@slave2 ~]$ cat /opt/ZooKeeper-3.7.1/zkData/myid       # 查看修改前 myid 文件内容
1
[hadoop@slave2~]$ echo 3 > /opt/ZooKeeper-3.7.1/zkData/myid   # 修改 myid 文件内容为 3
[hadoop@slave2~]$ cat /opt/ZooKeeper-3.7.1/zkData/myid        # 查看修改后 myid 文件内容
3
```

八、启动与验证 ZooKeeper 集群

分别在 ZooKeeper 的所有节点上以 hadoop 用户身份，启动 ZooKeeper 服务。

\# 以 master 节点为例，用 hadoop 用户身份启动 ZooKeeper 服务。

[hadoop@master opt]$ **cd /opt/ZooKeeper-3.7.1/**　　　　\# 进入 ZooKeeper 目录

[hadoop@master ZooKeeper-3.7.1]$ **bin/zkServer.sh start**　　\# 启动 ZooKeeper 服务

ZooKeeper JMX enabled by default

Using config: /opt/ZooKeeper-3.7.1/bin/../conf/zoo.cfg

Starting ZooKeeper ... STARTED

注意：在 slave1、slave2 节点上都需要运行以上命令来启动 ZooKeeper 服务。

当 ZooKeeper 集群的所有节点都启动完成 ZooKeeper 服务之后，可以输入以下命令进行验证。

\# 在 master 节点上，以 hadoop 用户身份，输入以下命令：

[hadoop@master ZooKeeper-3.7.1]$ **bin/zkServer.sh status**　　　\# 查看 ZooKeeper 状态

ZooKeeper JMX enabled by default

Using config: /opt/ZooKeeper-3.7.1/bin/../conf/zoo.cfg

Client port found: 2181. Client address: localhost. Client SSL: false.

Mode: follower

\# 在 slave1 节点上，以 hadoop 用户身份，输入以下命令：

[hadoop@slave1 ZooKeeper-3.7.1]$ **bin/zkServer.sh status**　　　\# 查看 ZooKeeper 状态

ZooKeeper JMX enabled by default

Using config: /opt/ZooKeeper-3.7.1/bin/../conf/zoo.cfg

Client port found: 2181. Client address: localhost. Client SSL: false.

Mode: leader

\# 在 slave2 节点上，以 hadoop 用户身份，输入以下命令：

[hadoop@slave2 ZooKeeper-3.7.1]$ **bin/zkServer.sh status**　　　\# 查看 ZooKeeper 状态

ZooKeeper JMX enabled by default

Using config: /opt/ZooKeeper-3.7.1/bin/../conf/zoo.cfg

Client port found: 2181. Client address: localhost. Client SSL: false.

Mode: follower

使用 ZooKeeper 客户端进行连接测试，在 master 节点上，以 hadoop 用户身份运行以下命令：

[hadoop@master ZooKeeper-3.7.1]$ **bin/zkCli.sh -server master:2181**

（其余略）

WATCHER::

WatchedEvent state:SyncConnected type:None path:null

[zk: master:2181(CONNECTED) 0]

[zk: master:2181(CONNECTED) 1] **ls /**　　　　　　　　　　　\# 列出 znode 的子节点

任务3　HDFS HA 配置、启动与验证

任务目标

知识目标

(1) 了解 HDFS HA 的系统架构。

(2) 熟悉 HDFS HA 的工作原理。

能力目标

(1) 能够熟练完成 HDFS HA 的安装与配置。

(2) 能够熟练完成 HDFS HA 集群的启动。

(3) 能够熟练完成 HDFS HA 集群的验证。

知 识 准 备

一、HDFS HA 系统架构

（一）HDFS HA 系统架构介绍

HDFS HA 系统架构如图 4-2 所示。

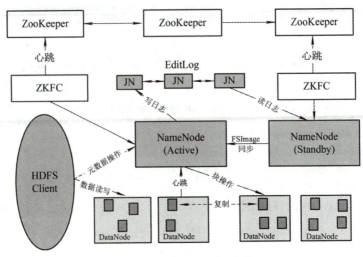

图 4-2　HDFS HA 系统架构

1. Active NameNode 和 Standby NameNode

两台 NameNode 形成主备，一台处于 Active 状态，为主 NameNode，另外一台处于 Standby 状态，为备 NameNode，只有主 NameNode 才能对外提供读写服务。

对于 HA 集群的正确操作，一次只有一个 NameNode 节点处于活动状态至关重要；否则，命名空间状态将在两者之间迅速分化，从而存在数据丢失或其他错误结果的风险。为了确保这一特性并防止所谓的"裂脑情况"（即多个 NameNode 处于活动状态，一个大集群变为多个小集群），JournalNodes 将只允许一次对一个 NameNode 进行写操作。在故障转移期间，要变为活动状态的 NameNode 将接管写入日志节点的角色，这可以有效地防止另一个 NameNode 继续处于活动状态，从而允许新的 Active NameNode 安全地进行故障转移。

2. 主备切换控制器 ZKFailoverController(ZKFC)

ZKFailoverController 作为独立的进程运行，用来对 NameNode 的主备切换进行总体控制。ZKFailoverController 能及时检测到 NameNode 的运行状况，在主 NameNode 故障时借助 ZooKeeper 实现自动的主备选举和切换。目前 NameNode 也支持不依赖于 ZooKeeper 的手动主备切换。

ZKFailoverControlle 作为 ZooKeeper 客户端，监控 NameNode 的状态，并与 ZooKeeper 保持连接，与 NameNode 在一台机器上部署。

3. ZooKeeper 集群

ZooKeeper 作为分布式协调器，用于推选主 NameNode。

4. 共享存储系统

共享存储系统是实现 NameNode 的高可用最为关键的部分，用来保存 NameNode 在运行过程中所产生的 HDFS 元数据。Active NameNode 和 Standby NameNode 通过共享存储系统实现元数据同步。在进行主备切换的时候，新的主 NameNode 在确认元数据完全同步之后才能继续对外提供服务。

5. DataNode 节点

除了通过共享存储系统共享 HDFS 的元数据信息之外，主 NameNode 和备 NameNode 还需要共享 HDFS 的数据块和 DataNode 之间的映射关系。DataNode 会同时向主 NameNode 和备 NameNode 上报数据块的位置信息。

（二）基于 Quorum JournalManager(QJM) 的共享存储系统

Hadoop 社区提供了众多 NameNode 共享存储方案，比如 shared NAS+NFS、BookKeeper、BackupNode 和 QJM(Quorum Journal Manager) 等。目前社区已将由 Clouderea 公司实现的基于 QJM 的方案合并到 HDFS 的 trunk 之中并且作为默认的共享存储实现。

基于 QJM 的共享存储系统主要用于保存 Edit 日志，并不保存 FSImage 文件。FSImage 文件还是保存在 NameNode 的本地磁盘上。

QJM 共享存储的基本思想来自于 Paxos 算法，采用多个称为 JournalNode 的节点组成的 JournalNode 集群来存储 EditLog。每个 JournalNode 保存同样的 Edit 日志副本。每次 NameNode 写 Edit 日志的时候，除了向本地磁盘写入 Edit 日志外，也会并行地向 JournalNode 集群中的每一个 JournalNode 发送写请求，只要大多数的 JournalNode 节点返回成功就认为向 JournalNode 集群写入 Edit 日志成功。

如果有 2N+1 台 JournalNode，那么根据大多数的原则，最多可以容忍有 N 台 JournalNode 节点宕机。

（三）HDFS HA 硬件资源

要部署 HDFS HA 集群，应该准备以下硬件资源。

1. NameNode 计算机

运行活动的和备用的 NameNode 的计算机应具有完全相同配置的服务器。

2. JournalNode 计算机

JournalNode 守护程序相对较小，可以与其他 Hadoop 守护程序（如 NameNodes、作业跟踪器或 YARN 资源管理器）同时在计算机上运行。必须至少有 3 个 JournalNode 守护程序，因为修改 Edit 日志必须写入大多数 JN，这样系统才能容忍单个计算机的故障；也可以运行 3 个以上的 JournalNode，但为了增加系统可以容忍的故障次数，应运行奇数个 JN（即 3、5、7 等）。当 N 个日志节点运行时，系统最多可以容忍 (N−1)/2 次故障并继续正常工作。

注意：在 HDFS HA 集群中，备用 NameNode 还会执行命名空间状态的检查点，因此无须在 HA 集群中运行 Secondary NameNode、CheckpointNode 或 BackupNode。

二、HDFS NameNode HA 工作原理

（一）HDFS NameNode HA 核心组件

NameNode 主备状态切换主要由 ZKFailoverController、HealthMonitor 和 ActiveStandby Elector 这 3 个组件来协同实现。

ZKFailoverController 作为 NameNode 机器上一个独立的进程启动（在 HDFS 启动脚本之中的进程名为 ZKFC），在启动的时候会创建 HealthMonitor 和 ActiveStandbyElector 这两个主要的内部组件，ZKFailoverController 在创建 HealthMonitor 和 ActiveStandbyElector 的同时，也会向 HealthMonitor 和 ActiveStandbyElector 注册相应的回调方法。

HealthMonitor 主要负责检测 NameNode 的健康状态，如果检测到 NameNode 的状态发生变化，就会回调 ZKFailoverController 的相应方法进行自动的主备选举。

ActiveStandbyElector，内部封装了 ZooKeeper 的处理逻辑，一旦 ZooKeeper 主备选举完成，就会回调 ZKFailoverController 的相应方法来进行 NameNode 的主备状态切换。

（二）HDFS NameNode HA 主备切换流程

HDFS NameNode HA 主备切换流程如图 4-3 所示。

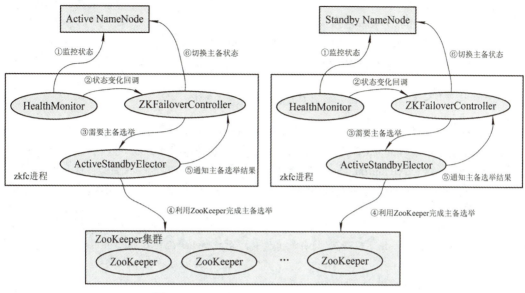

图 4-3　HDFS NameNode HA 主备切换流程

① HealthMonitor 初始化完成之后会启动内部的线程来定时调用对应 NameNode 的 HAServiceProtocol RPC 接口的方法，对 NameNode 的健康状态进行检测。

② HealthMonitor 如果检测到 NameNode 的健康状态发生变化，就会回调 ZKFailover Controller 注册的相应方法进行处理。

③如果 ZKFailoverController 判断需要进行主备切换，就会首先使用 ActiveStandbyElector 来进行自动的主备选举。

④ ActiveStandbyElector 与 ZooKeeper 进行交互完成自动的主备选举。

⑤ ActiveStandbyElector 在主备选举完成后，会回调 ZKFailoverController 的相应方法来通知当前的 NameNode 成为主 NameNode 或备 NameNode。

⑥ ZKFailoverController 调用对应 NameNode 的 HAServiceProtocol RPC 接口的方法将 NameNode 转换为 Active 状态或 Standby 状态。

任 务 实 施

HDFS HA 部署是在 HDFS 完全分布式部署的基础上进行的，并假设已经完成了基础环境配置。

一、配置 HADOOP 环境变量

在 master 节点上，以 root 用户身份，修改 /etc/profile 系统环境变量文件，配置 HADOOP 环境变量。

```
[root@master ~]# vi /etc/profile            # 编辑环境变量配置文件
（其余略）
# 新增以下 HADOOP 环境变量
```

```
# HADOOP 环境变量
export HADOOP_HOME=/opt/hadoop-3.3.4
export PATH=$PATH:$HADOOP_HOME/bin:$HADOOP_HOME/sbin
[root@master ~]# source /etc/profile                # 运行脚本使环境变量立即生效
```

二、修改 HDFS HA 核心配置文件 core-site.xml

在 master 节点上，以 hadoop 用户身份，编辑修改 core-site.xml 配置文件。

```
[root@master ~]# su-hadoop                # 在 master 节点，切换为 hadoop 用户
[hadoop@master ~]$ cd /opt/hadoop-3.3.4/etc/hadoop/        # 改变到 hadoop 配置文件目录
[hadoop@master hadoop]$ vi core-site.xml            # 编辑 HDFS HA 核心配置文件
（其余略）
<configuration>
    <!-- 指定 NameNode 主机连接到 nameservices 逻辑名 myha( 在 hdfs-site.xml 中有定义 ) -->
    <property>
        <name>fs.defaultFS</name>
        <value>hdfs://myha</value>
    </property>
    <!-- 指定 tmp 文件夹路径 -->
    <property>
        <name>hadoop.tmp.dir</name>
        <value>/home/hadoop/data/tmp</value>
    </property>
    <!- 设置 ZooKeeper 地址 -->
    <property>
        <name>ha.ZooKeeper.quorum</name>
        <value>master:2181,slave1:2181,slave2:2181</value>
    </property>
</configuration>
```

以 hadoop 用户身份，在所有节点上都创建目录 /home/hadoop/data/data/tmp。

```
# 以 master 节点为例，创建 hadoop 临时目录
[hadoop@master hadoop]$ mkdir /home/hadoop/data/tmp/        # 创建 hadoop 临时目录
```

三、修改 HDFS HA 配置文件 hdfs-site.xml

在 master 节点上，以 hadoop 用户身份，编辑修改 hdfs-site.xml 配置文件。

(1) 删除 Secondary NameNode，配置为双 NameNode 模式。

在单一 NameNode 节点的集群中，访问 HDFS 集群的入口是 NameNode 所在的服务器，但是在有两个或多个 NameNode 节点的 HA 集群中，无法配置单一服务器入口，需要定义一个服务逻辑名。

```
# 编辑 hdfs-site.xml 配置文件，添加以下内容：
[hadoop@master hadoop]$ vi hdfs-site.xml
（其余略）
```

```
<configuration>
    <!-- 为 namenode 集群定义一个 nameservices 逻辑名 myha -->
    <property>
        <name>dfs.nameservices</name>
        <value>myha</value>
    </property>
    <!-- 映射 nameservices 逻辑名称 myha 到 namenode 逻辑名称 nn1, nn2 -->
    <property>
        <name>dfs.ha.namenodes.myha</name>
        <value>nn1, nn2</value>
    </property>
    <!-- 数据副本数量：3 -->
    <property>
        <name>dfs.replication</name>
        <value>3</value>
    </property>
```
（其余略）

(2) 映射 NameNode 逻辑名称 nn1、nn2 的 RPC 地址到真实主机名 master、slave1 的 RPC 地址。

dfs.namenode.rpc-address.[nameservice ID].[namenode ID] 分别指定每个 NameNode 的 RPC 服务完整监听地址 (hostname+ 端口号)，真实的 NN 主机分别是 master 和 slave1，端口 8020 是 NameNode 节点 Active 状态的端口号，是 HDFS 的内部通信端口。

```
# 编辑 hdfs-site.xml 配置文件，添加以下内容：
[hadoop@master hadoop]$ vi hdfs-site.xml
（其余略）
    <!-- 映射 NameNode 逻辑名称 nn1 的 RPC 地址到真实主机名 master 的 RPC 地址 -->
    <property>
        <name>dfs.namenode.rpc-address.myha.nn1</name>
        <value>master:8020</value>
    </property>
    <!-- 映射 NameNode 逻辑名称 nn2 的 RPC 地址到真实主机名 slave1 的 RPC 地址 -->
    <property>
        <name>dfs.namenode.rpc-address.myha.nn2</name>
        <value>slave1:8020</value>
    </property>
```
（其余略）

(3) 映射 NameNode 逻辑名称 nn1、nn2 的 HTTP 地址到真实主机名 master、slave1 的 HTTP 地址。

dfs.namenode.http-address.[nameservice ID].[namenode ID] 分别指定每个 NameNode 的 HTTP 服务地址 (hostname+ 端口号)，真实的 NN 主机分别是 master 和 slave1，端口 9870 是 NameNode 节点用于访问和监控 Hadoop 系统运行状态的 WebUI(Web 界面) 默认端口。

```
# 编辑 hdfs-site.xml 配置文件，添加以下内容：
[hadoop@master hadoop]$ vi hdfs-site.xml
（其余略）
    <!-- 映射 NameNode 逻辑名称 nn1 的 HTTP 地址到真实主机名 master 的 HTTP 地址 -->
    <property>
        <name>dfs.namenode.http-address.myha.nn1</name>
        <value>master:9870</value>
    </property>
    <!-- 映射 NameNode 逻辑名称 nn2 的 HTTP 地址到真实主机名 slave1 的 HTTP 地址 -->
    <property>
        <name>dfs.namenode.http-address.myha.nn2</name>
        <value>slave1:9870</value>
    </property>
（其余略）
```

(4) 配置共享 Edit 日志参数。

两个 NameNode 为了保持数据同步，会通过一组称作 JournalNode(JN) 的独立进程相互通信。当 Active 状态的 NameNode 的命名空间发生任何修改时，会告知大部分的 JournalNode 进程。Standby 状态的 NameNode 能读取 JN 中变化的信息，并且一直监控 Edit 日志的变化，根据此变化来更改自己的命名空间，从而确保在集群出错时，NameNode 命名空间的状态可以完全同步。

```
# 编辑 hdfs-site.xml 配置文件，添加以下内容：
[hadoop@master hadoop]$ vi hdfs-site.xml
（其余略）
    <!-- 配置 namenode 间用于共享 Edit 日志的 JournalNode 列表 -->
    <property>
        <name>dfs.namenode.shared.edits.dir</name>
        <value>qjournal://master:8485;slave1:8485;slave2:8485/myha</value>
    </property>
    <!-- 配置 JournalNode 用于存放共享 Edit 日志的目录 -->
    <property>
        <name>dfs.journalnode.edits.dir</name>
        <value>/home/hadoop/data/dfs/jn</value>
    </property>
（其余略）
```

(5) 配置主备 NameNode 失败自动切换参数。

① dfs.client.failover.proxy.provider.[名称服务编号]：HDFS 客户端用于联系活动名称节点 Java 类。

配置 HDFS 客户端将使用的 Java 类的名称，以确定哪个名称节点是当前活动的，进而确定哪个名称节点当前正在为客户机请求提供服务。目前 Hadoop 提供了"配置失败代理提供程序"和"请求对冲代理提供程序"(在第一次调用中，它们同时调用所有 NameNode 以确定活动名称，并在后续请求中调用活动 NameNode，直到发生故障转移)，因此，除使用自定义代理提供的程序外，需使用二者中的一个。

② dfs.ha.fencing.methods：脚本或 Java 类的列表，用于在故障转移期间监视活动名称节点。

为了系统的正确性，在任何给定时间只允许有一个 NameNode 处于活动状态。重要的是，在使用仲裁日志管理器时，只允许一个 NameNode 写入日志节点，因此不存在从裂脑情况中损坏文件系统元数据的可能性。但是，当发生故障转移时，以前活动状态的 NameNode 仍有可能向客户端提出读取请求，这些请求可能已过期，直到该 NameNode 在尝试写入日志节点时关闭。因此，即使在使用仲裁日志管理器时，为了在屏蔽机制发生故障时提高系统的可用性，可设置一个屏蔽方法，如 sshfence。如果选择不使用屏蔽方法，则必须进行一定的设置，例如"shell(/bin/true)"。

故障转移期间使用的屏蔽方法为以回车分隔的列表，按屏蔽方法列表的顺序逐个尝试进行屏蔽，直到屏蔽成功为止。

③ sshfence：通过 SSH 连接到活动名称节点并使用 kill 命令结束进程。

sshfence 选项将 SSH 连接到目标节点，并使用 fuser 终止侦听服务 TCP 端口的进程。为了使此选项能正常工作，必须在不提供密码的情况下将其通过 SSH 连接到目标节点。因此，还必须配置 dfs.ha.fencing.ssh. 私钥文件选项，该选项是以逗号分隔的 SSH 私钥文件列表。

```
# 编辑 hdfs-site.xml 配置文件，添加以下内容：
[hadoop@master hadoop]$ vi hdfs-site.xml
（其余略）
    <!-- 开启 NameNode 失败自动切换 -->
    <property>
        <name>dfs.ha.automatic-failover.enabled</name>
        <value>true</value>
    </property>
    <!-- 配置 NameNode 失败自动切换实现方式 -->
    <property>
        <name>dfs.client.failover.proxy.provider.myha</name>
 <value>org.apache.hadoop.hdfs.server.namenode.ha.ConfiguredFailoverProxyProvider</value>
    </property>
    <!-- 配置隔离机制方法，多个机制用换行分割，即每个机制占用一行 -->
    <property>
        <name>dfs.ha.fencing.methods</name>
        <value>
            sshfence
            shell(/bin/true)
        </value>
    </property>
    <!-- 配置 sshfence 选项时的私钥文件地址 -->
    <property>
        <name>dfs.ha.fencing.ssh.private-key-files</name>
        <value>/home/hadoop/.ssh/id_rsa</value>
    </property>
（其余略）
```

(6) 配置 NameNode、DataNode 数据存放路径参数。

```
# 编辑 hdfs-site.xml 配置文件，添加以下内容：
[hadoop@master hadoop]$ vi hdfs-site.xml
（其余略）
    <!-- NameNode 数据存放路径 -->
    <property>
        <name>dfs.namenode.name.dir</name>
        <value>/home/hadoop/data/dfs/namenode</value>
    </property>
    <!-- DataNode 数据存放路径 -->
    <property>
        <name>dfs.datanode.data.dir</name>
        <value>/home/hadoop/data/dfs/datanode</value>
    </property>
（其余略）
```

四、分发 HDFS HA 配置文件

(1) 在 master 节点上，以 root 用户身份，分发 /etc/profile 系统环境变量配置文件到其他 ZooKeeper 节点。

```
[root@master ~]# scp /etc/profile root@slave1:/etc/   # 分发系统环境变量配置文件到 slave1 节点
Authorized users only. All activities may be monitored and reported.
root@slave1's password:
profile                    100% 2510    3.4MB/s   00:00
[root@master ~]# scp /etc/profile root@slave2:/etc/   # 分发系统环境变量配置文件到 slave 节点
Authorized users only. All activities may be monitored and reported.
root@slave2's password:
profile                    100% 2510    1.8MB/s   00:00
[root@master ~]#
```

(2) 在 master 节点上，以 hadoop 用户身份，分发配置好的 Hadoop 目录到其他节点。

```
[root@master ~]# su-hadoop              # 切换为 hadoop 用户身份
[hadoop@master ~]$ cd /opt/             # 改变到 /opt 目录
[hadoop@master opt]$ scp -r hadoop-3.3.4 hadoop@slave1:/opt/ # 分发 Hadoop 到 slave1
[hadoop@master opt]$ scp -r hadoop-3.3.4 hadoop@slave2:/opt/ # 分发 Hadoop 到 slave2
```

五、HDFS HA 集群的格式化

HDFS HA 集群的格式化包含三个方面的内容：
- 主 NameNode 的格式化。
- 通过共享日志完成主备 NameNode 同步镜像复制。
- ZooKeeper Failover Controller(ZKFC) 的格式化。

注意：HDFS HA 集群的格式化只需要进行一次，如果需要重新格式化，则应删除格式化或者已经运行集群所生成的数据目录。

以 hadoop 用户身份，按以下步骤完成 HDFS HA 集群的格式化：

• 在所有节点，在 NameNode 格式化之前，删除原来 Hadoop 完全分布式部署生成的数据存放目录。

• 在所有节点，启动 ZooKeeper，并进行验证、确保 ZooKeeper 启动成功。

• 在所有节点，启动共享日志服务 (JournalNode)，并进行验证。

• 在 master 节点上，格式化 NameNode，并启动 NameNode。

• 在 slave1 节点上，通过共享日志服务同步 master 节点上的 NameNode 元数据，并启动 NameNode。

• 在 ZKFC 的任何一个节点 (即 master、slave1 节点) 上，进行 ZKFC 的格式化，并进行验证。

输入以下命令完成 HDFS HA 集群的格式化：

(1) 在 NameNode 格式化之前，在所有节点上，删除原来 Hadoop 完全分布式部署生成的数据存放目录。

```
# 在 master 节点上，以 hadoop 用户身份，删除原来 Hadoop 完全分布式部署生成的数据存放目录
[hadoop@master ~]$ rm -rf /home/hadoop/data/dfs/*        # 删除原部署生成的 HDFS 数据目录

# 在 slave1 节点上，以 hadoop 用户身份，删除原来 Hadoop 完全分布式部署生成的数据存放目录
[hadoop@slave1 ~]$ rm -rf /home/hadoop/data/dfs/*        # 删除原部署生成的 HDFS 数据目录

# 在 slave2 节点上，以 hadoop 用户身份，删除原来 Hadoop 完全分布式部署生成的数据存放目录
[hadoop@slave2 ~]$ rm -rf /home/hadoop/data/dfs/*        # 删除原部署生成的 HDFS 数据目录
[hadoop@slave2 ~]$
```

(2) 在所有节点上，启动 ZooKeeper，并进行验证，确保 ZooKeeper 启动成功。

```
# 在 master 节点上，启动 ZooKeeper，并进行验证
[hadoop@master ~]$ cd /opt/ZooKeeper-3.7.1/              # 改变到 ZooKeeper 目录
[hadoop@master ZooKeeper-3.7.1]$ bin/zkServer.sh start   # 启动 ZooKeeper
ZooKeeper JMX enabled by default
Using config: /opt/ZooKeeper-3.7.1/bin/../conf/zoo.cfg
Starting ZooKeeper ... STARTED
[hadoop@master ZooKeeper-3.7.1]$

# 在 slave1 节点上，启动 ZooKeeper，并进行验证
[hadoop@slave1 ~]$ cd /opt/ZooKeeper-3.7.1/              # 改变到 ZooKeeper 目录
[hadoop@slave1 ZooKeeper-3.7.1]$ bin/zkServer.sh start   # 启动 ZooKeeper
ZooKeeper JMX enabled by default
Using config: /opt/ZooKeeper-3.7.1/bin/../conf/zoo.cfg
Starting ZooKeeper ... STARTED
[hadoop@slave1 ZooKeeper-3.7.1]$ bin/zkServer.sh status  # 查询 ZooKeeper 服务状态
ZooKeeper JMX enabled by default
Using config: /opt/ZooKeeper-3.7.1/bin/../conf/zoo.cfg
Client port found: 2181. Client address: localhost. Client SSL: false.
Mode: leader
```

```
# 在 slave2 节点上，启动 ZooKeeper，并进行验证
[hadoop@slave2 ~]$ cd /opt/ZooKeeper-3.7.1/          # 改变到 ZooKeeper 目录
[hadoop@slave1 ZooKeeper-3.7.1]$ bin/zkServer.sh start     # 启动 ZooKeeper
ZooKeeper JMX enabled by default
Using config: /opt/ZooKeeper-3.7.1/bin/../conf/zoo.cfg
Starting ZooKeeper ... STARTED
[hadoop@slave2 ZooKeeper-3.7.1]$ bin/zkServer.sh status     # 查询 ZooKeeper 服务状态
ZooKeeper JMX enabled by default
Using config: /opt/ZooKeeper-3.7.1/bin/../conf/zoo.cfg
Client port found: 2181. Client address: localhost. Client SSL: false.
Mode: follower
```

(3) 在所有节点上，启动共享日志服务 (JournalNode)，并进行验证。

```
# 在 master 节点上，启动共享日志服务 (JournalNode)，并进行验证
[hadoop@master ~]$ hdfs --daemon start journalnode     # 启动共享日志服务 (JournalNode)
[hadoop@master ~]$ jps                                 # 查看启动的共享日志服务过程
42659 Jps
41530 QuorumPeerMain
42621 JournalNode
[hadoop@master ~]$ ll /home/hadoop/data/dfs/jn/        # 查看是否自动生成了 JournalNode 目录
总用量 0


# 在 slave1 节点上，启动共享日志服务 (JournalNode)，并进行验证
[hadoop@slave1 ~]$ hdfs --daemon start journalnode     # 启动共享日志服务 (JournalNode)
[hadoop@slave1 ~]$ jps                                 # 查看启动的共享日志服务过程
64645 JournalNode
64294 QuorumPeerMain
64683 Jps
[hadoop@slave1 ~]$ ll /home/hadoop/data/dfs/jn/        # 查看是否自动生成了 JournalNode 目录
总用量 0


# 在 slave2 节点上，启动共享日志服务 (JournalNode)，并进行验证
[hadoop@slave2 ~]$ hdfs --daemon start journalnode     # 启动共享日志服务 (JournalNode)
[hadoop@slave2 ~]$ jps                                 # 查看启动的共享日志服务过程
41922 Jps
41237 QuorumPeerMain
41884 JournalNode
[hadoop@slave2 ~]$ ll /home/hadoop/data/dfs/jn/        # 查看是否自动生成了 JournalNode 目录
总用量 0
```

(4) 在 master 节点上，格式化 NameNode，并启动 NameNode。

```
# 在 master 节点上，格式化 NameNode，并启动 NameNode
[hadoop@master ~]$ hdfs namenode –format              # 在 master 节点上，格式化 NameNode
[hadoop@master ~]$ ll /home/hadoop/data/dfs/namenode/current/ # 查看 NameNode 格式化结果
```

总用量 16K

-rw-r--r-- 1 hadoop hadoop 401 10 月 17 11:32 fsimage_0000000000000000000

-rw-r--r-- 1 hadoop hadoop 62 10 月 17 11:32 fsimage_0000000000000000000.md5

-rw-r--r-- 1 hadoop hadoop   2 10 月 17 11:32 seen_txid

-rw-r--r-- 1 hadoop hadoop 218 10 月 17 11:32 VERSION

[hadoop@master ~]$ **hdfs --daemon start namenode**　　　# 在 master 上启动 NameNode

[hadoop@master ~]$ **jps**　　　　　　　　　　　　# 查看是否启动了 NameNode 进程

43992 NameNode

41530 QuorumPeerMain

44061 Jps

42621 JournalNode

(5) 在 slave1 节点上，通过共享日志服务同步 master 节点上的 NameNode 元数据，并启动 NameNode。

\# 在 slave1 节点上，通过共享日志服务同步 master 节点上的 NameNode 元数据，并启动 NameNode

[hadoop@slave1 ~]$ hdfs namenode –bootstrapStandby

[hadoop@slave1 ~]$ **ll /home/hadoop/data/dfs/namenode/current/** # 查看 slave1 同步的元数据

总用量 16K

-rw-r--r-- 1 hadoop hadoop 401 10 月 17 11:41 fsimage_0000000000000000000

-rw-r--r-- 1 hadoop hadoop 62 10 月 17 11:41 fsimage_0000000000000000000.md5

-rw-r--r-- 1 hadoop hadoop   2 10 月 17 11:41 seen_txid

-rw-r--r-- 1 hadoop hadoop 218 10 月 17 11:41 VERSION

[hadoop@slave1 ~]$ **hdfs --daemon start namenode**　　　# 在 master 上启动 NameNode

[hadoop@slave1 ~]$ **jps**　　　　　　　　　　　　# 查看是否启动了 NameNode 进程

65248 NameNode

65317 Jps

64645 JournalNode

64294 QuorumPeerMain

[hadoop@slave1 ~]$

(6) 在 ZKFC 的任何一个节点 (即 master、slave1) 上，进行 ZKFC 的格式化，并进行验证。

\# 在 master 节点上，进行 ZKFC 的格式化，并进行验证

[hadoop@master ZooKeeper-3.7.1]$ **bin/zkCli.sh -server master:2181**　　　# 客户端连接 ZooKeeper

[zk: master:2181(CONNECTED) 3] ls /　　　　　　　　# 查看 znode 列表

[hbase, ZooKeeper]

[hadoop@master ZooKeeper-3.7.1]$ **hdfs zkfc –formatZK**　　　# 在 master 上进行 ZKFC 格式化

[hadoop@master ZooKeeper-3.7.1]$ **bin/zkCli.sh -server master:2181**　　# 客户端连接 ZooKeeper

[zk: master:2181(CONNECTED) 0] ls /　　　　　　　　# 查看 ZKFC 格式化后的 znode 列表

[hadoop-ha, hbase, ZooKeeper]

[zk: master:2181(CONNECTED) 0] quit　　　　　　　# 退出客户端

\# 在 slave1 节点，客户端连接 ZooKeeper，进行验证

[hadoop@slave1 ZooKeeper-3.7.1]$ **bin/zkCli.sh -server slave1:2181**　　# 客户端连接 ZooKeeper

```
[zk: slave1:2181(CONNECTED) 3] ls  /          # 查看 znode 列表
[hadoop-ha, hbase, ZooKeeper]
[zk: slave1:2181(CONNECTED) 0] quit           # 退出客户端
```

六、部署完成之后常规启动 HDFS HA 集群

在 HDFS HA 集群部署以及格式化完成之后，要按以下步骤常规流程启动 HDFS HA 集群：

• 在所有节点，以 hadoop 用户身份，启动 ZooKeeper，并进行验证。

• 在所有节点，以 hadoop 用户身份，启动共享日志服务 (JournalNode)，并进行验证。

• 在 master、slave1 节点 (即主备 NameNode 节点)，以 hadoop 用户身份，启动 ZooKeeper Failover Controller(ZKFC)，并进行验证。

• 在 master 节点，以 hadoop 用户身份，启动 HDFS HA 集群，并进行初步验证。

输入以下命令完成常规 HDFS HA 集群启动：

(1) 在所有节点上，以 hadoop 用户身份，启动 ZooKeeper，并进行验证。

```
# 在 master 节点上，以 hadoop 用户身份，启动 ZooKeeper，并进行验证
[hadoop@master ZooKeeper-3.7.1]$ bin/zkServer.sh start    # 在 master 节点上，启动 ZooKeeper
[hadoop@master ZooKeeper-3.7.1]$ bin/zkServer.sh status    # 在 master 节点上，验证 ZooKeeper


# 在 slave1 节点上，以 hadoop 用户身份，启动 ZooKeeper，并进行验证
[hadoop@slave1 ZooKeeper-3.7.1]$ bin/zkServer.sh start    # 在 slave1 节点上，启动 ZooKeeper
[hadoop@slave1 ZooKeeper-3.7.1]$ bin/zkServer.sh status    # 在 slave1 节点上，验证 ZooKeeper


# 在 slave2 节点上，以 hadoop 用户身份，启动 ZooKeeper，并进行验证
[hadoop@slave2 ZooKeeper-3.7.1]$ bin/zkServer.sh start    # 在 slave2 节点上，启动 ZooKeeper
[hadoop@slave2 ZooKeeper-3.7.1]$ bin/zkServer.sh status    # 在 slave2 节点上，验证 ZooKeeper
```

(2) 在所有节点上，以 hadoop 用户身份，启动共享日志服务 (JournalNode)，并进行验证。

```
# 在 master 节点上，以 hadoop 用户身份，启动共享日志服务 (JournalNode)，并进行验证
[hadoop@master ~]$ hdfs--daemon start journalnode    # 在 master 节点启动共享日志服务
[hadoop@master ~]$ jps                # 在 master 节点上，查看已启动的 JournalNode 进程


# 在 slave1 节点上，以 hadoop 用户身份，启动共享日志服务 (JournalNode)，并进行验证
[hadoop@slave1 ~]$ hdfs --daemon start journalnode    # 在 slave1 节点启动共享日志服务
[hadoop@slave1 ~]$ jps            # 在 slave1 节点上，查看已启动的 JournalNode 进程


# 在 slave2 节点上，以 hadoop 用户身份，启动共享日志服务 (JournalNode)，并进行验证
[hadoop@slave2 ~]$ hdfs--daemon start journalnode    # 在 slave2 节点上启动共享日志服务
[hadoop@slave2 ~]$ jps            # 在 slave2 节点上，查看已启动的 JournalNode 进程
```

(3) 在 master、slave1 节点 (即主备 NameNode 节点) 上，以 hadoop 用户身份，启动 ZooKeeper Failover Controller(ZKFC)，并进行验证。

```
# 在 master 节点 ( 即主备 NameNode 节点 ) 上，以 hadoop 用户身份，启动 ZooKeeper Failover
  Controller(ZKFC)，并进行验证
```

[hadoop@master ~]$ **hdfs --daemon start zkfc**　　　　　# 在 master 节点上，启动 ZKFC
[hadoop@master ~]$ **hdfs haadmin -getServiceState nn1**　　# 在 master 节点上，查看 ZKFC 状态
standby

在 slave1 节点 (即主备 NameNode 节点) 上，以 hadoop 用户身份，启动 ZooKeeper Failover
Controller(ZKFC)，并进行验证
[hadoop@slave1 ~]$ **hdfs --daemon start zkfc**　　　　　# 在 slave1 节点上，启动 ZKFC
[hadoop@slave1 ~]$ **hdfs haadmin -getServiceState nn1**　# 在 slave1 节点上，查看 NameNode 1 状态
standby
[hadoop@ slave1 ~]$ **hdfs haadmin -getServiceState nn2**　# 在 slave1 节点上，查看 NameNode 2 状态
active
[hadoop@slave1 ~]$ **hdfs haadmin –getAllServiceState**　# 在 slave1 节点上，查看所有 NameNode 状态
master:8020　　　　　　　　　　standby
slave1:8020　　　　　　　　　　active

(4) 在 master 节点上，以 hadoop 用户身份，启动 HDFS HA 集群，并进行初步验证。
在 master 节点上，以 hadoop 用户身份，启动 HDFS HA 集群，并进行初步验证
[hadoop@master ~]$ **start-dfs.sh**　# 在 master 节点上，以 hadoop 用户身份，启动 HDFS HA 集群
Starting namenodes on [master slave1]　　　　　# 启动双 namenode(master、slave1)
slave1: namenode is running as process 65248. Stop it first and ensure /tmp/hadoop-hadoop-namenode.pid
file is empty before retry.
master: namenode is running as process 43992. Stop it first and ensure /tmp/hadoop-hadoop-namenode.pid
file is empty before retry.
Starting datanodes　　　　　　　　　　　# 启动 DataNode(master、slave1、slave2)
slave2:
slave1:
master:
Starting journal nodes [slave2 slave1 master]　　　# 启动 JournalNode(master、slave1、slave2)
master:
slave2:
slave1:
slave1: journalnode is running as process 64645. Stop it first and ensure /tmp/hadoop-hadoop-journalnode.
pid file is empty before retry.
master: journalnode is running as process 42621. Stop it first and ensure /tmp/hadoop-hadoop-journalnode.
pid file is empty before retry.
slave2: journalnode is running as process 41884. Stop it first and ensure /tmp/hadoop-hadoop-journalnode.
pid file is empty before retry.
Starting ZK Failover Controllers on NN hosts [master slave1]　　# 启动 ZKFC(master、slave1)
slave1:
master:
[hadoop@master ~]$ **jps**　　　　　　# 在 master 节点上查看 HDFS HA 启动的所有进程
45760 DataNode
49590 Jps
43992 NameNode

41530 QuorumPeerMain

48668 DFSZKFailoverController

42621 JournalNode

[hadoop@master ~]$

七、验证 HDFS HA 集群

可以通过以下步骤验证 HDFS HA 集群是否启动成功：

· 在所有节点上，以 hadoop 用户身份，查询 HDFS HA 启动的进程。

· 在任一节点上，以 hadoop 用户身份，查询 HDFS HA 集群运行报告。

· 在任一节点上，以 hadoop 用户身份，查询 HDFS NameNode HA 运行状态。

· 在宿主物理机上，打开浏览器，查看 HDFS HA 的主备两个 NameNode 的 Web UI 页面。

输入以下命令完成 HDFS HA 集群是否启动成功的验证：

(1) 在所有节点上，以 hadoop 用户身份，查询 HDFS HA 启动的进程。

```
# 在 master 节点上，以 hadoop 用户身份，查询 HDFS HA 启动的进程
[hadoop@master ~]$ jps    # 在 master 节点上，以 hadoop 用户身份，查询 HDFS HA 启动的进程
50048 Jps
45760 DataNode
43992 NameNode
41530 QuorumPeerMain
48668 DFSZKFailoverController
42621 JournalNode

# 在 slave1 节点，以 hadoop 用户身份，查询 HDFS HA 启动的进程
[hadoop@slave1 ~]$ jps      # 在 slave1 节点上，以 hadoop 用户身份，查询 HDFS HA 启动的进程
65248 NameNode
68626 Jps
64645 JournalNode
64294 QuorumPeerMain
67814 DFSZKFailoverController
66714 DataNode

# 在 slave2 节点，以 hadoop 用户身份，查询 HDFS HA 启动的进程
[hadoop@slave2 ~]$ jps      # 在 slave2 节点上，以 hadoop 用户身份，查询 HDFS HA 启动的进程
41237 QuorumPeerMain
42503 DataNode
43514 Jps
41884 JournalNode
```

(2) 在任一节点上，以 hadoop 用户身份，查询 HDFS HA 集群运行报告。

\# 在任一节点 (如：master 节点)，以 hadoop 用户身份，查询 HDFS HA 集群运行报告

[hadoop@master ~]$ **hdfs dfsadmin -report**　# 在 master 节点上，查询 HDFS HA 集群运行报告

(3) 在任一节点上，以 hadoop 用户身份，查询 HDFS NameNode HA 运行状态。

\# 在任一节点上，以 hadoop 用户身份，查询 HDFS NameNode HA 运行状态

[hadoop@slave1 ~]$ **hdfs haadmin -getAllServiceState** # 在 slave1 节点，查看所有 NameNode 状态

master:8020　　　　　　　　　standby

slave1:8020　　　　　　　　　active

(4) 在宿主物理机打开浏览器，查看 HDFS HA 的主备两个 NameNode 的 Web UI 页面。

① 访问 master 主机 9870 端口页面：http://192.168.5.129:9870。

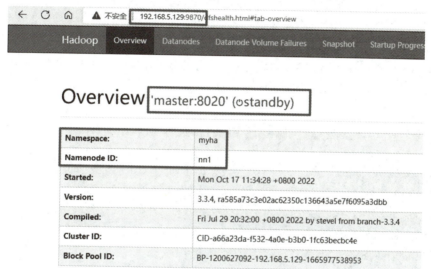

图 4-4　HDFS HA 之 master 节点 Web UI 界面 (备用)

② 访问 slave1 主机 9870 端口页面：http://192.168.5.130:9870。

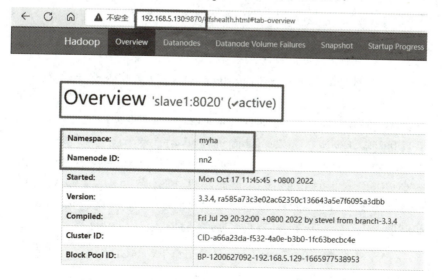

图 4-5　HDFS HA 之 slave1 节点 Web UI 界面 (活动)

通过上面两个主备 NameNode 的 Web UI 界面可以看出，slave1 为活动的主 NameNode，master 为备用 NameNode。

八、测试 HDFS HA 集群主备 NameNode 切换

按以下步骤测试 HDFS HA 集群主备 NameNode 切换：
- 在活动的主 NameNode 上，查看 NameNode 进程号，并通过 kill 命令结束该进程。
- 以 hadoop 身份，查询主备 NameNode 的新状态。
- 在宿主物理机的浏览器中，打开 NameNode 的 Web UI 界面进行查看。
- 以 hadoop 身份，验证是否能够正常访问 HDFS 文件系统。

输入以下命令进行 HDFS HA 集群主备 NameNode 切换测试：

(1) 在活动的主 NameNode 上查看 NameNode 进程号，并通过 kill 命令结束该进程。

```
# 在活动的主 NameNode( 目前 slave1 为活动 NameNode) 上查看 NameNode 进程号
[hadoop@slave1 ~]$ hdfs haadmin -getServiceState nn1      # 查看 NameNode 1 的状态
standby
[hadoop@slave1 ~]$ hdfs haadmin -getServiceState nn2      # 查看 NameNode 2 的状态
active
[hadoop@slave1 ~]$ jps                    # 在 slave1 节点上，查看 NameNode 进程号
65248 NameNode
69203 Jps
64645 JournalNode
64294 QuorumPeerMain
67814 DFSZKFailoverController
66714 DataNode
[hadoop@slave1 ~]$ kill -9 65248           # 使用 kill 命令结束 NameNode 进程
 [hadoop@slave1 ~]$
```

(2) 以 hadoop 身份，查询主备 NameNode 的新状态。

```
# 以 hadoop 身份，查询主备 NameNode 的新状态
[hadoop@slave1 ~]$ hdfs haadmin -getServiceState nn1      # 查看 NameNode 1 的状态
active
[hadoop@slave1 ~]$ hdfs haadmin -getServiceState nn2      # 查看 NameNode 2 的状态 ( 出错 )
2022-10-17 16:26:22,460 INFO ipc.Client: Retrying connect to server: slave1/192.168.5.130:8020. Already
tried 0 time(s); retry policy is RetryUpToMaximumCountWithFixedSleep(maxRetries=1, sleepTime=1000
MILLISECONDS)Operation failed: Call From slave1/192.168.5.130 to slave1:8020 failed on connection
exception: java.net.ConnectException: 拒绝连接 ; For more details see:  http://wiki.apache.org/hadoop/
ConnectionRefused
```

(3) 在宿主物理机的浏览器中，打开 NameNode 的 Web UI 界面进行查看。

① 访问 master 主机 9870 端口页面：http://192.168.5.129:9870。

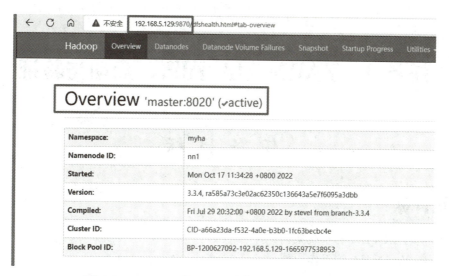

图 4-6　HDFS HA 之 master 节点 Web UI 界面 (活动)

② 访问 slave1 主机 9870 端口页面：http://192.168.5.130:9870。

图 4-7　HDFS HA 之 slave1 节点 Web UI 界面 (无法访问)

通过上面两个主备 NameNode 的 Web UI 界面可以看出，master 自动从备用 NameNode 切换为主活动 NameNode，slave1 从主 NameNode 变为不可访问。

(4) 以 hadoop 身份，在主备 NameNode 自动切换后，验证是否能够正常访问 HDFS 文件系统。

```
# 以 hadoop 身份，在主备 NameNode 自动切换后，验证是否能够正常访问 HDFS 文件系统
[hadoop@slave1 ~]$ hdfs dfs -ls /          # 访问 HDFS 文件系统，正常，不出错
[hadoop@slave1 ~]$ hdfs dfsadmin-report    # 查看 HDFS HA 集群运行报告，集群状态正常
```

任务 4 YARN HA 配置、启动与验证

任务目标

知识目标

(1) 了解 YARN HA 的系统架构。
(2) 了解 YARN HA 的工作原理。

能力目标

(1) 能够熟练完成 YARN HA 的安装与配置。
(2) 能够熟练完成 YARN HA 集群的启动。
(3) 能够熟练完成 YARN HA 集群的验证。

知识准备

一、YARN HA 系统架构

(一) YARN HA 系统架构

YARN HA 系统架构如图 4-8 所示。

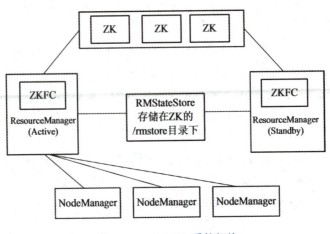

图 4-8　YARN HA 系统架构

YARN 中 ResourceManager(RM) 负责整个集群的资源管理和任务调度，YARN HA 方案通过引入冗余的 ResourceManager 节点，解决了 ResourceManager 单点故障问题。

（二）YARN HA 核心组件

1. ResourceManager

ResourceManager 的作用如下：

(1) 启动时向 ZooKeeper 的 /hadoop-ha 目录写一个 lock 文件，写成功则状态为活动 (Active)，否则状态为备用 (Standby)。

备用状态的 RM 会一直监控 lock 文件是否存在，如果不存在就会尝试去创建，争取成为活动状态的 RM。

(2) 接收客户端的任务请求，接收和监控 NodeManager(NM) 的资源汇报，负责资源的分配与调度，启动和监控 ApplicationMaster(AM)。ApplicationMaster 是运行在 NM 节点容器中作业的主程序。

2. NodeManager

NodeManager 用于管理节点上的资源，启动 Container 容器，运行 Task 的计算，向 RM 上报资源、Container 的情况并汇报任务的处理情况。

3. RMStateStore

(1) RMStateStore 用于存储 ResourceManager(RM) 状态，RM 的作业信息存储在 ZooKeeper 的 rmstore 目录下，活动状态的 RM 向这个目录写入 App 信息。

(2) 当活动状态的 RM 宕机，另外一个备用状态的 RM 成功转换为活动状态的 RM 后，会从 /rmstore 目录读取相应的作业信息，重新构建作业的内存信息。然后启动内部服务，开始接收 NM 的心跳报文，构建集群资源的信息，并接收客户端的提交作业的请求等。

4. ZKFC

ZKFC 自动故障转移，只作为 RM 进程的一个线程而非独立的守护进程来启动。

注意：YARN HA 不需要像 HDFS HA 那样运行单独的 ZKFC 守护程序，因为嵌入 RM 中的 ActiveStandbyElector 将会充当故障检测器和领导者选择器，而不是单独的 ZKFC 守护程序。

（三）HDFS HA 与 YARN HA 架构区别

1. ZKFC

HDFS HA 中的 ZKFC 作为单独的进程，YARN HA 中的 ZKFC 是 RM 进程中的一个线程。

2. 从节点

HDFS HA 中的从节点 DataNode 会向两个 NameNode 同时发送心跳报文，YARN HA 中的从节点 NodeManager 只会向活动状态的 RM 上报资源。

备用状态的 NameNode 会实时读取 JounalNode 中的 Edit 日志并执行这些日志操作，以保持与活动状态的 NameNode 的元数据同步，能够立即切换状态，客户端感受不到备用状态的 NN 的切换。但是备用状态的 RM 只会在活动状态的 RM 宕机后才从 /rmstore 目录中读取相应的作业信息，然后重新构建作业内存信息，不能够立即切换状态，系统会中断服务一定时间，客户端能够感受到备用状态的 RM 的切换。

3. 同步数据存储位置

HDFS HA 的 NameNode 同步数据放在 JounalNode 中，YARN HA NM 同步数据存储在 ZooKeeper 的 /rmstore 目录下。

二、YARN ResourceManager HA 工作原理

（一）YARN ResourceManager HA 系统架构

YARN 中 ResourceManager 负责整个集群的资源管理和任务调度，YARN 高可用性方案通过引入冗余的 ResourceManager 节点的方式，解决了 ResourceManager 单点故障问题。YARN ResourceManager HA 实现架构如图 4-9 所示。

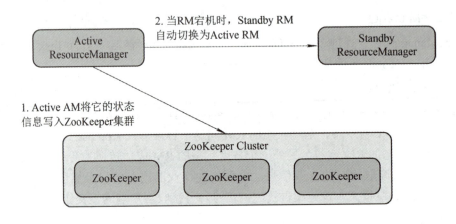

图 4-9　YARN ResourceManager HA 实现架构

（二）YARN ResourceManager HA 工作原理

1. RM 故障转移

ResourceManager (RM) 故障转移是指在任何时间点，只有一个 RM 处于活动状态，并且一个或多个 RM 处于备用状态，活动状态 RM 出现故障时接管任务。

2. 手动故障转移

如果未启用自动故障转移，则管理员必须使用手动故障转移将活动状态的 RM 转换为备用状态，并将备用状态的 RM 转换为活动状态。这些都可以使用 "yarn rmadmin" CLI 命令完成。

3. 自动故障转移

RM 可以选择嵌入基于 ZooKeeper 的 ActiveStandbyElector 来实现自动故障转移。当活动状态的 RM 关闭或无响应时，另一个备用状态的 RM 会自动被选为活动状态的 RM，然后接管任务。

注意：不需要像 HDFS 那样运行单独的 ZKFC 守护程序，因为嵌入在 RM 中的

ActiveStandbyElector 将会充当故障检测器和领导者选举器,而不是单独的 ZKFC 守护程序。

任 务 实 施

一、配置 SSH 免密钥登录（slave2 为主节点）

根据"表 4-1 Hadoop HA 部署的服务器角色规划"，YARN HA 两个 ResourceManager 节点分别部署在 slave1、slave2 节点，这样就要求以 slave1、slave2 为主节点，实现 SSH 免密钥登录其他所有 NodeManager 节点。前面章节中介绍 Hadoop 完全分布式部署时已经完成了以 slave1 为主节点实现 SSH 免密钥登录其他所有 NodeManager 节点的配置，此处只配置以 slave2 为主节点的 SSH 免密钥登录其他节点。

要完成配置以 slave2 为主节点的 SSH 免密钥登录，需要按以下步骤来进行：

· 在 master、slave1、slave2 所有三个节点上，用 hadoop 用户身份登录，并使用 ssh-keygen 命令生成 RSA 密钥对，查看 hadoop 用户目录下 .ssh 目录的生成情况。

· 在 slave2 节点上，以 hadoop 用户身份，使用 ssh-copy-id 命令，将 slave2 节点上生成的 hadoop 用户 RSA 公钥复制到 master、slave1、slave2 其他所有节点。

· 在 slave2 节点上，以 hadoop 用户身份，用 ssh 命令，测试 SSH 免密钥登录。

输入以下命令完成配置以 slave2 为主节点的 SSH 免密钥登录：

(1) 在 master、slave1、slave2 所有三个节点上，用 hadoop 用户身份登录，并使用 ssh-keygen 命令生成 RSA 密钥对，查看 hadoop 用户目录下 .ssh 目录的生成情况。

```
# 在 slave2 节点上，用 hadoop 用户账户登录，使用 ssh-keygen 命令生成 RSA 密钥对
[root@slave2 ~]# su-hadoop              # 切换为 hadoop 用户身份
[hadoop@slave2 ~]$ ssh-keygen              # 以 hadoop 用户身份，生成 RSA 密钥对
Generating public/private rsa key pair.
Enter file in which to save the key (/home/hadoop/.ssh/id_rsa):
/home/hadoop/.ssh/id_rsa already exists.
Overwrite (y/n)? n                      # 密钥已经存在，可跳过生成密钥，不覆盖
```

(2) 在 slave2 节点上，使用 ssh-copy-id 命令，将 slave2 节点上生成的 hadoop 用户 RSA 公钥复制到 master、slave1、slave2 其他所有节点。

```
# 在 slave2 节点上，将 slave2 节点上生成的 RSA 公钥复制到 master、slave1、slave2 其他所有节点
[hadoop@slave2 ~]$ ssh-copy-id -i .ssh/id_rsa.pub hadoop@master   # 复制公钥到 master 节点
[hadoop@slave2 ~]$ ssh-copy-id -i .ssh/id_rsa.pub hadoop@slave1   # 复制公钥到 slave1 节点
[hadoop@slave2 ~]$ ssh-copy-id -i .ssh/id_rsa.pub hadoop@slave2   # 复制公钥到 slave2 节点
```

(3) 在 slave2 节点上，以 hadoop 用户身份，用 ssh 命令测试 SSH 免密钥登录。

```
# 在 slave2 节点上，以 hadoop 用户身份，用 ssh 命令，测试 SSH 免密钥登录
[hadoop@slave2 ~]$ ssh master          # 在 slave2 节点上，测试免密钥登录 master 节点
[hadoop@slave2 ~]$ ssh slave1          # 在 slave2 节点上，测试免密钥登录 slave1 节点
[hadoop@slave2 ~]$ ssh slave2          # 在 slave2 节点上，测试免密钥登录 slave2 节点
```

二、修改 yarn-site.xml 配置文件 (YARN HA)

YARN HA 集群配置的核心是 yarn-site.xml 配置文件中的双 RM 模式相关参数配置。

在 slave1 主 RM 节点上，以 hadoop 用户身份，编辑 yarn-site.xml 完成 YARN HA 集群参数配置。

```
# 在 slave1 节点上，以 hadoop 用户身份，编辑 yarn-site.xml 配置文件
[root@slave1 ~]# su-hadoop                              # 切换为 hadoop 用户身份
[hadoop@slave1 ~]$ cd /opt/hadoop-3.3.4/etc/hadoop/     # 改变到 hadoop 配置文件目录
[hadoop@slave1 hadoop]$ vi yarn-site.xml                # 编辑配置文件
（其余略）
<configuration>
<!-- Site specific YARN configuration properties -->
    <!-- 启用 ResourceManager HA 功能 -->
    <property>
        <name>yarn.resourcemanager.ha.enabled</name>
        <value>true</value>
    </property>
    <!-- ResourceManager HA 集群有哪些节点的逻辑名称     -->
    <property>
        <name>yarn.resourcemanager.cluster-id</name>
        <value>yarn-ha</value>
    </property>
    <!-- 为 ResourceManager HA 集群节点的逻辑名称     -->
    <property>
        <name>yarn.resourcemanager.ha.rm-ids</name>
        <value>rm1、rm2</value>
    </property>
    <!-- 指定第一个 ResourceManager 节点的物理机     -->
    <property>
        <name>yarn.resourcemanager.hostname.rm1</name>
        <value>slave1</value>
    </property>
    <!-- 指定第二个 ResourceManager 节点的物理机     -->
    <property>
        <name>yarn.resourcemanager.hostname.rm2</name>
        <value>slave2</value>
    </property>
    <!-- 指定第一个 ResourceManager 节点的 Web UI 地址     -->
    <property>
        <name>yarn.resourcemanager.webapp.address.rm1</name>
        <value>slave1:8088</value>
    </property>
    <!-- 指定第二个 ResourceManager 节点的 Web UI 地址     -->
```

```
    <property>
        <name>yarn.resourcemanager.webapp.address.rm2</name>
        <value>slave2:8088</value>
    </property>
    <!-- 指定 ResourceManager HA 集群所用的 ZooKeeper 集群节点    -->
    <property>
        <name>hadoop.zk.address</name>
        <value>master:2181,slave1:2181,slave2:2181</value>
    </property>
    <!-- 配置 YARN 的默认混洗方式为 mapreduce 的默认混洗算法 -->
    <property>
        <name>yarn.nodemanager.aux-services</name>
        <value>mapreduce_shuffle</value>
    </property>
</configuration>
```

三、修改 mapred-site.xml 配置文件

在 slave1 节点上，以 hadoop 用户身份，从模板文件中复制 mapred-site.xml 配置文件，然后配置以下参数：

```
# 在 slave1 节点上，以 hadoop 用户身份，从模板文件中复制 mapred-site.xml 配置文件，配置如下
参数：
[hadoop@slave1 hadoop]$ vi mapred-site.xml          # 编辑 mapred-site.xml 配置文件
[hadoop@slave1 hadoop]$ cat mapred-site.xml         # 查看 mapred-site.xml 配置文件内容
（其余略）
<!-- Put site-specific property overrides in this file. -->
<configuration>
    <!-- 配置 MapReduce 应用程序使用的运行框架 -->
    <property>
        <name>mapreduce.framework.name</name>
        <value>yarn</value>
    </property>
    <!-- 配置 MapReduce JobHistory 服务器及端口 -->
    <property>
        <name>mapreduce.jobhistory.address</name>
        <value>master:10020</value>
    </property>
    <!-- 配置 MapReduce JobHistory 服务器 Web 界面及端口 -->
    <property>
        <name>mapreduce.jobhistory.webapp.address</name>
        <value>master:19888</value>
    </property>
    <!-- 配置 job 运行时需要的环境变量 -->
```

```xml
    <property>
        <name>mapreduce.admin.user.env</name>
        <value>HADOOP_MAPRED_HOME=${HADOOP_HOME}</value>
    </property>
    <property>
        <name>yarn.app.mapreduce.am.env</name>
        <value>HADOOP_MAPRED_HOME=${HADOOP_HOME}</value>
    </property>
</configuration>
```

四、分发 YARN HA 配置文件

在 slave1 节点上，以 hadoop 用户身份，将配置好的 YARN HA 配置文件分发到其他所有节点。

```
# 在 slave1 节点上，以 hadoop 用户身份，将配置好的 YARN HA 配置文件分发到 master、slave2 节点
[hadoop@slave1 hadoop]$ scp *-site.xml hadoop@master:/opt/hadoop-3.3.4/etc/hadoop/
[hadoop@slave1 hadoop]$ scp *-site.xml hadoop@slave2:/opt/hadoop-3.3.4/etc/hadoop/
```

五、启动 YARN HA 集群

按以下步骤启动 YARN HA 集群：

• 在所有节点，以 hadoop 用户身份启动 ZooKeeper 集群，并验证 ZooKeeper 集群成功启动。

• 在 master 节点，以 hadoop 用户身份启动 HDFS HA 集群。

• 在 slave1 节点，以 hadoop 用户身份，启动 YARN HA 集群。

输入以下命令完成 YARN HA 集群的启动：

(1) 在所有节点上，以 hadoop 用户身份启动 ZooKeeper 集群。

```
# 在 master 节点上，以 hadoop 用户身份启动 ZooKeeper
[hadoop@master ~]$ cd /opt/ZooKeeper-3.7.1/              # 进入 ZoopKeeper 目录
[root@master ZooKeeper-3.7.1]$ bin/zkServer.sh start     # 启动 ZooKeeper
[root@master ZooKeeper-3.7.1]$ jps                       # 查看 ZooKeeper 启动的进程
2991 QuorumPeerMain
2429 Jps


# 在 slave1 节点上，以 hadoop 用户身份启动 ZooKeeper
[hadoop@slave1 ~]$ cd /opt/ZooKeeper-3.7.1/              # 进入 ZoopKeeper 目录
[hadoop@slave1 ZooKeeper-3.7.1]$ bin/zkServer.sh start   # 启动 ZooKeeper
[hadoop@slave1 ZooKeeper-3.7.1]$ jps                     # 查看 ZooKeeper 启动的进程
2320 Jps
2273 QuorumPeerMain
[hadoop@slave1 ZooKeeper-3.7.1]$ bin/zkServer.sh status  # 查看 ZooKeeper 运行状态
ZooKeeper JMX enabled by default
```

```
Using config: /opt/ZooKeeper-3.7.1/bin/../conf/zoo.cfg
Client port found: 2181. Client address: localhost. Client SSL: false.
Mode: leader
[hadoop@slave1 ZooKeeper-3.7.1]$
```

```
# 在 slave2 节点上，以 hadoop 用户身份启动 ZooKeeper
[hadoop@slave2 ~]$ cd /opt/ZooKeeper-3.7.1/          # 进入 ZoopKeeper 目录
[hadoop@slave2 ZooKeeper-3.7.1]$ bin/zkServer.sh start   # 启动 ZooKeeper
[hadoop@slave2 ZooKeeper-3.7.1]$ jps                  # 查看 ZooKeeper 启动的进程
2692 Jps
2649 QuorumPeerMain
[hadoop@slave1 ZooKeeper-3.7.1]$ bin/zkServer.sh status   # 查看 ZooKeeper 运行状态
ZooKeeper JMX enabled by default
Using config: /opt/ZooKeeper-3.7.1/bin/../conf/zoo.cfg
Client port found: 2181. Client address: localhost. Client SSL: false.
Mode: follower
[hadoop@slave1 ZooKeeper-3.7.1]$
```

(2) 在 master 节点上，以 hadoop 用户身份启动 HDFS HA 集群。

```
# 在 master 节点上，以 hadoop 用户身份启动 HDFS HA 集群
[hadoop@master logs]$ start-dfs.sh                   # 启动 HDFS HA 集群
Starting namenodes on [master slave1]                # 自动启动双 NameNode
Starting datanodes                                   # 自动启动所有 DataNode
master:
slave2:
slave1:
Starting journal nodes [slave2 slave1 master]        # 自动启动共享日志服务
Starting ZK Failover Controllers on NN hosts [master slave1]   # 自动启动双 NN 上的 ZKFC
[hadoop@master logs]$
```

(3) 在 slave1 节点上，以 hadoop 用户身份，启动 YARN HA 集群。

```
# 在 slave1 节点上，以 hadoop 用户身份，启动 YARN HA 集群
[hadoop@slave1 hadoop-3.3.4]$ start-yarn.sh          # 启动 YARN HA 集群
Starting resourcemanagers on [ slave1 slave2]        # 自动启动双 RM
Starting nodemanagers                                # 启动 NodeManager
slave1:
master:
slave2:
[hadoop@slave1 hadoop-3.3.4]$ jps                    # 查看启动的进程
2273 QuorumPeerMain
3096 Jps
4265 NameNode
4491 DFSZKFailoverController
```

```
2843 ResourceManager
4413 JournalNode
4333 DataNode
2941 NodeManager
[hadoop@slave1 hadoop-3.3.4]$ yarn rmadmin -getServiceState rm1        # 查询 RM1 状态
standby
[hadoop@slave1 hadoop-3.3.4]$ yarn rmadmin -getServiceState rm2        # 查询 RM2 状态
active
[hadoop@slave1 ~]$ yarn rmadmin –getAllServiceState                    # 查询双 RM 状态
slave1:8033                    standby
slave2:8033                    active
```

六、启动历史服务

根据 YARN HA 的服务器角色规划，在 master 节点上运行历史服务 (historyserver)。

在 master 节点上，以 hadoop 用户身份，输入以下命令启动历史服务：

```
# 在 master 节点上，以 hadoop 用户身份，输入以下命令启动历史服务
[hadoop@master ~]$ cd /opt/hadoop-3.3.4               # 改变到 hadoop 目录
[hadoop@master hadoop-3.3.4]$ mapred –daemon start historyserver    # 启动 historyserver
[hadoop@master hadoop-3.3.4]$ jps                     # 查看 history 启动的服务
4195 NameNode
2612 NodeManager
4981 DFSZKFailoverController
4395 DataNode
5596 Jps
5534 JobHistoryServer
4671 JournalNode
2991 QuorumPeerMain
```

七、验证 YARN HA 集群与历史服务

可以通过以下几种方式来验证 YARN HA 集群与历史服务是否成功启动。

(1) 在所有节点上，使用 jps 命令查看进程启动的情况。

(2) 在任何一个节点上，使用 yarn rmadmin -getAllServiceState 命令查看双 RM 运行状态。

```
[hadoop@slave1 ~]$ yarn rmadmin-getAllServiceState               # 查询双 RM 状态
slave1:8033                    standby
slave2:8033                    active
```

从上面查询到的双 RM 状态可以看出，slave2 为 Active RM，slave1 为 Standby RM。

(3) 在宿主物理机的浏览器中，输入 ResourceManager Web UI URL 地址查看 RM 运行状态。YARN HA 运行后，只能正常浏览 Active RM 的 Web UI 网页：http://192.168.5.131:8088/。

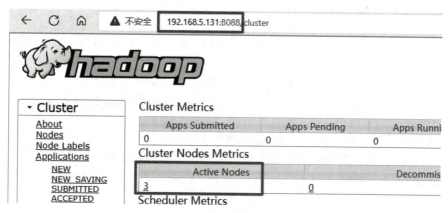

图 4-10　YARN ResourceManager HA Web UI 界面 (活动)

（4）在宿主物理机的浏览器中，输入 JobHistory Web UI URL 地址查看历史服务运行状态。

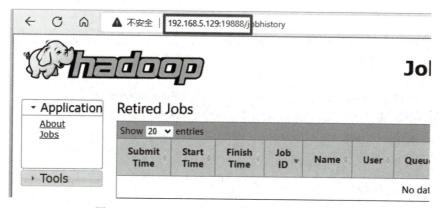

图 4-11　YARN HA JobHistoryServer Web UI 界面

至此，Hadoop HA 集群的部署已经全部成功完成，建议在虚拟机软件 WMware Workstatip Pro 16 中对所有节点 (master、slave1、slave2) 做一下虚拟机快照，保存当前 Hadoop HA 集群的正确部署状态。

八、准备 MapReduce 输入文件

在 slave1 节点上，使用 hadoop 用户身份创建新文件 wc.input 作为 MapReduce 输入文件。

```
[root@slave1 ~]# su - hadoop          # 从 root 用户切换为 hadoop 用户
[hadoop@slave1 ~]$ touch wc.input      # 创建空文件 wc.input
[hadoop@slave1 ~]$ vi wc.input         # 编辑文件 wc.input
[hadoop@slave1 ~]$ cat wc.input        # 查看文件 wc.input 的文本内容
Hello World Bye World
Hello Hadoop Bye Hadoop
Bye Hadoop Hello Hadoop
[hadoop@slave1 ~]$
```

九、将输入文件上传到 HDFS

在 slave1 节点上，按以下步骤将 MapReduce 输入文件 wc.input 上传到 HDFS 分布式文件系统。

(1) 在 slave1 节点上，使用 hadoop 用户身份在 HDFS 中创建输入目录 /input。

```
[hadoop@slave1 ~]$ hdfs dfs -ls /                    # 查看 HDFS 分布式文件系统根目录文件列表
Found 1 items
drwxrwx---  - hadoop supergroup        0 2022-08-31 21:52 /tmp
[hadoop@slave1 ~]$ hdfs dfs -mkdir /input            # 在 HDFS 分布式文件中系创建目录 /input
[hadoop@slave1 ~]$ hdfs dfs -ls /                    # 查看 HDFS 分布式文件系统根目录文件列表
Found 2 items
drwxr-xr-x  - hadoop supergroup        0 2022-08-31 22:39 /input
drwxrwx---  - hadoop supergroup        0 2022-08-31 21:52 /tmp
[hadoop@slave1 ~]$
```

(2) 在 slave1 节点上，使用 hadoop 用户身份将本地输入文件 wc.input 上传到 HDFS 的 /input 目录。

```
[hadoop@slave1 ~]$ hdfs dfs -put wc.input /input    # 上传本地输入文件 wc.input 上传到 HDFS 目录
[hadoop@slave1 ~]$ hdfs dfs -ls /input              # 上传成功，查看 HDFS 目录 /input 文件列表
Found 1 items
-rw-r--r--  3 hadoop supergroup       70 2022-08-31 22:43 /input/wc.input
[hadoop@slave1 ~]$ hdfs dfs -cat /input/wc.input    # 查看 HDFS 文件系统 /input/wc.input 文件的内容
Hello World Bye World
Hello Hadoop Bye Hadoop
Bye Hadoop Hello Hadoop
[hadoop@slave1 ~]$
```

十、运行 MapReduce 程序测试 job

在 slave1 节点上，按以下步骤运行 MapReduce 程序测试 job。

(1) 在 slave1 节点上，以 hadoop 用户身份登录，或者从 root 用户切换到 hadoop 用户身份。

```
[root@slave1 ~]# su-hadoop                           # 从 root 用户切换为 hadoop 用户
[hadoop@slave1 ~]$                                   # 已经切换为 hadoop 用户
```

(2) 在 slave1 节点上，使用 hadoop 用户身份运行 Hadoop 自带的 mapreduce Demo。

```
[hadoop@slave1 ~]$ ll /opt/hadoop-3.3.4/share/hadoop/mapreduce/*example*.jar  # 查看 Demo
-rw-r--r-- 1 hadoop hadoop 275K  8 月 25 08:53 /opt/hadoop-3.3.4/share/hadoop/mapreduce/hadoop-
mapreduce-examples-3.3.4.jar
# 运行 MapReduce Demo
[hadoop@slave1 ~]$ hadoop jar /opt/hadoop-3.3.4/share/hadoop/mapreduce/hadoop-mapreduce-
examples-3.3.4.jar wordcount /input/wc.input /output        # 运行 Hadoop 自带的 mapreduce Demo
（其余略）
2022-10-20 23:11:56,694 INFO mapreduce.Job: Running job: job_1666278682333_0001
2022-10-20 23:12:02,814 INFO mapreduce.Job: Job job_1666278682333_0001 running in uber mode :
```

```
false
2022-10-20 23:12:02,816 INFO mapreduce.Job:  map 0% reduce 0%
2022-10-20 23:12:06,950 INFO mapreduce.Job:  map 100% reduce 0%
2022-10-20 23:12:13,018 INFO mapreduce.Job:  map 100% reduce 100%
2022-10-20 23:12:13,026 INFO mapreduce.Job: Job job_1666278682333_0001 completed successfully
（其余略）
[hadoop@slave1 ~]$
```

(3) 在 slave1 节点上，使用 hadoop 用户身份查看 HDFS 中 /output 目录的运行结果文件。

```
[hadoop@slave1 ~]$ hdfs dfs -ls /output          # 查看 HDFS 上 /output 目录中文件列表
Found 2 items
-rw-r--r--   3 hadoop supergroup          0 2022-10-20 23:12 /output/_SUCCESS
-rw-r--r--   3 hadoop supergroup         31 2022-10-20 23:12 /output/part-r-00000
[hadoop@slave1 ~]$ hdfs dfs -cat /input/wc.input  # 再次查看 HDFS 中 /input/wc.input 文件的内容
Hello World Bye World
Hello Hadoop Bye Hadoop
Bye Hadoop Hello Hadoop
[hadoop@slave1 ~]$ hdfs dfs -cat /output/part-r-00000     # 查看 MapReduce 运行 WordCount 的结果
Bye      3
Hadoop   4
Hello    3
World    2
[hadoop@slave1 ~]$
```

注意：HDFS 上的输出目录 /output 不能预先存在，在运行 Job 时将自动创建；否则，运行 MapReduce Job 时就会报错。可以将输出目录修改为其他目录，如：/outpu1。

十一、测试 YARN HA 集群主备 ResourceManager 切换

可以通过以下步骤测试 YARN HA 集群主备 ResourceManager 切换：

(1) 在活动的 ResourceManager 节点上，输入 jps 命令查询 ResourceManager 进程号。

(2) 输入 "kill-9 进程号" 命令中止指定的活动 ResourceManager 进程。

(3) 输入 yarn rmadmin-getAllServiceState 命令查询主备 RM 切换状态。

```
[hadoop@slave1 ~]$ jps                    # 查询 ResourceManager 进程号
6896 Jps
2273 QuorumPeerMain
5683 ResourceManager
5782 NodeManager
4265 NameNode
4491 DFSZKFailoverController
4413 JournalNode
4333 DataNode
[hadoop@slave1 ~]$ kill -9 5683            # 中止指定的活动 ResourceManager 进程
[hadoop@slave1 ~]$ yarn rmadmin –getAllServiceState    # 查询所有的 RM 运行状态
```

```
2022-10-20 23:19:57,422 INFO ipc.Client: Retrying connect to server: slave1/192.168.5.130:8033. Already
tried 0 time(s); retry policy is RetryUpToMaximumCountWithFixedSleep(maxRetries=1, sleepTime=1000
MILLISECONDS)
slave1:8033    Failed to connect: Call From slave1/192.168.5.130 to slave1:8033 failed on connection
exception: java.net.ConnectException: 拒绝连接 ; For more details see: http://wiki.apache.org/hadoop/
ConnectionRefused
slave2:8033    standby                    # 并未立即转为 Active RM
[hadoop@slave1 ~]$ yarn rmadmin –getAllServiceState   # 继续查询所有的 RM 运行状态
2022-10-20 23:20:05,455 INFO ipc.Client: Retrying connect to server: slave1/192.168.5.130:8033. Already
tried 0 time(s); retry policy is RetryUpToMaximumCountWithFixedSleep(maxRetries=1, sleepTime=1000
MILLISECONDS)
slave1:8033    Failed to connect: Call From slave1/192.168.5.130 to slave1:8033 failed on connection
exception: java.net.ConnectException: 拒绝连接 ; For more details see: http://wiki.apache.org/hadoop/
ConnectionRefused
slave2:8033    active                     # 已经转为 Active RM，成功完成主备 RM 切换
[hadoop@slave1 ~]$
```

模拟测试试卷

一、选择题

1. ResourceManager 采用高可用方案，当 Active ResourceManager 发现故障时，只能通过内置的 ZooKeeper 来启动 Standby ResourceManager，将其状态切换为 Active。(   )
答案：B

A. True　　　　　　　B. False

2. ZooKeeper 在分布式应用中的主要作用不包括以下哪些选项？(   )　　答案：C

A. 选举 Master 节点　　　　　　　B. 保证各节点上数据的一致性

C. 分配集群资源　　　　　　　　　D. 存储集群中的服务器信息

3. 在 ZooKeeper 和 YARN 的协同工作中，当 Active ResourceManager 产生故障时，Standby ResourceManager 会从以下哪些目录中获取 Application 的相关信息？(   )
答案：B

A. Metastore　　　　　　　　　　B. Statestore

C. Storeage　　　　　　　　　　　D. Warehouse

4. ZKFC 进程部署在 HDFS 中的以下哪个节点上？(   )(多选)　　答案：AB

A. Active NameNode　　　　　　　B. Standby NameNode

C. DataNode　　　　　　　　　　　D. 以上全部不对

5. ZooKeeper 所有节点都可以处理读请求。(   )　　答案：A

A.TRUE　　　　　　　　　　　　　B.FALSE

6. 下列哪些措施是为了保障数据的完整性？(   )(多选)　　答案：ABCD

A. 元数据可靠性保证　　　　　　　B. 重建失效数据盘的副本数据

C. 安全模式　　　　　　　　　　　D. 集群数据均衡

7. HDFS 中 NameNode 的主备仲裁是由哪个组件控制的？(　　)　　　　答案：D

A. HDFS Client　　　　　　　　　B. NodeManager

C. ResourceManager　　　　　　　D. ZooKeeper Failover Controller

8. 当 ZooKeeper 集群的节点数为 5 时，请问集群的容灾能力和多少节点是等价的？

(　　)　　　　　　　　　　　　　　　　　　　　　　　　　答案：D

A.3　　　　　　　B.4　　　　　　C.5　　　　　D. 以上全不正确

9. YARN 容量调度器的主要特点有哪些？(　　)　　　　　答案：ABCD

A. 容量保证　　　　　　　　　　　B. 动态更新配置文件

C. 灵活性　　　　　　　　　　　　D. 多重租赁

10. YARN 中设置队列 QueueA 的最大使用资源量，需要配置哪个参数？(　　)答案：B

A. yarn.scheduler.capacity.root.QueueA.minimum-user-limit-percent

B. yarn.scheduler.capacity.root.QueueA.maximum-capacity

C. yarn.scheduler.capacity.root.QueueA.minimum.user-limit-factor

D. yarn.scheduler.capacity.root.QueueA.state

11. 如果某些 Container 的物理内存利用率超过了配置的内存阈值，但所有 Container 的总内存利用率并没有超过设置的 NodeManager 内存阈值，那么内存使用过多的 Container 仍可以继续运行。(　　)　　　　　　　　　　　　　　答案：A

A. TRUE　　　　　　　　　　　　B. FALSE

12. YARN 的基于标准调度是对下列选项中的哪个进行标签化？(　　)　　答案：C

A. AppMaster　　　　　　　　　　B. ResourceManager

C. NodeManager　　　　　　　　　D. Container

13. 下列选项中，关于 ZooKeeper 可靠性含义说法正确的是什么？(　　)　　答案：D

A. 可靠性通过主备部署模式实现

B. 可靠性是指更新只能成功或者失败，没有中间状态

C. 可靠性是指无论哪个 Server，对外展示的均是同一个视图

D. 可靠性是指一个消息被一个 Server 接收，它将被所有的 Server 接收

14. YARN-Client 和 YARN-Cluster 的主要区别是 ApplicationMaster 进程的区别。(　　)

答案：A

A. TRUE　　　　　　　　　　　　B. FALSE

15. 下列关于 Worker(工作进程)、Executor(线程)、Task(任务) 说法正确的是什么？

(　　)(多选)　　　　　　　　　　　　　　　　　　　　　答案：ABD

A. 每个 Executor(线程) 可以运行多个 Task(任务)

B. 每个 Worker 可以运行多个 Executor(线程)

C. 每个 Worker 只能为一个拓扑运行 Executor(线程)

D. 每个 Executor(线程) 可以运行不同组件 (Spout 或 Bolt) 的 Task(任务)

16. Mapreduce 过程中，默认情况下一个分片就是一个块，也是一个 MapTask。(　　)

答案：A

A. TRUE　　　　　　　　B. FALSE

17. 以下关于 ZooKeeper 关键特性中的原子性说法正确的是（　　）。　　　　答案：B

A. 客户端发送的更新会按照他们被发送的顺序进行应用

B. 更新只能全部完成或失败，不会部分完成

C. 一条消息被一个 Server 接收，将被所有 Server 接收

D. 集群中无论哪台服务器，对外展示的均是同一视图

18. 以下关于 ZooKeeper 的 Leader 节点在收到数据变更请求后的读写流程说法正确的是什么？（　　）　　　　答案：D

A. 仅写入内存

B. 同时写入磁盘和内存

C. 先写入内存再写入磁盘

D. 先写磁盘再写内存

19. 以下关于 ZooKeeper 的 Leader 选举说法正确的是什么？（　　）（多选）　答案：AB

A. 当实例数 n 为奇数时，假定 n = 2x + 1，则成为 Leader 节点需要 x+1 票

B. ZooKeeper 选举 Leader 时，需要半数以上的票数

C. 当实例数为 8 时，则成为 Leader 节点需要 5 票，容灾能力为 4

D. 当实例数 n 为奇数时，假定 n = 2x + 1，则成为 Leader 节点需要 x 票

20. HDFS 不适用于以下哪些场景？（　　）（多选）　　　　答案：BD

A. 流式数据访问　　　　　　B. 大量小文件存储

C. 大文件存储与访问　　　　D. 随机写入

二. 简答题

1. ZooKeeper 在 Hadoop HA 集群中的位置及作用是什么？

2. ZooKeeper 为什么建议奇数部署？

3. ZooKeeper 一致性的含义是什么？

4. 简述 HDFS HA 的工作原理。

5. 简述 YARN HA 的工作原理。

参 考 文 献

[1]　VMware Workstation Pro官方文档[EB/OL].https://docs.vmware.com/

[2]　openEuler官方文档[EB/OL].https://docs.openeuler.org/zh/

[3]　Hadoop官方文档[EB/OL].https://hadoop.apache.org/docs/current/

[4]　HBase官方文档[EB/OL].https://hbase.apache.org/

[5]　Hive官方文档[EB/OL].https://hive.apache.org/

[6]　ZooKeeper官方文档[EB/OL].https://ZooKeeper.apache.org/

[7]　MySQL官方文档[EB/OL].https://dev.mysql.com/doc/refman/8.0/en/

[8]　Ambari官方文档[EB/OL].https://ambari.apache.org/

[9]　HDP官方文档[EB/OL].https://docs.cloudera.com/HDPDocuments/index.html